KB162346

질병 발병의 조건

총담관과 기저

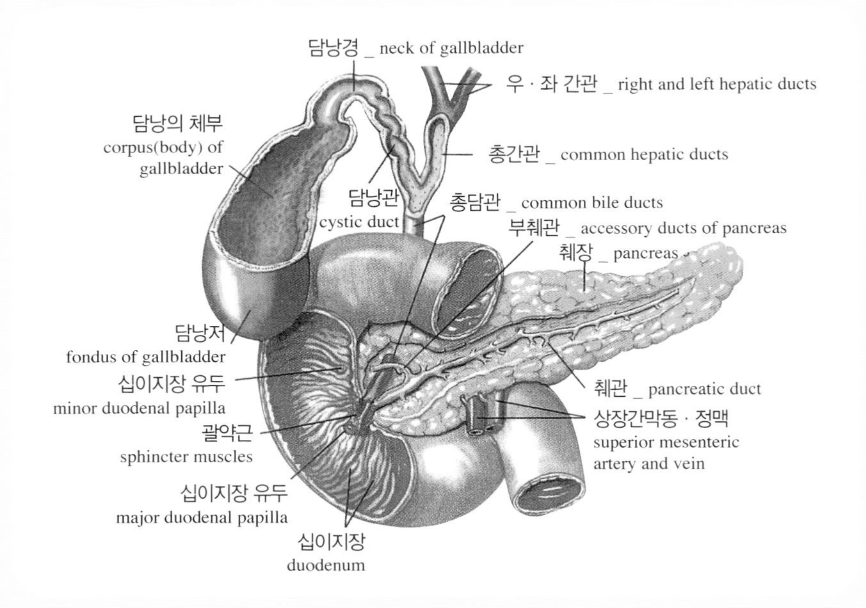

담낭경 _ neck of gallbladder
우 · 좌 간관 _ right and left hepatic ducts
담낭의 체부
corpus(body) of
gallbladder
총간관 _ common hepatic ducts
담낭관
cystic duct
총담관 _ common bile ducts
부췌관 _ accessory ducts of pancreas
췌장 _ pancreas
담낭저
fondus of gallbladder
십이지장 유두
minor duodenal papilla
괄약근
sphincter muscles
십이지장 유두
major duodenal papilla
십이지장
duodenum
췌관 _ pancreatic duct
상장간막동 · 정맥
superior mesenteric
artery and vein

심근경색

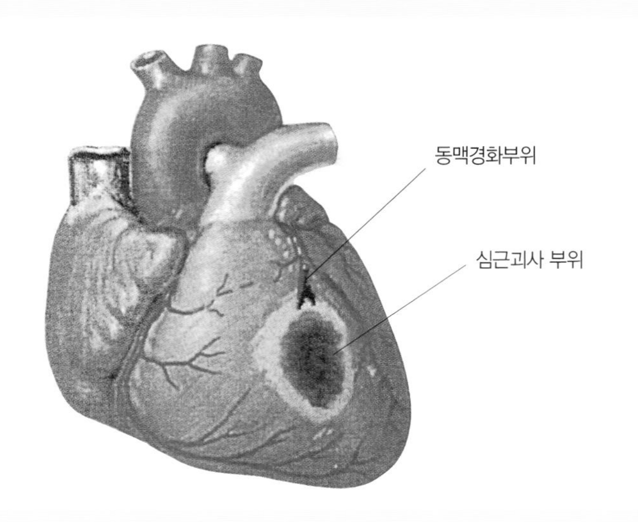

동맥경화부위
심근괴사 부위

관상동맥 경화증

관상동맥이란 심장에 산소와 영양분을 공급하는 혈관이다. 이러한 관상동맥에 지질과 칼슘이 침착되면서 동맥경화가 일어나거나 혈전에 의해 막혀버리면 심장으로의 영양공급이 장애를 받아 협심증, 심근경색 등 이른바 허혈성 심장질환이 발생하게 된다.

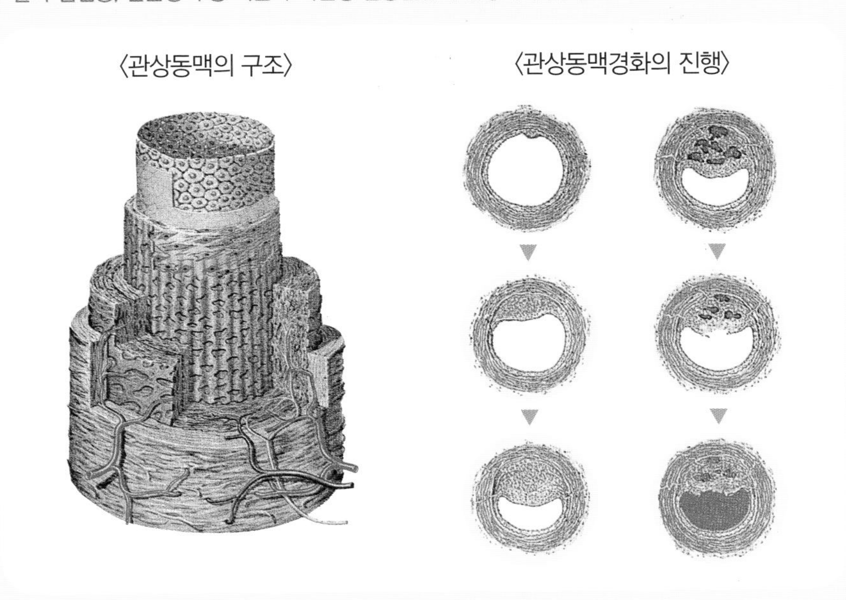

적혈구 비교

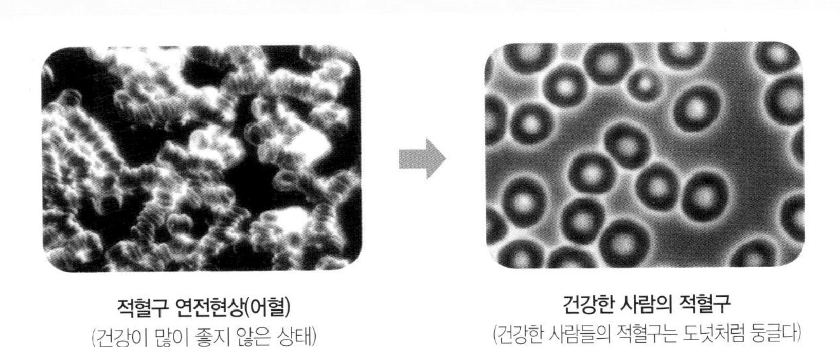

적혈구 연전현상(어혈)
(건강이 많이 좋지 않은 상태)

건강한 사람의 적혈구
(건강한 사람들의 적혈구는 도넛처럼 둥글다)

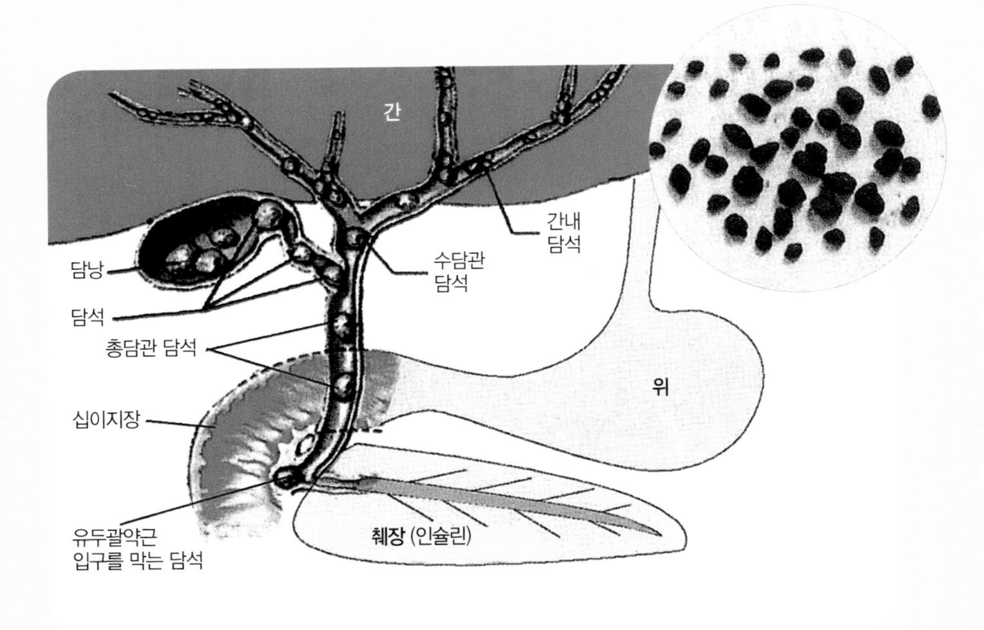

▲콜레스테롤 담석 (2000년 4월 13일 38세 男)

: **10차에 나온 노폐물** _ 42세 (2006. 11. 30)

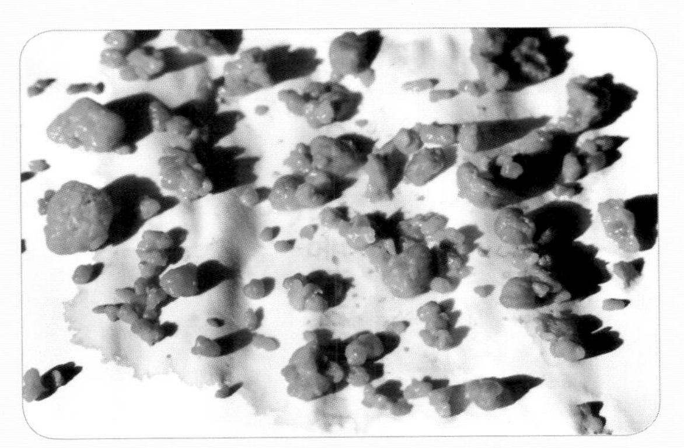

: **13차에 나온 노폐물** _ 42세 (2007. 1. 11)

: **13차에 나온 노폐물** _ 42세 (2007. 1. 11) [직경 3.5cm]

적혈구·백혈구·혈소판

적혈구

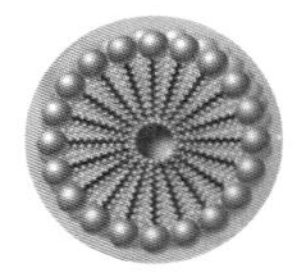
콜레스테롤 미셀

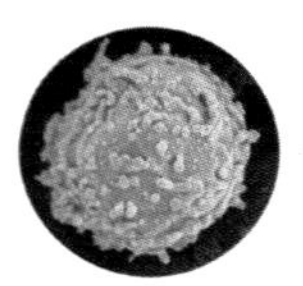
백혈구

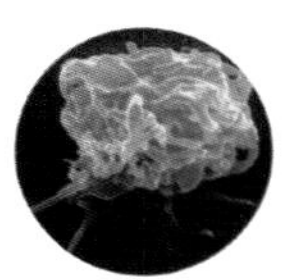
혈소판

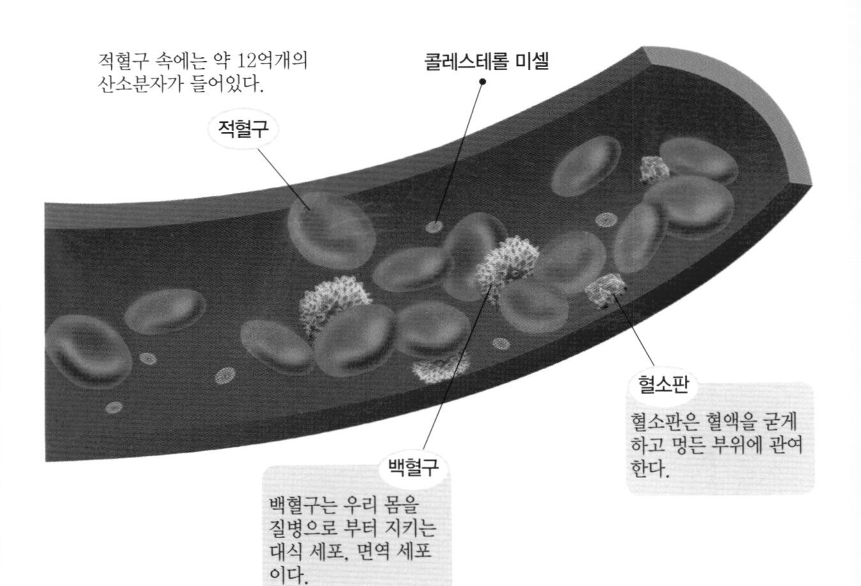

내몸 수리

告 子 章(고자장)

맹자

하늘이 장차 그 사람에게 큰일을 맡기려고 하면
반드시 먼저 그 마음과 뜻을 괴롭게 하고
근육과 뼈를 깎는 고통을 주고
몸을 굶주리게 하고
그 생활은 빈곤에 빠뜨리고
하는 일마다 어지럽게 한다.
그 이유는 마음을 흔들어 참을성을 기르게 하기 위함이며
지금까지 할 수 없었던 일을 할 수 있게 하기 위함이다.

책 머리에

책을 출판하기 시작한 것이 벌써 20년쯤 되어가고 있다.

하나의 텍스트를 두고 2년마다 한 번씩 고치고 그간의 새로운 경험과 배움을 추가해서 출판해 오고 있다.

나도 초야에 묻혀 많은 손님을 만났다.

별의별 증상을 들고 찾아왔는데 그나마 잘 대처한 듯하다.

인체는 음식과 호흡, 이 두 가지로 이루어지고 유지해 간다는 근본에 충실하니 모두에게 도움 되지 않았나 생각한다. 질병(퇴행성 질환)이 발병하는 것은 균들이나 바이러스가 아니라, 혈액과 림프액이 탁하거나 변형되고 혈관 벽에 나쁜 물질들이 퇴적하니 발병한다는 것이 나의 지론이다. 혈액과 체액이 침습 당한 것은, 잘못된 식생활과 스트레스 때문이며 또 인체에 넘친 영양소들이 혈액을 오염시키고, 흐름을 방해하고, 산소와 이산화탄소의 흡입과 배출에 장애가 심해져 질병이 발병한다고 본다.

그런고로, 만성질환에는 몸속 청소와 독소 제거가 필수 코스며, 적절한 운동과 올바른 식생활로도 만병을 고칠 수 있음을 늦어서야 깨우치게 되었다.

질병이 발병하는 필요충분 조건은 [유전 7%, 운동 부족 10%, 환경 및 기타 13% 잘못된 식생활 30%, 스트레스 40% …]라 본다.

굳이 위의 공식을 인용하지 않더라도, 자기 자신에게 발병한 질병의 원인을 분명하게 파악하고 치료에 임해야 하며, 의료진들도 질병 원인을 소상하게 알리며 소통이 된 후에 치료에 임해야 한다.

유방암과 당뇨병이 같은 원인이라고 말하니 세상이 웃었다.

나는, 두 질병의 원인은 혈액과 림프액이 탁하고 몸속에 독소와 노폐물들이 많아서 발병한다고 본다.

발병 장소가 다르고 질병이 달리 나타나는 것은 잘못된 음식과 스트레스의 강도에 따라 달리 나타나며 개인의 유전과 환경 및 신체적인 장단점도 영향이 있으리라.

참된 의술이나 의학은 100세까지 삶을 연장케 하는 것보다는 90세를 살아도 건강한 삶과 건강한 죽음을 맞이할 수 있도록 하는 것에 있으며, 심지어 암 환자들조차 암 덩어리를 몸속에 둔 채 90세까지 건강하게 살 수 있는 의술을 펼쳐야 된다고 주장한다.

서양 속담에는 "당신이 먹은 것이 당신을 말한다. (You are what you eat!) 라는 말이 있다 모두에게 늘 전하고 싶은 말이다.

패스트푸드나 인스턴트식품 같은 정크푸드를 즐겨 먹고 질병이 발병하지 않는다면 그것이 이상한 것이다.

우울증, 공황증, 조현병, 자살지향적인 마인드, ADHD, 분노조절 호르몬 부족... 등등도 잘못된 식생활과 게임이나 오락…. 등이 포함된 스트레스에서 출발한다는 것을 젊은 이들이 더욱 각성할 수 있었으면 한다.

질병 치료를 위해서 몸속의 독소와 노폐물들을 제거하고 혈액과 림프액을 맑게 하는 것에 포커스가 맞추어져 있었다면 의학은 더 많은 신뢰를 얻을 수 있었으리라!

방사선을 쬐고, 수술하고, 약을 먹었는데 치료가 된 듯하다, 다른 질병이 나타나거나 더 심해지거나 죽음에 이르는 것은 치료의 근본인 노폐물과 독소들을 제거하지 않았고 혈액과 림프액을 맑게 하는 것과 반대로 했기 때문이며, 양약들이 인체를 망치고 또 다른 질병을 유발할 수 있다는 진실을 세상에 알리며 새로운 패러다임의 의술과 의학을 보여야 할 때이다.

비타민, 오메가, 각종 영양제, 명상요법, 팔상체질, 보약, 카이로프랙틱, 홍삼, 뼈 교정, 마사지, 산삼을 찾을 것이 아니라, 몸속을 청소하고 혈액을 맑게 하는데 포커스를 맞추어야 하는데 노폐물과 독소, 오염된 림프액과 혈액을 방치하고 명약을 쫓으면 참으로 우매한 사람이 될 뿐이다. 컨디션이 나빠지고 기운이 떨어지는 것은 영양소들이 부족한 것이 아니라, 혈액과 림프액, 몸속의 노폐물들과 독소들이 많아진 탓이다. 그러므로 필요 이상의 영양분들을 섭취하면 그 잉여 영양분들이 혈액과 림프액을 오염시키고 신장에 테러를 가하여 오히려 명(命)을 재촉당할 수 있다는 사실을 깨우쳐야 한다.

질병의 종류는 167,000(일십육만 칠 년)여 종류가 등재되어 있다고 한다. 그러나 단 한 가지도 질병을 완벽히 정복한 게 없다는 것이 놀라운 의학의 현주소다. 또한, 인체의 세포를 온전하게 회복시키는 그러한 약품들도 존재하지 않는다는 것이 안타깝고, 부정할 수 없는 팩트다.

언젠가는 복용한 화학적인 약들이 반란을 일으켜 반드시 해(害)를 일으키리라~

질병에 대한 나의 지론은『만병동일설(萬病同一說)』이다.

만병은 같다! 단지 발생 부위가 다를 뿐이다

나의 이론을 확인할 수 있는 것은 유방암이나 갑상선질환, 고혈압, 우울증, 뇌졸중, 당뇨병, 간장병, 류머티즘, 심장병,... 등등의 퇴행성 질환에 똑같은 방법으로 대처해 보면 공감대가 형성될 것이다.

그리고 민중 속에서 면면히 이어온 놀라운 비방들이 있다는 것을 최근에야 더욱 알게 되었다. 흰 모발을 자연적으로 검게 할 수 있는 비방, 치아를 오래도록 건강하게 유지하는 방법, 머리카락을 좀 더 건강하게 유지하는 방법, 구안와사에 잘 대처하는 법, 아주 유효하고 신통방통한 비법들이 나라 곳곳에 있다는 사실에 머리가 절로 숙어진다.

옛 고서엔 좋은 말들이 많다. [선섭생자 이기무사지(善攝生者 以基無死地)] 섭생을 잘하는 사람은 죽음의 땅에 들어가지 않는다.

[치병필구우본(治病必求于本)] 질병을 치료하면서 반드시 그 원인을 구한다.]

환자 된 이들도 치료의 완치는 자기 자신의 몫임을 잊으면 안 된다. 수술이나 약품도 단지 치료의 한 수단에 불과하며, 치료의 완치는 자기 자신의 몫일 뿐이다.

건강한 정신, 건강한 육체를 갖기 위해선 음식을 올바르게 섭취하고 운동을 적절히 하며, 스트레스 관리를 잘해야 한다.

[불치이병 치미병(不治已病 治未病) 이미 병들고 나서 치료하지 말고, 병이 들기 전에 다스려라!]

끝으로 책을 출판할 때마다 교정에 참여해 준 포항의 이용수 후배에게도 감사를 전하고 싶다.

CONTENTS

**인체의 입문

태어나고 성장하면서 한 번도 아프지 않고 노년을 맞이할 수 없고, 노년이 되면 수많은 잡병에 노출되기 쉽다. 아프지 않고 한평생을 살 수 있다면 그보다 더한 축복이 있겠는가?

생로병사란 말이 있다. 태어나고, 늙고, 병들고, 죽는 것이 인생의 궤적을 표현한 말인데, 의학은 무병장수를 할 수 있는 길을 찾고 있다. 의학이나 의술에 앞서 동물이나 식물... 생명이 있는 유기체는 본능적으로 스스로 보호하고자 하는 것에 많은 것들이 내재되어 있지만 살아가면서 잊고 또 환경이나 자기 관리가 잘못되어 질병에 빠져들곤 한다.

항상 건강을 유지하기 위해선 인체를 구성하는 몇 가지 소중한 사실을 알고 있다면 도움이 될 듯하여 옮겨 본다.

인체의 특징 중에서 장(腸) 길이를 먼저 알아보자.

사람의 장 길이를 알기 전에 먼저 육식 동물들의 장 길이를 살펴보면 그들의 장 길이는 특이하게도 매우 짧다고 한다. 사자나 호랑이, 치타, 표범 등의 육식 동물들의 장 길이는 2m 내외로 되어 있다고 한다. 장(腸) 길이가 그토록 짧다니 이해가 쉽지 않다. 그들의 장 길이가 길었다면 그들은 지구상에 존재할 수 없든지 아니면, 변형되었을 것이다.

육식만을 하는 그들은, 음식물(육류)들이 장내에 오래 머물게 되면 소화될 때 가스나 독소들이 발생하여 생명을 위협하거나 수명을 단축하게 할 수 있다. 그래서 오랫동안 진화의 과정에 의하여 장의 길이가 점점 짧아지게 된 것이다. 그들의 평균 수명은 18~20년 정도 된다.

그런데 특이한 것은 육식만 하는 동물이지만, 썩은 고기를 잘못 먹었을 때나 배가 아플 때, 풀을 뜯어 먹는 경우가 왕왕 있다. 그 풀잎이 몸속의 독소와 벌레들을 섬멸하는 것이라니 놀라울 따름이다.

다음은 초식 동물들의 장 길이를 살펴보자.

초식 동물들의 장 길이는 육식 동물의 장 길이와 대조가 된다. 즉, 매우 긴 것이 특징이다. 소, 말, 양, 낙타, 누우…. 등등의 동물들이 있는데, 이들의 장 길이는 10~20m 내외가 된다. 엄청나게 긴 것이 특징이다. 그들은 육식을 전혀 하지 않는다. 오로지 풀과 나뭇잎, 줄기, 뿌리만 먹는다. 물론 모든 동물의 공통점 물을 빼놓을 수는 없다. 초식 동물들은 육식을 한 번도 해 본 적이 없지만, 그들의 뼈는 크고 튼튼하며 덩치가 장대하다. 그러면서 체지방도 엄청스레 많다. 그들의 평균 수명은 약 30~40년이 넘나든다.

초식 동물들은 한꺼번에 풀을 많이 섭취한 후 쉬면서 위장에 있는 것을 다시 끄집어내 되새김하기도 한다. 그러므로 나뭇잎이나 풀잎에 있는 영양소들을 충분히 흡수할 수 있기에 몸이 장대하고 뼈가 튼튼하고 충분한 지방질을 유지할 수 있다. 그러면 사람들의 장 길이를 알아봐야 한다.

사람의 장 길이는 7~8m 내외로 되어 있다. 재미나는 사실은 유럽인들은 동양인들보다 장의 길이가 1m 내외 짧다고 한다. 그들은 동양인들보다 덩치가 큰데 왜 장 길이가 짧은가? 그들은 육식을 많이 하기 때문이다. 사람의 장 길이가 7~8m 내외로 되어 있는 것은 초식 동물과 육식 동물의 중간에 있음을 알 수 있다. 그래서 사람들의 주식(主食)도 미루어 짐작할 수 있다. 육식과 초식의 중간…? 그것은 곡식이다. 잡곡(雜穀)이 우리의 주식이란 뜻이다.

인간은 조물주가 곡식을 주식(主食)으로 하게끔 코드화해 놓았다. 그러나 인간은 커다란 두뇌를 이용하여 육식도 하고, 초식도 하며 무엇을 먹어도 탈이 없도록 요리하는 법을 터득했고, 진화에 진화를 거듭한 것이다. 그러나 음식을 지나치게 편식하면 질병이 발병하여 고통 속에서 생을 마감하게끔, 코드가 미리 짜여 있음을 잊지 마시길….

장의 길이에 대한 상식을 유념하여 식사에 임하면 건강 유지에 많은 도움이 된다.

다음은 치아(齒牙)에 대하여 알아보자.

사람의 치아는 온전히 다 자라게 되면 32개가 된다.(막니 포함) 그중 어금니에 해당하는 치아를 한문으로 구치(臼齒)라 하는데, 구字는 절구 구, 곡식 구 字를 쓴다. 한문 글자의 뜻이 그러하듯 인간들에게 발현되는 어금니는 곡식을 씹기에 알맞은 구조로 되어 있다는 것이다. 이 어금니가 위쪽에 좌·우로 5개씩 있고 아래 좌·우 5개로 형성되어 있다. 그래서 사람들의 어금니는 총 20개로 되어 있

다. 곡식을 씹기에 알맞은 치아가 20개란 뜻이다.(막니 포함)

다음은 앞에 있는(대문니) 치아를 살펴보면, 위에 4개, 아래 4개로 총 8개가 형성되어 있는데, 이것은 풀이나 과일 등을 섭취하기에 알맞은 구조로 되어 있다. 대문니를 한문으로도 문치(門齒)라 부른다. 32개 중 28개가 설명되었다. 나머지는 4개다. 이 나머지 4개의 치아는 우리가 흔히 말하는 송곳니다. 송곳니를 한문으로 견치(犬齒)라고 부른다. 견 字가 개를 뜻하는 것이니, 개의 이빨과 비슷하다는 뜻이다. 개는 원래 육식하는 동물이다. 그러므로 견치는 육식을 섭취하기에 알맞은 치아라는 뜻이다. 이것을 정리해 보면, 곡식을 섭취하기에 알맞은 치아가 20개, 풀과 과일을 섭취하기에 알맞은 치아가 8개, 고기(육류)를 씹기에 알맞은 치아가 4개, (20 : 8 : 4) 이것을 수학의 공식에 따라 4로 나누면 5 : 2 : 1 이란 비율이 나온다. 나는 이것을 황금의 비율이라 표현한다.

100세 건강을 위해서 앞서 설명한 "황금의 비율"을 기억하며 음식을 올바르게 섭취하길 바란다. 즉, 곡식을 많이 섭취하고 다음은 과일과 채소를 많이 섭취해야 하며 육류는 적당히 섭취해야 함을 잊지 마시길….

다음은 담즙(쓸개즙)에 대하여 알아보자.

육식 동물의 담즙은 육류를 잘 유화시킬 수 있는 성분으로 구성되어 있으며, 초식 동물들의 담즙은 풀이나 나뭇잎을 유화시키기에 알맞은 성분들로 구성되어 있다.

사람들의 담즙을 히요르산이라 부르고, 사자의 담즙을 "하이데

조키시 히요르산"이라고 부른다. 사람의 담즙은 곡식(전분질)을 소화하기에 알맞은 성분으로 되어 있다는 것이다. 그런데 흥미로운 것은 풀이면 풀, 곡식이면 곡식, 육류면 육류, 해조류면 해조류, 과일이면 과일…. 먹을 수 있는 모든 것을 잘 소화할 수 있는 동물이 있는데, 그 동물의 이름은 [곰]이다. 곰의 담즙에는 어떤 성분이 있길래 모든 것을 소화 흡수할 수 있을까 하고 연구 분석해 보니, "우르소데옥시콜린산"이란 성분이 많다고 한다. 이 우르소데옥시콜린산을 추출하여 사람에게 복용시키면 이담작용이 잘 되어 간 기능 회복에 도움이 되지 않을까 하고 예로부터 이것을 사용한 듯하다. 그러나 나는 말한다. 전혀 효과가 없다고…? 그것이 그렇게 효과가 있었다면 간경화나 간이 좋지 않은 사람들이 복용했을 때 치료 효과가 있어야 하는데, 치료된 사례가 없는 듯하며 곰의 담즙은 곰 몸속의 다른 장기들과 서로 밀접한 관계가 있어야만 가능한 것이다. 사람들이 우르소데옥시콜린산의 성분으로 된 약품을 복용하면 간을 보호하고 이담 작용을 잘해줄 것이라고 복용하는 분들이 많지만, 궁극적인 효과를 얻지 못할 것이다.

사람들의 담즙은 곡식을 잘 소화 흡수하는데 유효한 성분들이 많음을 명심하여 음식물을 어떻게 섭취할 것인가? 매우 중요하다.

곡식 5, 채소 과일 2, 육류 1, 이 황금의 법칙을 잊지 마시길...

인체의 3대 요소가 호흡, 음식, 배설이라고 한다.

음식이 인체를 만든다고 해도 과언이 아니다. 그러므로 올바른 식생활은 모든 것의 기본이요, 근간이다

[섭생을 잘하는 사람은 죽음의 땅에 가지 않는다.]

**소화는 '간'이 한다.

의학이 태동할 때부터 지금껏 세상의 모든 이들은 소화는 위장이 하는 것으로 상식, 고착화되어 있다. 이 고착화된 이론에 반(反)하는 이론은 거의 없는 듯하다.

그러나 나는, 세상 모든 이들이 절대 이론이라 믿는 것에 반하는 이론을 펼치고 있다. 소화는 간이 한다라고... 주구장창 외치고 있다. 좀 더 구체적인 표현을 하면, "간과 다리가 소화의 주역"이라는 게 나의 지론이다.

사람들이 위장이 좋지 않다고 이야기하면, "나는 혈액이 탁하고 간 기능이 약하여 그러합니다." 이렇게 답을 한다.

역류성 식도염이 발병한 이유도 위장 위쪽의 분문 밸브가 약하여 발병한 것이 아니라, [간의 기능이 약하고 혈액이 탁하여 그러하다고] 답을 한다. 위장병에 나의 이론을 대입시켜보면 신뢰감이 높아질 것이다. 그리고, 식사할 때는 물이나 국을 마시지 않는 것이 좋다고 권한다. 왜냐하면 음식이 위장에 들어오면, 연동 운동이 시작되면서 위산이 분비되어 음식물들을 유화시키는데, 이때 물이 많으면 방해를 받기 때문이다. 즉, 위산이 유해 물질들을 섬멸하고 음식물을 분해하는데 물이 심한 방해가 된다. 또한 위가 아래로 처질 수도 있다. 그러면 물은 언제 먹는 것이 좋은가? 아침에 일어나자마자 깨끗한 물을 마실 것을 권한다. 음식을 먹고 난 뒤에는 약 2시간 후에 물을 마실 것을 권한다.

식사하고 곧바로 물을 마시면, 불이 타고 있는데 물을 부어 꺼버리는 현상이 되기 때문이다. 불이 타고 있는데 물을 부으면 모든 것은 허사가 되지 않겠는가?

오래전 베리 마샬이라는 오스트리아 로얄 퍼스 병원의 병리과 의사가 위궤양을 일으키는 원인은 위산과다와 신경성이 아니고, [헬리코박터파이로리]라는 벌레(바이러스)가 일으킨다고 연구하여 발표하고, 약 20년이 더 지나 그 공로를 인정받아 노벨의학상을 수상하였다. 그러나 그 벌레가 왜 위장 벽에 궤양을 일으키는지는 연구하지 않았다. 그리고 그 벌레를 섬멸하기 위하여 약이 개발되어 처방되고 있지만, 위궤양은 완전히 치료되지 않고 있다. 이유는 무엇인가? 그 벌레는 원래 위장 속에 있어야 하며 음식물 분해 작용에 관여하는데, 스트레스나 위장에 무리가 되는 조건들이 만들어지면 위장 벽이 허물어지고 이때, 위벽에서 분출되는 영양분을 먹기 위해 몰려들기 때문에 위 궤양이 발병한다고 본다. 그러면 위장 벽이 스스로 허물어지는 이유는 무엇일까? 그것은 피로, 운동 부족, 간 기능 저하, 어혈, 잘못된 식생활, 스트레스 등이 될 것이다.

내가 왜 소화는 위장이 아니라 간이 한다고 우기느냐 하면,

첫째, 위장이 움직일 수 있는 에너지는 [간]이 공급하기 때문이다.

둘째, 위장에 음식물이 들어오면 유문과 분문을 닫고 음식물들을 유화시키기 위해 위산이 분비되는데, 이 모든 공정을 '간'이 하기 때문이다.

셋째, 위장에 음식물들이 머무는 시간은 물과 밀가루 음식, 밥과 같은 곡물류, 육류 등이 머물다 내려가는 시간이 각기 다르며, 음식물들이 충분히 유화되면 십이지장으로 흘러내리게 하는 유문의 작동도 간이 컨트롤하기 때문이다.

넷째, 음식물이 소장에서 융모를 타고 간으로 흡입되고, 또 세포에 전달되어야만 소화의 과정이 끝나는 것인데, 이 과정 전체가 사실은 간이 컨트롤한다고 보기 때문이다.

다섯째, 소화는 다리도 한다.

움직이지 않으면 소화가 안된다. 소화가 된다해도 완전 연소가 이루어지지 않아 혈관이나 장내에 유독 가스나 활성산소, 나쁜 콜레스테롤로 변하게 된다.

자주 체하거나 마른 체형의 사람들은 간에서 담즙 분비가 원활치 않기 때문이다. 즉, 담도가 정상치보다 좁아져 있거나, 노폐물들이 있기 때문이다.

담즙이 잘 분비되어야만, 장의 융모에서 흡수가 잘 이루어진다.

이 피드백시스템이 원활치 않으면 소화와 흡수 작용이 떨어지며 이에 따라, 기억력이 떨어지고, 무릎이 자주 아프고, 시력이 떨어지며, 어깨와 팔에 관절염이 발병하고, 호르몬의 생성도 급격히 줄어들며 인체는 서서히 망가져 가는 것이다.

하루에 담즙은 1,000~1,200CC 정도 만들어지는데, 간이 약하여 담즙을 충분히 분비하지 못하면, 속이 갑갑하고 자주 체하게 된다. 다시 말해, 간의 기능이 떨어진 탓이요, 담도가 좁아져 있는 것이다.

위장에 문제가 있다는 것은 간의 기능이 떨어지고 혈관 속에 나쁜 물질들이 많아졌다는 사실을 깨우쳐야 한다. 그런고로, 위장병을 치료하려면 간의 기능을 회복시키고 혈액을 맑게 하면 위장병은 저절로 없어질 수 있다는 것이 내 많은 경험이요, 지론이다!

장, 간을 여러 차례 청소하고, 올바른 식생활을 하고, 많이 걸으면서 양배추와 당근을 갈아서 먹으면 뜻밖에 빠른 회복을 보이는 때도 없지 않다.

만병의 원인이 그러하듯, 위장병도 스트레스와 밀접한 관계가 있음을 다 아실 것이다. 스트레스를 받으면 혈액이 깨어지고 혈관 속에 유독 물질들이 많아지기에 암과 당뇨병을 비롯 심장병, 신장병, 위장병, 고혈압,뇌졸중 등의 모든 통증과 질병의 근원이 되는 것이다.

마음을 다스리고 장, 간을 청소하고, 올바른 식생활과 많이 걷고, 기어 다니는 운동도 권하고 싶다.

"소화는 간이 한다."

나의 이론을 여러분들은 어떻게 생각하시는지?

**나만의 식중독 대처법

식중독 사고가 여름, 겨울 없이 4계절에도 발병하고 있다.

토사곽란을 만나면 사람의 기력이 완전히 빠져 버린다. 그리고 식중독이 심하면 목숨도 위험해진다.

아마 전해 내려오는 민간요법이었을 것이다.

집된장을 두 숟가락 정도 떠서 공깃밥 그릇에 담고, 물을 3숟가락 정도 붓고 잘 저어 믹싱을 한 후에 그것을 원샷으로 마시는 것이다. 나도 이것을 어떻게 먹지 고민했지만, 배가 너무 아프니 어쩔 수 없이 마셨다. 그랬더니 30~40분쯤 지나니 배가 정말로 괜찮아졌다. 그래서 많은 이들에게 식중독 대처법이라며 전해 주었는데 대부분이 다 좋아졌다고 했다.

그래도, 효과를 보는 경우가 그렇지 않은 경우보다 훨 높다는 것이다. 그렇게 짠 된장을 원샷 했지만, 부작용은 전혀 없다는 것이 놀랍다. 암튼, 나만 알고 있는 것이 아까운 정보라 여기 소개해 본다.

또, 배가 아프거나 장염이 걸렸다 싶을 땐 참쑥을 뜯어 꼭꼭 씹어 먹는다. 많이 쓸수록 약효가 있는 듯하다. 이것도 여러 번 해 봤는데 효과가 좋았다.

나에게만 장 트러블에 효과가 있는지 모르지만 참고 삼아 열거해 본다. 그리고 마늘을 구워 먹는 방법도 있다고 한다. 그래도 안되면 나의 양지환도 추천해 본다.

**비염

비염도 불치병이고 원인을 정확하게 알 수 없는 질병이다. 원인을 모르기에 치료 약이 없다. 봉합하고 순간적으로 좋게 하는 약들이 있지만 온전히 치료되지 않는다. 모든 질병 치료제가 그러하다.

비염이 발생하는 원인을 나는 잘못된 식생활 때문이라 본다. 튀긴 음식, 밀가루 음식 등과 정크 푸드가 원인이라 본다.

거의 30년간 비염이 있는 조카가 올해 초에 비염이 많이 좋아졌다는 것이다. 그 이유는 정크 푸드를 줄이니 그런 놀라운 일이 있었다는 것이다. 코를 킁킁하는 소리가 듣는 이마다 불쾌해지며, 결혼생활을 온전히 할까? 그것마저 걱정될 정도이었다. 내가 때마다 나쁜 음식을 먹지 말라고 해도 듣기 싫어하고 먹을 게 없다며, 피했다.

비염을 치료하기 위해서는 약을 먹는 어리석음보다는 음식을 올바르게 섭취하는 것이 치료의 첫걸음이요, 전부다. 올바른 식생활과 산행을 자주 하면 대부분 질병에서 저절로 벗어나게 된다. 그래도 안 될 때, 약을 찾아야 한다.

어떤 아주머니는 몸이 여기저기 좋지 않아 인터넷, 유튜브를 뒤지다, 5일 전부터 일체의 육류를 끊었다고 한다. 그리고 현미 잡곡밥을 해 먹었더니, 콧속에서 목으로 커다란 덩어리가 빠지더라는 것이다. 그것을 뱉으니 누런 가래 덩어리와 반은 핏덩어리로 되어 있더라는 것이다. 그런 후 비염이 싹 없어졌다고 한다.

오래전부터 알고 지내는 지인은 올해 76세쯤 되셨는데 비염을 앓고 계신 지가 50년쯤 되신다고 한다. 그러니 젊은 날 26세쯤부터 지금껏 비염을 앓고 계신다.

천하의 어떠한 약들도 효용이 없었다고 한다. 나는 그분에게 나의 제품을 전해 보았다. 그분이 한 달간 복용하신 결과 완전히 나은 것은 아니지만 전보다 좋아지셨다고 한다. 물론, 조카도 복용하니 좋다고 한다.

한 달 복용으로 오랫동안 앓던 비염이 완전히 나으리라고는 기대

할 순 없지만, 전보다 낫다고 하니 다행이다.

여기에는 별의별 약재들이 들어간다. 세신, 과채...

비염이 있는 이들은 무엇보다 올바른 식생활이 중요함을 깨치고 또 깨쳐야 한다. 올바른 식생활과 산행을 자주 하면 분명히 자연적으로 비염이 낫는다고 확신한다.

**똥을 보면 그 사람의 건강이 보인다.

어떤 일본인이 「얼굴을 보면 그 사람의 건강이 보인다.」 이런 제목의 책을 쓰신 분이 있다. 그분은 사람의 얼굴을 보고 어떤 질병이나 장기가 나쁘다고 연구한 분이다. 상당히 일리가 있는 부분도 많다. 그러나 너무 맹신하기엔 좀 그러하며 특히나 치료에서는 아주 부족하다.

의학도(醫學徒) 중에는 사람의 똥과 동물들의 똥을 연구하여 질병을 알아내고 또 질병 치료에 도움이 되고자 연구하는 분들도 있다고 한다. 그러나 지금은 피 한 방울로도 많은 질병과 암 부위도 찾아내고 있으므로 그러한 연구가 쇠퇴해 가고 있다. 그리고 김현정 의사가 쓴「의사는 수술받지 않는다.」책의 33P에는 이러한 내용이 나온다.

[의료 기술과 장비의 발달도 한 가지 원인을 제공했다. 예전 같으면 몸에 지니고 있으면서 평생 모르고 지나가 천수를 누리다 죽었을 것을, 첨단 검사법이 온갖 시시한 병들까지 샅샅이 밝혀내는 바람에 졸지에 수술받는 중환자가 되어 버린다. 굳이 아는 게 좋은 것만은 아니다.]

똥 이야기하지 않고 엉뚱한 이야기를 늘어놓은 듯하다. 먼저 사람의 똥은 어떠해야 하는지 알아보자.

첫째, 똥은 설날 떡가래같이 굵기가 일정하고 무르지도 않고 딱딱하지도 않아야 할 것이다.

둘째, 똥은 냄새가 구수해야 할 것이다.

셋째, 똥은 색깔이 황금색이어야 좋다.

넷째, 똥은 적당한 시간에 시원하게 내보내야 한다.

위와 같은 똥을 매일 아침 보시는 분들은 의학이니 의술이니 그러한 것들은 불필요한 이야기가 될 것이다.

나는 말한다.

의술과 약과 의사는 환자의 똥을 누런색으로 만들기 위해 존재한다고 말하고 싶다. 몸이 정상이면 똥이 건강한 모양과 색깔을 지니기 때문이다.

위에서 나열한 것 중에 첫째에 해당하는 부분을 좀 더 구체적으로 설명하면, 건강한 사람들의 똥은 굵기가 일정하고 또 묽기나 딱

딱함이 아니라 설날 떡가래처럼 그렇게 모양과 무르기가 비슷하다는 뜻이다. 가령 장(腸)이 나쁘거나 몸이 건강치 않으면 똥이 묽게 나오며 설사를 자주 할 것이다. 그 사람은 장트러블이 잦고 몸이 메마르고, 성격도 예민하고 짜증을 잘 낼 수 있다. 특히나 변이 잘 나오지 않고 혈변이 나오면 반드시 대장 검사를 해 봐야 할 것이다.

설날 떡가래처럼 변을 잘 보기 위해서는 우선 움직임이 많아야 하며, 아울러 먹거리를 올바르게 먹어야만 가능하다.

둘째, 똥은 냄새가 구수해야 한다.

변의 냄새가 구수하다는 약간의 과장된 표현인지 모르나 장이 건강하고 음식을 잘 소화하여 몸 밖으로 배출될 때, 냄새가 지독하거나 역겹지 않아야 한다는 뜻이다. 물론 무를 많이 먹거나 육류만 많이 먹어도 변의 냄새는 유독 악취가 많이 난다는 것을 알 수 있다.

간경화나 간암, 그리고 질병을 앓고 있는 사람들의 변 냄새는 아주 고약하다. 특히나 간 기능이 나쁜 사람들은 방귀 냄새조차도 그렇게 악취가 심하게 난다.

셋째, 똥은 황금색이어야 한다.

똥의 색깔이 좋아야 한다. 황금색은 아니라 하더라도 검은색이나 흰색은 되지 않아야 할 것이다. 변이 검다는 것은 속이 탄 상태라고 봐야 할 것이다. 이것을 좀 더 구체적으로 설명하면, 음식물이 위장에서 충분히 유화되어 십이지장으로 흘러들면 간에서 담즙이 분비되고 췌장에서는 인슐린과 여러 호르몬이 분비된다. 그런데 음식물이 위장에서 십이지장으로 흘러들 때 이때는 음식물 속에 많은 위산이 포함되어 있다. pH 1도 가까이 되는 강력한 산성의 성분이 많아 살을 태울 정도로 산도가 높은데, 십이지장에서는 이것을 완충하기 위하여 벽에서는 물(액체)가 나온다. 당연히 알칼리성이다. 이것이 융화되어야 하는데 간이 나쁘거나 몸에 질병이 있으면 십이지장에서 호르몬이 잘 분비되지 않고 담즙(쓸개물)이 약하고 또, 췌장에서 각종 소화 호르몬들이 약하게 분비되기 때문에 강한 산성을 융화시키지 못해 똥이 검은색으로 변하는 것이다. 특히나 똥이 황금색이 되는 것이 좋은데 똥의 색깔을 황금색으로 변하게 할 수 있는 능력은 췌장의 기능이 튼튼해야 함을 알아야 한다. 췌장에서 분비되는 각종 호르몬은 황금색이다. 그러므로 똥이 황금색이란 말은 췌장이 건강하다는 뜻이라고 보며, 글루카곤, 인슐린, 키모트립신 등의 호르몬이 잘 분비되면, 그 사람은 아주 건강한 사람이라는 뜻이다.

어떤 분이 말했다.

자기는 풀을 갈아 녹즙을 자주 먹는데 변의 색깔이 푸른빛이라고…. 당연히 풀잎을 많이 먹으면 똥은 풀잎 색깔일 수밖에 없다. 평소에 변의 색깔이 황금색이 될 수 있도록 음식과 운동과 스트레스 관리를 잘해야 할 것이다.

넷째, 똥은 적당한 시간에 시원하게 볼 수 있어야 한다.

변을 시원하게 보지 못한다는 것은 변비가 있거나 장의 기능이 약하다는 것이다. 변비가 있으면 사람이 아주 괴롭다. 머리가 아프거나 잠을 잘 자지 못하거나 반대로, 잠을 자면 업어가도 모른다고 할 만큼 곯아떨어지게 된다. 또한, "풍(風)은 똥 병이다." 이런 말도 있다. 이것은 숙변이 장내에 오래 머물게 되면 나쁜 독소들이 발생하여 이것이 문맥을 통하여 간으로 흘러들고 이것이 다시 혈액을 타고 인체 속으로 유입되어 온몸을 유영하면, 몸이 망가지고 뇌졸중이 발현될 수도 있다. 이것이 세포를 망가뜨리고 생명을 단축하게 하거나 질병을 유발함은 물론이요, 삶의 질을 떨어뜨리는 것이다. 조심하고 반드시 해결해야 할 것이 변비임을 잊으면 안 된다.

변비가 있거나 너무 딱딱하면 변을 보기 위하여 배에 힘을 많이 넣어야 하며, 이때 압력이 혈압을 50 이상 끌어 올리게 된다. 평소 혈압이 140이던 사람이 변비가 있고 똥이 너무 딱딱하여 190이 되면 상당히 위험해지는 것이다. 그래서 옛날에 쪼그려 앉아서 변을 봐야 했던 화장실 시설 때문에 일찍 돌아가신 분들이 많음을 알 수 있다.

똥을 좋게 만들어야 한다.

똥을 좋게 하기 위해선 푸른 채소를 많이 먹고 많이 움직여야 함을 잊지 마시길.. 그리고, 패스트푸드 인스턴트식품 같은 정크 푸드를 피하는 것이 건강의 첩경임을 때마다 강조한다.

의학이나 의술은 사람들의 똥을 좋게 하려고 존재한다고 다시 한번 강조하고 싶다.

**심장병과 신장 질환

심장병의 종류는 심근경색, 협심증, 심비대증, 부정맥, 판막이상증 등이 있다.

심근경색일 때 스텐트 수술, 판막 수술, 혈관…. 그리고 혈전용해제와 아스피린, 와파린, 혈액순환개선제 등을 먹어야 한다. 그리고 흥미로운 사실은 심장이 좋지 않으면 대부분 신장도 나빠지고, 신장이 나빠지면 심장도 나빠진다. 그래서 두 관계가 명확하게 밝혀지지 않았지만 관계가 깊어 [심신증후군]이라 칭한다.

후천적으로 심장이 나빠지는 최대 원인은 혈전과 혈관 벽에 노폐물들이 끼여 혈관이 좁아지기 때문이다. 즉, 혈액과 림프액이 나빠서 발병한 것이다.

위와 같은 원인을 제공하는 세부적인 원인은 유전, 잘못된 식생활과 운동 부족이며 스트레스와 양약의 장기간 복용 등을 곱을 수 있을 것이다.

심장에 시술이나 스텐트 수술을 받고 죽을 때까지 혈전용해제와 혈액순환개선제를 복용하는 이들도 많다. 그러나 양약보다 더 좋은 약초들도 있음을 모르고 있고 현대 의학은 외면하고 있다.

모든 화학적인 약들은 간과 심장과 신장에 크게 악영향을 주며, 인체를 무너뜨린다. 후천적으로 나타나는 심장병은 하루아침에 나빠진 것이 아니라, 오랜 시간을 두고 서서히 문제가 발생하는데, 잘못된 음식이 주원인이다. 저급한 원료를 넣으면 모든 기능이 망가진다. 뇌와 심장과 폐와 생식기와 장(腸)들과 그 외에 모든 세포도 마찬가지다. 즉, 당신이 어떤 것을 즐겨 먹었느냐에 따라 심장병을 비롯하여 만병을 만들어 내는 것이다.

심장병을 줄일 수 있는 [신의 한 수]는 역시 육류는 삶아서 먹을 것과 저녁엔 육류든 바닷고기든 어떠한 고기도 먹지 않는 것에 있다고 주장한지 오래다.

심장병이 있거나, 심장 수술 받고 난 후에 아스피린, 혈전용해제, 혈관확장제, 혈액순환개선제 등의 약을 복용하고 있으면 심장은 점점 좋아지고 있을까? 현상을 유지하기 위한, 위험을 줄이기 위한 처방이지만, 화학적인 약들은 서서히 인체를 무너뜨리며 명(命)을 단축케 한다.

심장이 나빠진 원인은 90% 이상이 혈전(어혈)과 혈관에 나쁜 물질들이 쌓여 혈관이 좁아진 현상 때문인데 똑같은 현상이 뇌에서 일어나면 뇌경색이나 뇌출혈이 발병하는 것이다.

스텐트 수술이나 기타 시술 받았던, 심장약을 복용하고 있던, 심장을 회복하려면, 올바른 식생활을 하고 신장의 기능을 향상시켜야 함을 깨우쳐야 한다.

튀긴 음식, 구운 육류, 기름으로 볶은 음식, 정크 푸드, 우유와 유제품도 금할 것을 권한다. 그리고 와인을 저녁 식사 때 한 잔씩 할 것을 권한다. 알코올은 천연의 혈관확장제요, 지방을 연소시키는 작용이 있다.

또, 심장병에 사혈이 으뜸의 효과를 나타낼 것이라 본다. 누구나 곰곰이 생각해 보면 공감할 것이라 본다.

다음은 많이 걸어야 하며, 또 걸어야 한다. 맨발로 걸으면 효과가 배가 된다.

다음은 장, 간, 신장을 청소해 줄 것을 권한다.

혈액을 맑게 하기 위한 중요한 조치라 생각한다. 신장의 기능이 좋아야 노화된 혈액과 림프액을 잘 정화해서 소변으로 배출시켜 준다.

화학적인 양약의 늪에서 벗어나 좀 더 자유롭고 건강한 심장을 가진 사람이 되세나~

어떤 이론에 의하면 지구상 모든 포유류의 심장은 15억 번을 뛰고 나면 멈춘다고 한다. 이것은 덩치가 큰 코끼리나 덩치가 작은 쥐에게도 해당하며, 코끼리는 평균 수명이 60년, 쥐는 2~4년을 예상하면 코끼리는 1분의 심박동 수가 50~60 정도이며, 쥐는 1분에 엄청난 숫자로 심장 박동이 일어난다고 볼 수 있다. 인간도 여기에 포함되므로 심장이 15억 번 이상 잘 뛸 수 있도록 노력해야 할 것이다.

그리고 흥미 있는 진실은, 여성들은 임신이 가능한 가임기간(可姙期間)에는 좀처럼 발병하지 않는 질병이 하나 있다. 그것은 바로 '심장병'이다.

왜, 임신이 가능한 여성들에게는 심장병들이 좀처럼 발병하지 않는 걸까? 그것은 생리 현상 때문이다. 한 달에 한 번씩 치르는 생리 현상 때, 몸속에 있는 나쁜 콜레스테롤이나 유해 성분들도 몸 밖으로 빠져나오기 때문에 심장병이 쉬이 발병하지 않는다. 자식을 낳고 기를 수 있도록, 그런 위험한 질병이 발병치 않도록 코드를 미리 만들어 놓았다고 한다. 얼마나 신(神)들이 훌륭한지 의학을 공부해 보면 신비로움이 엄청나게 많다. 그리고 위와 같은 사실을 곰곰이 생각해 보면 심장병에 어떻게 대처해야 할 것인지 하나의 방편을 얻을 수 있다. 이럴 때 남성들은 일찍부터 가끔 장, 신장, 사혈, 간을 청소해 주면 되는 것이다.

튀긴 닭고기나 튀긴 음식들을 계속해서 먹으면 머지않아 뇌졸중이나 심장 질환이 발병할 것이다. 또한 장어, 멍멍이 고기, 소고기 등을 자주 많이 섭취하면 심장병에 쉽게 걸리게 된다. 콜레스테롤이나 고지혈을 막기 위해선 푸른 채소와 과일, 양파를 자주 섭취할 것을 주문한다.

화학적인 양약(아스피린, 혈전용해제, 이뇨제...) 등은 인간이 만든 화학적인 제품이다. 이것이 궁극의 심장 질환을 치유하는 것은 아니다. 심장에 이상이 있어 스텐트 수술을 한 사람들이 더러 계신다. 그러나 그러한 사람들도 양파를 자주 먹어야 하며, 육류를 삼가해야 한다. 특히나 저녁에 절대 육류를 섭취해서는 안되며, 문어나 오징어 같이 혈액이 없는 바다 해물을 권한다.

심장병에도 장, 간, 신장 등을 반드시 청소해야 한다. 그리고 금진옥액도 필요하다고 본다.

심장병의 특효약은 걸음이다. 많이 걸으시라, 맨발로도 걸어보시라. 위와 같이 행하면 얼마 지나지 않아 심장이 튼튼해진다는 것을 스스로 느끼게 될 것이다. 이것이 많은 이들의 심장을 구할 수 있는 구심제가 되길 바란다.

나는 심장과 신장에 관한 제품도 만들어 판매하고 있다. 심장 질환에 문제가 있어 양약을 복용하고 계시는 분들이 의외로 많다.

하루빨리 화학적인 약물에서 벗어나야 한다. 모든 심장 환자들은 세뇌가 되어 있다.

약을 끊으면 위험해진다…?

장, 간, 신장 등을 청소하고 올바른 식생활을 하며 운동을 적절하게 잘해 보시라~

놀라움을 느끼게 될 것이다.

심장병의 증상

1) 식은 땀 : 심근경색의 흔한 증상 중 한 가지는 식은땀이 나는 것이다. 그냥 가만히 앉아 있어도 운동한 듯이 땀이 흘러내릴 수도 있다. 식은땀의 심장질환 자가 진단해 보세요.

2) 무기력감 : 심근경색에 걸려있거나 협심증에서 심근경색으로 이행될 때는 심각하게 무기력감이 느껴진다고 합니다. 심할 때는 어떤 여성이 종이 한 장조차 들 힘이 없다고 했다고 합니다.

3) 숨가쁨 : 평상시에 숨이 가쁘면 천식이나 폐기종이 원인이라고 생각이 듭니다. 맞는 말이지만 심부전이나 심근경색도 그러한

숨 가쁨 증상이 있다는 거 알아두시고 심장질환 자가 진단을 해 보시기 바랍니다.

4) 식욕감퇴 : 심근경색이 있으면 속이 메스꺼우면서 식욕이 감퇴 됩니다. 심부전증 원인 중의 하나는 복부팽창인데, 이것이 식욕에 영향을 미치게 됩니다. 식욕감퇴로 심장질환을 자가 진단할 수 있는 증상 중 한 가지입니다.

5) 기침 및 천식 : 기침을 반복하여서 하거나 쌕쌕거리는 천명이 반복되면 심부전증을 의심하는 것이 좋습니다. 심장질환 중 심부전의 증상에서 그러한 현상이 나타나는데 심부전이 있는 사람들은 때로 피가 섞인 가래를 내뱉기도 한다.

6) 현기증 : 부정맥이 일어나면 현기증이나 의식불명 증상이 나타나기도 합니다.

7) 급격한 심장발동 : 현기증이나 무력감, 숨 가쁨 같은 증상들과 함께 나타나는 급격하고 비규칙적인 심장박동은 심부전증이나 심근경색, 부정맥의 증상일 수 있으니 심장질환 자가 진단을 할 때 이러한 증상도 생각해 두어야 합니다.

인터넷 검색 창에서

심장이 나빠지면 육류의 섭취를 줄이고 과일과 채소 등을 섭취하며 걷기 운동을 열심히 해야 한다. 그리고 반드시 장, 간, 신장 등을 청소하고 금진옥액도 받아보실 것을 권한다.

나는 스텐트를 갖고 있어도 양약보다 더 혈액을 맑게 할 수 있는 제품을 가지고 있다. 그리고 심장병이 발병하기 전에 심장을 먼저 튼튼하게 할 수 있는 방법도 중요하다.

혈액과 림프액을 맑게 하는 것이 심장병에도 최대의 과제요, 목표일 뿐이리~

다음은 신장(콩팥) 질환에 대하여 알아보기로 하자.

100세 시대를 논하고 있다. 백세 건강의 근원은 신장이 좋아야 할 것이다.

신장은 매일 몸속의 나쁜 물질들과 노화되고 파괴된 혈액과 림프액 등을 정화하여 소변으로 배출시키기 때문이다.

신장의 기능이 떨어지면, 고혈압, 이명, 요통, 류머티즘, 얼굴이나 손, 다리가 자주 붓고, 건망증이 심해지고, 성 기능이 저하되고, 면역력이 떨어지고…. 만수무강을 저해하는 요인들이 즐비하게 나타난다.

밤에 소변을 자주 보거나 아침에 얼굴이 자주 붓는 경우도 신장 질환을 의심해 봐야 할 것이며, 이유 없이 몸이 마를 때에도 신장 질환을 의심해 봐야 하며, 잠을 잘 이루지 못하는 것도 대부분 신장의 기능이 떨어진 탓이며, 피부가 자주 가려운 것도 신장이 나쁜 때도 있고, 하지정맥류가 있을 시에는 신장의 기능이 매우 약하다고 보면 거의 정답이 될 것이다.

신장병을 일으키는 원인을 아직 정확히 밝혀진 것이 없다. 이것 역시 치료 방법이 없는 불치병이라 명시한다.

내가 신장병 환자들을 경험해 보니, 신장병을 일으키는 원인은 첫째, 양약의 장기 복용, 정크 푸드, 고지혈, 튀긴 음식, 구운 육류,

스트레스, 과로 등으로 인하여 신장의 기능이 떨어지는 것임을 짐작케 할 수 있다.

신장의 기능이 떨어지면 고혈압이 발병하고 이명(耳鳴)이나 청각의 기능이 떨어지며 뇌의 혈관이나 세포에 이물질과 노폐물들이 쌓여 치매가 올 가능성이 커진다.

기억력이 떨어지고 뇌의 용량이 줄어들며 뇌의 질병들이 대부분 신장의 기능이 나빠져 발병한다. 왜냐하면 신장의 기능은 인체의 정화조 역할을 하는 더없이 중요한 정화 기관이다. 신장에서 노화된 혈액이 걸러지는데 그 기능이 잘 이루어지지 않는다면 그 노화된 혈액이 온몸을 떠돌게 되고, 그 노폐물과 독소가 위(上)쪽으로 모이고 많이 사용하는 부위로 몰리니 뇌세포가 손상을 입고 다른 기관들도 망가지는 것이다.

혈압이 높은 사람, 이명이 있는 사람, 몸이 자주 붓는 사람, 밤에 소변을 보러 자주 일어나는 사람, 요통이 있는 사람... 이런 사람들은 신장이 나쁜 사람들이다. 또, 레닌(Renin)에 의해서 안지오텐신이라는 호르몬이 형성되는데 이것이 많아지면 혈압이 올라간다. 그래서 혈압약 중에는 이뇨제가 대부분이고 안지오텐신이라는 호르몬을 차단하는 약도 처방된다.

소변 검사 후 신장 질환 의심이 나왔다면 혈뇨나 단백뇨가 검출되었을 가능성이 크며, 가끔 신장이 정상인데도 혈뇨와 단백뇨가 나오는 경우가 있다고 한다.

소변이 짙은 갈색이거나 핏빛에 가까운 혈뇨가 나오는 것은 신장에서 만들어진 소변이 방광과 요도를 지나 배설되는 과정에서 출혈이 있다는 증거이기 때문에 사구체신염 같은 신장병이나 요관결석, 방광암, 전립선염 등의 비뇨기질환이 원인일 가능성이 크다.

소변을 자주 보고 그때마다 통증과 혈뇨가 있다면 신우신염이나 방광염 같은 세균 감염일 수도 있으며, 소변의 색깔이 붉었다가 괜찮아지기를 반복하면 신장암이나 방광암일 수도 있다고 한다.

소변의 양이 갑자기 많아지거나 반대로 줄어드는 경우나 거품이 많은 소변도 좋지 않고, 신장의 기능이 떨어지면 소변으로 단백질이 빠져나와 소변에 거품이 많고 탁해지는 경우가 많다. 물론 건강한 사람일지라도 일시적으로 음식에 의하여 소변에 거품이 많이 생길 수도 있지만 이 같은 증상이 계속된다면 검사를 받고 신장을 클리닝 할 필요가 있을 것이다.

만성신분전증의 원인은 당뇨병성 신장질환(41%), 고혈압(16%), 사구체염(14%) 등이다. 심부전의 초기에는 별다른 증상을 느끼지 못하지만 신장 기능이 저하되면서 피로, 가려움증, 식욕부진 등의 요독증상이 나타난다. 말기 신부전증에 이르면 호흡곤란, 식욕부진, 구토 등의 증상이 나타나며 심해지면 혈액투석이나 신장 이식 등의 치료를 받지 않으면 정상적인 생활을 할 수 없는 상태가 된다.

나는 신장의 기능을 회복하는 데 도움이 되는 제품을 만들었다. 요로, 신장, 방광, 전립선 등에 있을 독소와 노폐물들을 녹여서 배출하게 만들었다.

신장질환과 연관된 주요 증상

1) 부종, 특히 눈 주위, 발목이나 손목

2) 하부요통이나 옆구리 통증

3) 배뇨(배뇨)시 통증

4) 콜라 빛 및 포도주 빛 소변

5) 고혈압

6) 배뇨 횟수 이상 또는 소변 색깔 변화

신장 질환이 의심되면 다음 사항을 체크해 보세요.

1) 혈압이 높거나 저혈압이 있다.

2) 몸이 붓는다.(부종, 다리, 얼굴, 손, 발목, 손목…)

3) 소변보기가 힘들고 아프다.

4) 소변에 혈뇨가 보이고 거품이 많다.

5) 배뇨 횟수 이상 또는 소변 색깔 변화

6) 밤에 소변을 자주 봐 잠을 설친다.(신부전증의 초기 증상으로 야뇨증이 생긴다.)

7) 옆구리가 자주 아프다.(하부요통, 옆구리 통증)

8) 입맛이 없고 구토가 나고 몸이 가렵다.(요독증으로 인한 소변에 있는 독소가 몸속에도 남아 있어 나타나는 증상)

신장의 기능을 회복하기 위해서도 먼저 음식을 올바르게 바꿔야 함을 빼놓을 수는 없다. 그리고 장과 간을 청소하여 신장에 부담이 덜 되도록 윗물을 깨끗이 한 후, 신장을 청소해 볼 것을 권한다. 물론 운동하고 사혈도 때때로 필요하다고 본다.

정기적으로 신장도 청소하여 늘 활력적인 사람이 되고 90세가 넘어도 항상 건강하시길...

**변비

만병의 근원은 변비다. 그리고 90세를 건강하게 넘기지 못하는 원인 중 커다란 비중을 차지하는 것이 또한 변비다. 옛말에 풍(風)은 똥 병이다. 이런 말도 전해진다. 그처럼 위험한 것이 변비다.

변비가 있으면 얼굴에 트러블이 많고 머리가 자주 아프며 온 전신에 나쁜 물질들이 계속 공급되게 된다.

변비를 발생케 하는 원인은 첫째는 잘못된 식생활에 있다.

잘못된 식생활은 당연히 정크 푸드를 즐겨 먹은 것을 곱을 수 있다. 특히나 밀가루 음식같이 섬유질이 없는 음식을 즐겨 먹으면 변비에 걸릴 확률이 높다.

다음은 양약이다. 어떠한 양약도 변비를 일으킬 소지가 있다고 본다.

양약이란, 대부분 화학적인 성분의 약들이다. 이 약들을 먹으면 인체에서 각종 반응이 일어나는 것은 그만큼 모든 세포가 싫어하기 때문이요, 코드가 맞지 않기 때문이다. 심장이상박동, 변비, 불면증, 생리트러블, 신경이상반응, 장트러블, 기력 쇠잔….

다음은 운동 부족이다. 적절한 운동이 있어야 변비에 도움이 된다. 걷고, 구르고, 기어다니고….

변비에서 벗어나려면 위와 같은 조건들을 해결해 주면 저절로 해결된다. 그래도 도움이 되지 않으면 먼저 장, 간을 청소할 것을 권한다. 장, 간을 청소한 사람들은 거의 변비가 없어진다는 사실을 알게 되었다.

그리고, 양지환도 추천해 본다.

**의학의 근본과 대체 의학이란?

의학의 근본에 대하여 학문적으로 정의해 둔 게 있는 모양이다.

그런 체계화된 이론보다 더 확실한 정의는 얼마 전에 유행하던 말이 더 가슴에 와닿는다.

99, 88, 123…. 구십 구세까지 팔팔하게 살다, 하루 이틀 정리하고 하늘나라로 간다. 이 말속에 모든 의학의 개념이 농축된 듯하다.

무엇이 정통(正統)의학이요, 전통(傳統) 의학인가?

태초로부터 면면히 전해오는 전통 의학이요, 정통의학은 무엇인가? 한의학이 전통 의학이요, 정통의학의 맥을 이어오다 현대의학에 자리를 빼앗긴 지 오래다.

그러나 현대의학도 한계를 드러내면서 통합의학으로 발전하고 있다.

태초로부터 면면히 이어오던 전통 의학은 어떤 것일까?

그것은 굶고, 설사하고, 토하고, 땀을 나게 하는 것이라고 나는 배웠고 믿고 있다. 이것이 의학의 근본이요, 출발점이라 본다. 이것을 의학의 4병법이라 한다.

[의학이란? 인간을 질병으로부터 구하고 건강법을 모색하는 학문, 의학은 인류의 역사와 더불어 경험 의료로서 존재해 왔으며 일반과학이 진보함에 따라서 독자성을 지닌 과학으로 발전하여 인체에 관한 연구와 질병의 예방 및 치료를 연구하는 학문이라고 정의된다. 의학에 대한 개념은 점차로 변화하여 현대에서는 인간을 생리적, 심리적, 사회적으로 적극성을 띠게 하고, 될 수 있는 한 쾌적한 상태를 유지하는 연구를 하는 학문으로 해석되기도 한다. 다시 말하면, 기능적, 사회적 개념에서 의학이 정의되고 있다.

세계 보건기구(WHO)에서는 건강을 정의하여 단순히 질병이 없거나 허약하지 않다는 것뿐만 아니라, 신체적, 정신적, 사회적 안녕의 완전한 상태라고 하고 있는데, 의학이란 결국 건강을 유지하고 향상하는 것을 목적으로 하는 과학이고 보면, 이 정의를 통해서도 의학의 개념이 변천해 가고 있음을 알 수 있다.]

인터넷 검색창에서

의학의 근본이요. 전통(傳統) 의학, 정통(正統)의학은 모두가 변질이 되었다.

세월이 흐르면서 발전하고 새로운 의술이 개발되면서 많은 영역으로 넓혀졌다.

1,800년대까지 유럽은 기존의 의학이 유지되었는데, 현미경의 발견과 더불어 눈으로 볼 수 없었던 바이러스(세균)를 보게 되므로 새로운 의학으로 바뀌는 계기가 되었다.

고전 유럽의 의학은 사혈이 대세이었다고 본다. 유럽은 지금도 사혈을 신봉하고 있다고 한다. 그리고 유럽은 아직도 전통적으로 내려오던 민간요법을 중요 치료법으로 활용하고 동종요법 등을 선호하고 있으며, 미국과 한국, 일본 등이 현대의학에 크게 의존하고 있는 실태이다. 유럽 의학이 미국이나 일본 한국 의학보다 더 실용적이고 유효하지 않을까 생각해 본다.

우리는 무작정 수술과 화학적인 약들을 복용하지만, 유럽인들은 수술은 최대한 자제하고 오래전부터 면면히 이어오는 전통 의학을 중시하고 있다. 유럽 의학이 장점들이 많고 치료의 근본에 충실해지고 있는 듯하다.

이제 미국도 면역력을 강화하는 요법으로 선회하고 있다. 의학과 의술과 의료 기계가 첨단으로 발전했다고 한다. 그런데 흥미로운 것은 인체의 내부를 특수 카메라로 훤히 들여다보며 의술을 펼치는데도, 질병을 완벽히 치료하는 사례는 없다는 것이다. 수술은 잘했지만, 질병의 근원 치료는 거의 없다는 것이다.

의학이 발전했다는데, 질병이 더 고도화 지능적으로 변한 것인가?

인간에게 발병하는 167,000여 종류의 질병 중에서 인간이 정복한 것이 단 한 가지도 없다는 현실을 우리는 어떻게 받아들여야 하는가?

[병을 고치려면 먼저 환자의 마음을 다스린 뒤에 병자에게 마음속의 동요를 없애주어야 한다. 오직 사람의 병만 다스리고 마음을 다스릴 줄 모르는 것은 근본을 버리고 끝을 좇는 것이다.]

먼 옛날에는 지금과 같이 정의되거나 이론화된 의학의 개념은 없었다. 그러나 그때도 질병에 대처하는 방법들이 분명히 있었을 것이다. 그것이 의학의 근본이고 의학의 출발점이라 할 수 있을 것이다. 의학이라고 정의하기에 적합할지 모르지만, 의학의 출발은 자연 그대로 태어나면서 우리가 스스로 삶을 영위하고 몸을 스스로 지키기 위한 본능적인 것들이 의학의 근본이라 생각한다.

우리도 먼 태초에는 산속의 동물들처럼 옷을 입지 아니했고 자기 몸의 보호나 질병 치료 역시 자연적인 방법에 원초적인 방법을 사용했을 것이다. 인간 본능에 의한 몸을 보호하는 방법, 인체 내부에서 자연적으로 형성되는 방어 시스템…. 그것은 굶고, 토하고, 설사하는 것이라고 정의하고 싶다. 그것이 의학의 시작이요, 근본이라고 말하고 싶다.

나는 오래전 어떤 분의 강연에서 의학의 근본은 굶고, 토하고, 설사케 하고, 땀을 나게 하는 것이라고 말씀하시던 그것이 세월이 흘러 지금 생각해 보니 그 이론이 훌륭하다는 생각이 새삼 든다.

굶고, 토하고, 설사하고, 땀을 나게 하는 것…. 이것이 의학의 4병법이요, 의학의 근본이라 본다.

그 외에는 모두가 대체하는 요법인데, 사람들은 약초를 쓰고, 침, 뜸 등을 사용하는 자연 치료사들을 대체의학 하는 사람, 민간요법이라 부르며 곱지 않은 시선으로 본다. 사람들이 의학의 근본을 모르고 있다.

유럽은 라이선스를 중요치 않으며 법원의 판결에서도 "잘 고치는 사람이 명의다" 이렇게 판결한다고 한다.

우리는 자격증이 있느냐만 보고 있다.

많은 사람이 몸이 아프면 어떤 병원에 가야 하는지 잘 알고 있다. 그러나 가서 치료의 완치를 보지 못한다. 치료의 완치는 본인만이 할 수 있다. 치료를 도와주는 사람을 의사라 부른다.

잘 먹고, 잘 자고, 잘 배출하고, 잘 행동할 수 있으면 된다.

나는 의학의 근본이란? 의학이 불필요한 세상을 만드는 것이 의학의 최종 목적지라 본다. 의학에 의존하지 않고도 백 세를 건강하게 살다 건강한 죽음을 맞이할 수 있게 하는 것이 의학이 추구해야 할 목적지다.

의학의 근본은 마음을 다스리고, 굶고, 토하고, 설사하고, 땀을 나게 하는 것임을 다시 한번 강조한다.

**불면증에 대하여

현대인들에게 별 해괴한 질병들이 많이 일어나는데, 불면증은 희소한 질병은 아니지만 현대인 중에는 이런 증상을 호소하는 이들도 뜻밖에 더러 있는 듯하다.

인터넷을 열람하여 불면증에 관한 글을 살펴보면, 불면증은 습관적 만성을 이르는 말이다. 짧고 단속적인 수면, 얕은 수면, 꿈을 많이 꾸는 수면 등 수면의 길이나 질이 문제가 되나 실제로는 불면이 아닌데도 불면으로 생각하는 신경증으로서의 불면증도 상당히 많다. 따라서 이와 같은 증세에 시달리는 사람은 항상 수면 부족을 호소하게 된다.

만성 불면증이나 습관성 불면증 등의 대부분은 이와 관계가 깊다. 뇌동맥 경화나 고혈압으로 인한 뇌 혈행 장애성 이외에 자율신경이나 내분비의 이상에서 오는 것, 정신병으로 인한 것이 많다.

우울병은 자기 스스로가 불면으로 고민하는 정신병원으로서 자살의 위험도 있다. 정신병의 약 30%는 불면이 주 증세다. 그러나 불면이면서 불면을 호소하지 않는 경우도 정신적으로 치료받아야 한다. 그리고 흥분하거나 불안감으로 정신상태가 항진되어 있을 때, 커피, 홍차 등을 많이 마셔 흥분해 있을 때, 또는 각성제, 혈압상승제, 비타민제 등의 약제사용도 불면의 원인이 될 수 있다.

수면제 등 약제의 사용은 여러 가지 장애를 일으키기가 쉬우므로 의사의 지시와 처방에 따라야 하며 항불안 약물을 사용해 치료하기도 한다.

혹시 복용 중인 약물로 인해 불면증을 겪는다면 다음과 같은 약물이 그 원인이 될 수 있습니다.

• 기침 감기약 : 슈도에페트린 함유 제제

• 에스트로겐 함유 약물 : 피임약 또는 호르몬 대체 약, 패치, 주사, 크림

• 골다공증약 : 랄록시펜

• 스타틴계 고지혈증약 : 아토바스타틴, 심비스타틴,

• ADHD 치료제 : 메칠페니데이트

• 스테로이드제 : 프레드니솔, 메칠프레드니솔론

• 기관지 약물 : 살부타몰, 살메테론, 테오필린

• 갑상선 호르몬제, 우울제, 비충혈제거제, 식욕억제제, 혈압약 등

인터넷 검색창에서

2021년 9월 초에 70대 초반의 부부가 왔었다.

오래전에 나의 책을 구매해 갖고 있었지만 읽지 않고 있다가, 몸이 너무 좋지 않고 잠을 못 잔 것이 3개월쯤 되었다고 한다.

서울에 있는 유명 병원 3곳에서 검진받았는데 아무런 이상이 없다는 결과가 나왔다는데 정작 본인은 죽을 맛이라고 했다. 그리고 곰곰이 생각해 보니 얼마 못 살 것 같은 느낌을 느꼈다고 한다. 모든 것을 정리하고 남편에게 캠핑카를 구하여 죽기 전에 여행이나 하자고 했더니 남편도 응해주어 여행을 다니기 시작했다고 한다. 여행을 다니다 나의 책을 바르게 읽게 되었는데, 첫 장을 읽자마자 곧바로 연락을 취하고 찾아온 것이다.

나는 지금까지 복용하던 모든 양약을 중단케 했다. 다른 약들은 끊을 수 있어도 수면제는 끊지 못하고 줄이고 또, 줄이며 나의 처방대로 잘 따라 주셨다.

조금 있으면 3개월이 되는 지금…. 그분들은 여행을 멈추고 경치가 좋고 공기 맑은 곳에 시골집을 구하여 수리하고 있다. 앞으로 20년 이상은 더 사실 듯하시냐고 물었더니 그렇다고 대답하신다. 물론 지금은 수면제 없이 아주머니께서 잘 잔다고 전하여 온다.

나는 말한다.

불면증의 주원인은 첫째는 양약 복용이며, 둘째는 신장의 기능이 떨어지면 숙면하지 못한다. 셋째는 몸속의 독소와 노폐물들 때문이고, 넷째는 스트레스 때문이다.

모든 양약은 대부분 불면증을 일으키게 되며, 신장의 기능이 떨어져 소변을 온전히 배출하지 못하면 잠을 편히 잘 수 없다. 또 몸속에 독소와 노폐물들이 많아지거나, 스트레스를 받으면 코티졸이 많아지고 혈액이 깨어져 불면증에 시달리게 된다.

이럴 때는 장, 신장, 간 등을 청소하고 사혈도 받고, 산행을 많이 하시면 저절로 해결되리라.

그래도 안 될 때는 불면증에 사용하는 약재들도 있다.

**갑상샘에 대하여

지구촌에서 한국 여성들이 갑상샘 환자가 제일 많다고 한다. 이유가 무엇인가? 그것은 너무 잦은 건강 검진 때문이라는 것이다.

외국의 여성들도 한국 여성들보다 갑상샘 환자가 많을 수도 있으나 한국처럼 이렇게 많이 건강 검진하지 않을 뿐 아니라, 갑상샘에 이상이 있어도 병원을 찾고 양약을 복용하고, 방사선으로 치료하고, 수술하고 그러지 않는 듯하다. 참으로 안타까운 현실이다.

갑상샘에 발병하는 질병들을 살펴보면, 기능항진증, 저하증, 갑상샘염, 갑상샘 결절, 갑상샘암 등이 있다. 그러나 이러한 질병들이 왜 발병하는지? 현대의학이나 한의학들조차 정확한 원인을 알 수 없다고 하며 원인을 모르기에 치료법도 약도 아직 개발되지 않았다.

수술이 돈이 되는지 많은 환자가 갑상샘 절제 수술 받았다. 너무 많은 수술 때문(과잉 치료)에 의학계 스스로 자정하자며 수술을 신중하게 하자고 세미나를 열었다고 한다. 그러나 그뿐…. 또다시 많은 환자가 수술대에 오르고 있다. 발병 원인은 알지 못한 채 갑상샘암 덩어리를 가만두면, 위험해질 수 있다고 위협을 한다.

갑상샘암을 가만히 두고 90세까지 아무 이상 없이 살 수 있도록 의학과 의술이 펼쳐져야 한다.

나는 갑상샘의 원인은 잘못된 식생활과 스트레스, 운동 부족 때문이라고 오래전부터 주장해 왔다.

나도 많은 갑상샘 환자들을 만났다. 그들에게 수술이나 약보다는 원인을 바르게 알고 바르게 대처법을 이야기했다. 모두가 고마워한다.

갑상샘의 원인이 잘못된 식생활과 운동 부족, 스트레스 때문인데, 바르게 알지 못하는 환자들은 약을 복용하며 전에 갑상샘을 일으킨 나쁜 음식들을 즐겨 먹고 있다. 의사들도 올바른 식이요법을 이야기하지 않고 있다. 약과 질병 원인 물질, 두 가지의 독소 물질을 한꺼번에 복용한다. 두 가지의 독을 함께 복용하는 것…. 나중의 일은 여러분들의 상상에 맡긴다.

혈액을 맑게 하고 몸속에 독소와 노폐물들을 제거하며 음식을 바르게 섭취케 하니, 갑상샘이 있기 전보다 대부분 더 건강해졌다. 갑상샘 약을 복용치 말 것을 권했으며, 아울러 나쁜 음식들도 먹지 말 것을 주문했다. 혈액과 림프액이 나빠 갑상샘에 이상이 발병한 것임을 확신하며 바르게 대처해 왔다고 자부한다.

현대 의학적으로 기능항진증일 때, 갑상샘 호르몬 억제제를, 기능저하증일 때는 합성 호르몬을 투여하여 대체하는 것이며, 원인을 치료하는 것과는 거리가 멀다. 그야말로, 합성호르몬 대체 요법일 뿐이다. 합성 호르몬을 투여하면 그 인체에 필요한 적정량은 누구도 알 수가 없다. 그 자신과 의사는 물론, 신들도 모른다. 오직 그 인체 자체만이 알 뿐이다. 그런데도, 투여된 갑상샘 약이 완전히 쓰이지 않고 잉여분이 된다면 세포나 혈관에 남아 인체를 야금야금 무너뜨리는 것이다. 그것을 합병증이라 부른다. 또한 완전히 소변을 통하여 빠져나온다 해도 신장에 엄청난 부담을 주게 될 것이다.

갑상샘에 이상이 발병하는 조건은 유전 7%, 운동 부족 10%, 잘못된 식생활 30%, 스트레스 40%, 환경 및 기타 13%다. 그런고로, 위와 같은 조건들을 극복하면 된다. 그것이 어렵지 않다는 것이 또한 흥미 있는 일 아닌가~ 다시 말해, 올바른 식생활과 산행을 하면서 몸속을 청소하고 마음을 비우면 저절로 혹들이 줄어들 것이며, 설령 줄어들지 않는다 해도 인체에 아무런 해를 미치지 않게 될 것이다.

세상의 여러 의학은 갑상샘의 원인을 알 수 없다고 했지만, 탁해진 혈액과 림프액의 오염으로 발병함을 경험으로 알 수 있었다.

튀긴 음식, 구운 육류, 패스트푸드, 인스턴트식품 이러한 것을 절대 먹지 말 것을 권한다. 잘못된 식생활과 스트레스 때문에 발병했다면, 나쁜 음식들을 멈추면 서서히 인체는 회복한다.

갑상샘 환자를 만나면 먼저 장, 간을 청소케 하고, 육류의 섭취를 줄이고 해조류와 문어, 오징어 및 피(혈액)가 없거나 적은 생선 등을 먹게 했다. 그랬더니 대부분 좋아졌다.

[미국 오하이오주에는 바다 없는 주로 우리나라의 충청북도와 같은 위치인데, 다른 많은 주와 달리 유독 갑상샘 환자들이 많았다고 한다. 그래서 그 원인을 찾으니 해조류를 다른 주에 비해 덜 섭취하였기에 오하이오주 모든 식당에는 해조류로 된 소금을 비치하게 했더니, 갑상샘 환자들이 확연히 줄었다고 한다.]

갑상샘암도 마찬가지다. 가만히 두어도 혈액을 맑게 하면 90세까지 몸에 해를 일으키지 않을 것이다.

[갑상샘 분비세포는 가운데 대부분이 교질로 이루어져 있고 바깥쪽은 여포세포로 둘러싸인 형태를 하고 있다. 교질의 대부분은 티로글로불린이라는 거대 분자이며 이 거대 분자가 요오드화되어 조금씩 잘려 나온 것이 갑상샘호르몬이다. 갑상샘이 제대로 기능하지 못하면 몸의 대사활동이 줄어들어 전반적인 기초대사량이 줄어들고 체온이 떨어지며 쉽게 살이 찌게 된다. 또한 에너지 공급량이 줄어들기 때문에 쉽게 피로해지며 지적 활동 능력 역시 떨어지게 된다. 이를 갑상샘저하증이라 한다. 반대로 갑상샘의 과다한 활동은 높은 기초대사율, 높은 체온, 몸무게 감소, 신경과민 등의 증상을 나타내며 심장에도 무리가 가게 된다. 이것은 갑상샘항진증이라 한

다.]

[네이버 지식백과] 갑상샘 (시사상식사전, 박문각)

갑상샘 호르몬과 칼시토닌을 만들고 분비한다. 갑상샘 호르몬은 체온 유지와 신체 대사의 균형을 유지하는 데 중요한 역할을 담당하고 칼시토닌은 뼈와 신장에 작용하여 혈중 칼슘 수치를 낮추어주는 역할을 한다.

[네이버 지식백과] 갑상샘 [thyroid gland] (서울대학교병원 신체 기관정보, 서울대학교병원)

갑상샘 환자가 발생하지 않도록 예방할 수 있으며, 설령 갑상샘에 질병이나 암이 발병했다 하더라도 자연적으로 치유하는 이들이 더욱 많아지길 바라며, 환자들과 의학도들도 새로운 면역 요법과 새롭고 자연적인 방법들을 적극적으로 활용할 수 있었으면 한다.

**암은 혈전(어혈)과 이산화탄소와 유독 물질의 정체 때문이다. (암은 산소 부족이다.)

암은 혈전(어혈)과 유독 가스때문이라는 주장은 [암은 산소 부족이다.]란 말과 같은 말이며 좀더 진보적이고 구체적인 주장이 될 것이다.

어혈(혈전)과 탄산가스와 산소의 교환이 원활치 않아 탄산가스를 포함하여 활성산소와 코티졸, 암모니아, 젖산... 등등의 독소 물질들이 어느 특정 부위에 정체하니 세포의 괴사가 일어난 것이다.

암이라 진단을 받으면, 당황하지 말고 자신에게 발병한 암의 원인을 반드시 본인 스스로 찾은 후에 암 치료법을 찾아야 한다.

암이나 만성질병들이 발병하는 조건은 ; 유전 7, 운동 부족 10, 환경 및 기타 13, 잘못된 식생활 30, 스트레스 40....(%)이라 본다. 많은 이들이 이 공식을 잘 활용하여 질병 치료에 바른 길을 찾을 수 있길 바란다.

암이 발생하는 부위가 사람마다 다른 것은 혈전(핏떡지)와 탄산가스와 독소 물질들이 어느 부위에 몰려 혈액 흐름을 막고 있느냐는 차이일 뿐이라 본다. 혈액(산소)을 공급받지 못한 부분에 세포괴사가 발생하면 건강 검진에서 000암 이렇게 이름이 붙혀질 뿐이며, 원인은 동일하다는 것이 나의 외침이다. 혈관이 막혀 혈액을 공급받지 못한 부위는 산소 부족과 유독 가스에 의하여 세포의 돌연변이가 발생하여 산소 없이 살아가는데 이것을 [암]이라 부른다.

세계적인 종양학자들은 수술, 방사선, 항암제가 오히려 위험해진다고 말한다. 그들은 아직도 암의 원인을 정확히 모르고 있고, 헛발질을 계속하고 있다.

한국의 종양학 전문의들은 수술과 방사선, 항암제가 암을 치유하는데 도움이 되지 않고 오히려 해(害)를 일으키고 생명을 위태롭게 한다는 사실을 모르고 있을까? 알고 있을까?

암 환자들이 많이 죽었다.

암 덩어리가 심장을 멈추게 한 것은 분명 아니다. 그러면 왜? 암 환자들은 쉽게 죽음의 계곡으로 쫓겨 갈까? 여러분들은 어떻게 생각하고 계시나요?

40,000명의 암 환자들을 접했다는 의사 [곤도 마코토]..., 암은 반드시 역습을 하기에 절대로 건드리지 말 것을 강력히 주장하고 있다.

최근에야 읽게 된 [곤도 마코토]란 의사가 쓴 [암의 역습], [의사에게 살해당하지 않는 47가지 방법]이란 두 책을 암 환자는 물론 건강한 모든 이들이 읽어 상식의 영역을 넓혀가길 추천한다.

암이나 만성 질병들은 오랜 시간을 두고 서서히 진행된 나쁜 현상이다.

암은 어느 날 느닷없이 발생하는 것이 아니라, 어떤 의학자들은 5-10년 이상 몸속에서 좋지 않은 현상들이 누적되었다고 보는 이들도 있다. 그러나 이러한 진행도 어떤 전조 증상을 미리 보여주는데 감지하지 못하는 경우가 많고 또, 감지했을 때 이미 위험 단계에 진입해 있는 경우도 종종 있다.

자주 체한다. 현기증이 자주 있다. 피로가 많이 쌓인다. 체중이 갑자기 많이 빠진다. 다리가 무겁게 느껴진다. 만사가 귀찮다. 신물이 자주 올라 온다. 감기가 걸리면 오래 간다. 출혈이 자주 있거나 멍이 잘 든다, ... 등등이 있다.

나는 암 환자들은 성격이 소심하고, 까다로운 식성과 과일의 껍질을 잘 먹지 않으려는 경향이 있다고 관찰하였다. 암 환자들은 평소에 사과, 감, 포도, 복숭아... 등등 먹을 수 있는 과일의 껍질을 잘 먹었는지 스스로에게 물어야하며, 지금부터라도 과일의 껍질을 반드시 먹을 것을 권한다. 거기에는 인간이 밝히지 못한 놀라운 면역력과 항암 물질들이 존재한다고 본다. 고로 암 환자들은 과일 껍질을 오늘 부터라도 매일 먹어 볼 것을 권 한다.

현재 의료진 중에서 암을 치료하기 전에 환자분은 이러이러한 원인 때문에 암이 발병한 것 같다고 설명하는 곳이 세계적으로 거의 없다. 원인은 모르기에 덮어두고 [언제 수술합시다! 방사선 몇 회 해 봅시다! 항암제가 좋은 것 있으니 복용해 봅시다!] 이것이 전부다.

암 치료의 패러다임이 바뀌어야 한다.

사멸된 혈액들이 정화되지 않고 떠돌면, 산소 공급이 차단되고 이산화탄소와 독소 물질들의 배출이 막힌다. 이것이 암의 출발이며 심장이 심하게 압박받는 요인이 되어 죽음의 계곡으로 쫓겨 간다.

어떻게 혈액을 맑게 할 것인가!! 어떻게 몸속에 있는 독소와 노폐물들을 청소해 줄 것인가???에 포커스를 맞추어야 한다.

현재도 환자들이 입원하면 항상 체혈을 받는다. 혈액 속에서 이상한 물질이나 균, 바이러스나 특이한 물질을 찾으려 했지만 없었다. 오히려 암 환자들과 다른 중증의 환자들은 그 체혈 때문에 급격히 활력이 무너지며 완전한 환자로 떨어지고 만다. 나는 인체의 몇 곳을 살피어 혈전(어혈)이 많고 적음을 파악한다.

적혈구 속에는 무려 10-12억개의 산소 분자가 있어 우리 몸속 구석구석까지 산소를 공급한 후에 이산화탄소와 독소 물질 등을 수집하여 폐와 각종 정화기관에 버려주기 때문에 생(生)은 유지되는 것이다.

적혈구가 파괴되거나 엉겨붙어 있으면 미토곤도리아(에너지 생산공장)에서 생산된 탄산가스의 배출이 막힌다. 이것이 암의 출발점이다.

그런고로 암이나 중증의 환자들이 자연속에서 질병을 완치시키는 사례는 어떠한 병원보다 확률이 높을 수 밖에 없다. 그것이 건강한 산소와 탄산가스 교환과 움직임, 그리고 스트레스를 잊었기 때문임을 누구나 짐작할 수 있다.

최근에는 간암 말기 환자와 전립선 말기 암 환자가 맨발로 걷기 운동만으로 단 시간에 암을 완치시킨 사례가 매스컴에 소개되어 열풍이 불고 있다고 한다. 나도 크게 동감을 한다.

암은 산소 부족이란 이론을 나보다 먼저 외친 분들이 더러 계신다.

일본의 [노쿠치 히데요], 독일인 [오토 바르브르크]... 등등이 있다.

현재 일본 지폐에 등장해 있는 노쿠치 히데요는 [만병은 하나의 원인에 의하여 발병한다. 그것은 산소 부족이다.] 이렇게 주장했다고 한다.

또, 독일인 오토 바르브르크는 1931년 노벨의학상을 받았는데 [몸에 산소가 부족하면 정상 세포가 돌연변이를 일으켜 산소 없이 살아가는데 그것이 암세포라고 했다. 건강한 세포에서 산소를 제거 했더니 암세포가 되었다는 것을 증명했다.]

나는 오토 바르브르크나 노쿠치 히데요를 알기 전 부터 [암은 산소 부족이다] 확신을 하고 그런 화두에 빠져 이론화하고 떠들고, 고민을 하던 중 인터넷을 열람하다 그들을 알게 되었다. 그들의 이론이 훌륭하고 정확한데도, 그 이론을 활성화하고 암을 바르게 제압하고자 하지 않고 수술, 방사선, 항암제로만 대처를 했는지 의구심을 갖게 된다.

암을 가만히 둔채 암과 동행하며 전보다 더 건강하게, 천수를 누릴 수 있는 의학을 펼치지 못하는 현대 의학이나 한의학, 그 외 세계속의 여러 의학들조차 안타깝기 그지 없다.

나의 외침은 [암덩어리는 사람의 목숨을 앗아 갈 수 없다.] 이다.

암 환자들이 쉽게 죽음의 계곡으로 쫒겨간 것은 탄산가스 및 유독 가스와 혈전때문이라 외친다.

암 환자들의 혈액은 다르다.

나는 암 환자들이나 중증의 환자들은 몸속에 독소와 노폐물들이 많고 혈액이 크게 탁함을 매번 느끼는데, 그것은 혀의 뒤쪽과 눈과 코, 다리를 살피고 악수를 하면 체온이 36.5C가 되지 않음을 느낄 수 있다.

나도 20년 넘게 많은 암 환자들을 만났다.

내가 만난 암환자들은 말기암을 넘어 죽음에 임박한 그런 상황의 환자들이었다.

처음 내게 와서 암을 이렇게 대처해야 합니다. 목이 아프토록 이야기하고 강조를 했지만, 나의 면전에서 예~예~대답하고는 곧바로 유명 병원, 유명 의사를 찾아가서 수술받고, 지지고, 볶고, 항암제(독극물)를 많이 사용한 후 목숨이 경각에 달했을 때 다시 찾아와서 후회를 하며 돌아들가시는 분들도 없지 않았다. 수술과 방사선, 항암제로 인하여 재생이나, 수리를 할 수 없는 처참한 상태로 죽음의 문턱에서 다시 만나는 슬픔..., 그분들에게 "이렇게 하시면 고통이 많이 줄어들 겁니다...!!!" 마지막 팁을 드린다.

암이든 다른 질병이든 치료의 변곡점은 몸속을 청소하고 혈액과 림프액을 맑게 하는 것에 있을 뿐인데, 현재의 암 치료법들이 혈액과 림프액을 맑게 하는데 도움이 되는지, 환자와 의료진은 심사숙고하고, 의심하고, 묻고, 소통이 된 후에 치료에 임해야 하는데, 많은 암 전문의들은 그렇지 않은 듯하다.

환자 본인은 자연 치료 요법대로 하고자 했지만, 가족들과 주의의 지인들... 잘못 고착화되어 있는 상식들 때문에 환자도 판단력을 잃고 혹시나 하고 현대 의술에 기대어 보다가 대부분 화를 당하고 돌아들가시었다. 안타까운 일들이 계속되고 있다.

암의 주된 원인은 잘못된 식생활과 스트레스에 있다보며, 그 둘을 합치면 암이나 만성질병을 일으키는 원인의 70%나 된다고 주장한다. 그런고로, 이 두 가지 절대적 원인들을 잘 관리할 수 있어야 한다.

몸속을 청소하고 금진옥액을 하고, 자연의 요법 [호흡, 맨발로 걷기(동절기 조심), 육식하지 않기...]들을 행하면 올바른 길을 만날 수 있다 본다. 나의 방법들이 어떠한 의학이나 의술을 아우르고 자연적인 훌륭한 방법으로 자리 잡고 많은 암 환자들이 암과 함께 90세 이상 까지 건강한 삶을 영위하는데 크게 이바지 했으면 한다. 전에 알았더라면 더 많은 암 환자들에게 도움이 되었을 텐데... 그땐 왜? 이토록 간단하고 훌륭한 방법들을 몰랐을까? 암과 죽음에 대한 딜레마에 빠져 계속 헤매고 있었는데, 세월이 흐르고 흘러 이제사 대처법을 얻게 되었네.

암은 마치 가뭄 때문에 논 바닥이 갈라지는 그런 현상이 몸속에 나타난 것이다. 갈라진 논 바닥에는 물을 공급해야 하고, 암 세포에는 산소를 공급해야 바른 대처법인데, 오래 동안 수술, 방사선, 항암제로 대처해 왔지만 진성 암환자들 대부분은 죽음으로 쫓겨 갔다. 다시 말해, 현재의 항암 치료법은 혈액을 맑게 하는 것과 반대의 의술 행위이기 때문에 문제의 심각성과 위험성이 존재하는 것이다.

10년 전에 암을 수술받았는데 지금까지 멀쩡하다 이렇게 말하는 사람들이 종종있다. 그것은 암이 아니라, 유사암이었다고 [곤도 마코토]는 그의 책에서 말한다.

몸속에 독소와 노폐물들을 청소하고 혈액과 림프액을 맑게 하고자 노력했다면 암 환자들이 쉽게 죽음으로 쫓겨가지 않았을 것이며, 암을 제압하는 쾌거가 있었을 텐데,,,? 안타까움이 넘친다.

혈액을 맑게 하는 첫 번째 의술 행위는 사혈에 있다 본다.

젊은이들과 미국을 비롯 한국, 일본... 등등의 나라에서는 사혈을 아주 비의학적이요, 비과학적이요, 비위생적이며 아주 좋지 않은 인식으로 치부해 있다. 그러나 사혈은 그러한 비난을 뛰어넘고, 의술의 어떤 경계선을 무너뜨릴 만큼 훌륭하다고 본다. 사혈의 정의는 혈관 속의 사멸(死滅)된 혈액과 이산화탄소, 암모니아, 젖산, 코티졸... 같은 나쁜 독소들을 동시에 뽑아내고, 새로운 혈액과 림프액을 만들 수 있는 환경을 조성하는 것을 [사혈]이라 한다.

인위적으로 출혈(出血)된 양 만큼, 인체는 새로운 혈액을 생산하고자 전 세포가 움직인다. 몸속의 이 엄청난 역동적인 움직임이 [사혈]의 본성이요, 위대성이다.

사혈을 한 뒤에 눈이 밝아졌다. 다리가 가벼워졌다.새벽에 남자다워졌다. 허리가 괜찮아졌다. 어깨가 편안해 졌다. 기억력이 되살아 나는 듯하다..., 등등에 취하여 연속으로 하면 안 된다. 사혈의 위험성이 거기에 있다.

아무튼 사혈로 혈액을 뽑아내면 인체는 혈액의 부족분을 감지하고, 모든 세포들이 노력하고 모든 공장들이 가동되는 현상이 일어나는 것이다.

사혈만큼 몸속의 나쁜 상황에 빠져있는 세포들을 구제하는 행위는 없을 것이다.

다음은 몸속 청소다.

몸속을 청소에 대하여 매번 강조해도 모자람이 있다 본다.

왜, 암에 걸렸을까? 평소에 몸속을 청소해 주지 않았기 때문이라고 나는 떠든다.

다음은 맨발 걷기. (말기 암 환자 2개월 만에 암 환치.... 2022, 9,10 (동아일보))에 게재되어 있다. 맨발 걷기의 놀라움을 경험해 보시길...

다음은 호흡,건강한 산소가 몸속 구석구석까지 전달되고 탄산가스와 독소 물질들을 수집하여 폐와 간, 신장에 버릴 수 있도록 해야 한다.

다음은 육식하지 않기... 암환자들이나 중증의 환자들은 육식을 많이 하면 혈액이 탁해지고 몸속에 이산화탄소와 다른 유독 물질이 많이 생성되어, 오히려 해가 된다고 본다.

다음은 공간에 머물지 않기, 되도록 공기가 맑은 곳에 머물기를 권한다.

다음은 과일의 껍질을 먹을 수 있는 것은 버리지 말고 잘 챙겨 드실 것.

다음은 올바른 식생활, 과자, 청량음료..., 정크 푸드를 절대 먹지 말며 또, 튀긴 음식, 구운 육류, 유제품, 부침개, 기름으로 볶은 음식... 등등도 절대로 삼가할 것.

나는 암이나 만성질병들에 도움이 되고자 직접 자연에서 채취한 것으로 레시피를 만들었는데, 그것은 혈액을 맑게 하는 것에 포커스가 맞추어져 있다.

다시 한 번 강조하지만 암이나 질병이 발병하면 먼저 그 원인을 자기 자신이 알아야한다. 유전, 운동 부족 및 과다, 환경 및 기타, 잘못된 식생활, 스트레스...

암에 걸리지 않고 미리 암을 예방하는 것이 상책이다. 암을 미리 예방할 수 있는 방법은 암을 치료하는 방법과 동일하다.

앞으로 암으로 인하여 죽음으로 쫓겨가는 사람들이 드물었으면 한다.

암환자들도 열린 생각을 하며 암과 함께 90세를 넘기는 이들이 실질적으로 많아지길 고대 한다.

암!! 그것 별것아니다.

혈액과 림프액을 맑게 할 수 있다면...

**만병동일설(萬病同一說)

만병(萬病)은 같다! 단지, 발생 부위가 다를 뿐이다!!

이것이 나의 지론이요, 철학이요, 외침이다.

좀 더 구체적인 표현은 유방암과 당뇨병은 같은 공통의 분모를 갖고 있다는 얘기다. 유방에 암이 발병한 것은 림프절을 비롯하여 혈관이 막혀 산소 부족으로 혹 덩어리가 생성된 것이고, 당뇨병은 췌장의 기능이 떨어진 성인들에게 흔한 질병인데, 이 두 질병을 같다고 하니 황당하게 생각하실 분들이 많으실 것이다. 그러나 이 두 질병 원인의 실체를 찾아 껍질들을 벗겨내면 결국엔 혈액이 탁하고 림프액이 변질한 것에 귀착되기 때문이다. 유방암과 고혈압은 같은 원인이며, 고혈압과 심장병은 같은 원인이고, 무릎이 아픈 것도 마찬가지요, 허리가 아픈 것은 대부분 신장 기능이 약한 경우가 다반사며, 허리 디스크(척추질환)에 이상이 발명한 것도 결국에는 혈액과 림프액이 탁해서 발병한다고 본다.

혈액과 림프액이 탁하고 오염되어 산소와 영양분을 충분히 공급하지 못하니, 만병(萬病)이 발병한 것이다.

만병에 나는 질병 발병의 공식을 대입시킨다. 유전 7, 운동 부족 10, 환경 및 기타 13, 잘못된 식생활 30, 스트레스 40(%)라고 본다.

각종 암이든, 만병에 이 공식을 대입시키면 원인을 스스로 찾을 수 있을 것이며, 치료 방법도 스스로 잘 선택할 수 있는데 도움이 되었으면 한다.

코로나와 당뇨병은 같은 병이다. 이렇게 보면 안된다.

코로나는 특이하고 바이러스로 인한 질병이고, 당뇨병은 만성질병의 하나다. 그러나 면역력을 생각하면 두 질병이 공통점이 없지 않은 것도 사실이다.

만병이 같다면 잘 대처하는 방법도 알아보자.

첫째는 사혈을 권하고 싶다.

사혈은 죽은 혈액을 뽑아낼 수 있다. 만병의 근원이 혈관 속에 나쁜 독소 물질들이 갑자기 많이 분포하고 죽은 혈액 덩어리 때문이라해도 과언이 아닐 것이다.

올바른 사혈은 활성 산소나 이산화탄소 같은 독소 물질과 죽은 혈액을 뽑아내어 혈액 순환을 원활하게 하고, 새로운 혈액이 만들어질 수 있도록 환경을 만들어 주고 또, 새로운 호르몬이 생성될 수 있도록 하는 데는 어떤 의술이나 약들보다 비교 우위에 있기 때문이다. 그러나 좋음에 취하여 자주 한다거나 너무 많은 혈액을 뽑아내면 오히려 역효과가 나서 위험해질 수도 있다. 시간의 간격과 양을 잘 조절하는 것이 매우 중요하다.

다음은 몸속을 청소할 것을 권한다.

우리는 매일 샤워며 양치질한다. 그런데 몸속을 정기적으로 청소하는 이들이 별로 없다.

노인이 되어 초췌해지고, 질병이 발병하고, 기억력이 떨어지고, 성격이 조급해지는 것조차도 정기적으로 몸속을 청소를 해 주지 않았기 때문이라 본다.

산행하고 헬스장에서 갖가지 운동을 하고, 아침과 저녁에 운동장을 돌고, 여러 건강보조식품을 찾아 복용하는 이들이 많지만, 몸속을 정기적으로 청소하는 이들이 드물다.

기계나 자동차를 오래 잘 사용하려면 청소도 하고 오일도 정기적으로 갈아 주어야 한다.

인체도 이와 같다. 장, 간, 신장, 폐 등을 정기적으로 청소하는 가성비 좋은 사람, 무엇이 우선이고 무엇이 중한지를 잘 판단하고 실행해야 한다.

다음은 올바른 식생활을 권한다.

인체는 음식으로 만들어지고 유지해간다고 해도 과언이 아닐 것이다. 패스트푸드나 인스턴트식품 같은 정크 푸드를 즐겨 먹고 질병이 발병하지 않는다면, 그것이 이상한 일이라 본다. 또한 우울증, 조현병, 자살지향적인 마인드, 분노조절호르몬 부족, 틱장애 등도 잘못된 식생활에서 출발한다고 나는 굳게 믿고 있다. 심지어 이혼의 사유도 잘못된 식생활에서 출발한다고 주장한다.

나쁜 음식을 자주 섭취하면서, 몸과 정신이 올바르게 되리라고 생각하면 그것이 잘못된 생각이다.

휘발유를 넣어야 할 엔진에 디젤이나 이상한 오일을 주입하고 운행을 하면 차가 어찌 될거나!

서양 속담에는 [당신이 먹은 것이 당신을 말한다.]란 말이 있다. 내가 늘 애용하는 문구이다.

암을 비롯하여 각종 질병이 발병하는 것은 잘못된 식생활이 30%나 직접적인 원인이 된다고 주장한다. 올바른 음식을 잘 섭취해야 99세 이상까지 건강한 육체와 멘탈을 가질 수 있다.

다음은 운동이다.

운동은 새삼 이야기할 필요가 없다. 무병장수를 위하여 절대적인 조건은 걷는 것이며, 걷는 것을 게을리하면 안 된다. 특히나 맨발로 황톳길이나 산길을 걸어볼 것을 권한다.

나는 만병의 원인을 같다고 보기에 치료나 예방법 역시 동일선상에 둔다.

각종 암과 고혈압, 당뇨, 뇌졸중, 심장병, 신장질환, 관절염, 갑상선 등 만성질병에는 똑같은 처방이 필요하다는 이야기다. "선생님 저희는 질병이 각기 다른데 어떻게 똑같은 처방을 권하느냐고?" 질문하는 이들이 대부분이다.

몸속의 독소와 노폐물들을 제거하고 혈액과 림프액을 맑게 하는 것이 의학과 의술이 할 수 있는 최고 최선의 길이기에 암을 비롯하여 모든 질병에는 공통된 처방법이 필요하다 본다.

영양의 과다 섭취, 잘못된 식생활, 환경 오염, 양약의 호남용, 운동 부족, 스트레스 등에 의하여 혈액이 오염되고 림프액이 혼탁해지면, 그 혼탁한 혈액이 스며드는 곳마다 세포들이 통증을 일으키고 이상 반응을 일으키는 것이 질병인데, 통증이나 혹 덩어리가 발생하면 발병 원인도 밝히지 않은 체 방사선과 칼과 화학약품으로 무차별 공격을 가한다. 혹을 떼어내고 화학적인 약을 쓴다고 오염된 림프액과 혈액이 맑아지겠는가!!!

반대로, 오염되고 혼탁한 혈액과 림프액을 깨끗하게 할 수 있다면 암이 아니라, 그 어떤 질병들도 치료될 수 있으며, 인체 내의 모든 세포도 재생하고 꽃을 피울 것이다.

의학과 의술이 가야 할 길은, 외부의 충격이나 물리적인 힘으로 다친 것 외에는, 모든 이들이 잠을 잘 자고(快眠), 음식을 잘 먹고(快食), 대소변을 잘 보며(快便), 건강한 가정생활과 건강한 사고를 지향할 수 있게 하는 것에 있다 본다.

만병은 같다!

단지 발생 부위가 다를 뿐이다.!

**당뇨병의 올바른 이해와 치료

약 20년 전 쯤 이었을 것이다.

당뇨합병증에 의하여 발가락이 썩어 검게 변하여 발가락을 절단해야한다는 환자가 왔었다. 나는 당뇨병을 확실히 낫게 하는 사람이 아니었다. 그냥 나의 제품이나 나의 요법들이 당뇨병 환자들에게 도움이 되는 수준이었다.

그분은 매일 막걸리를 3 병씩 마시고, 소 키우는 축사를 운영하고 있었다. 일이 힘들고 막걸리 힘으로 일하시다 그리된 듯 하였다.

당뇨병이 500이 넘고 수치 체크가 안 될 정도도 있었다고 했으며, 밤에는 뱀이 온 몸을 물어 뜯는 듯한 통증과 돌아 누울 수도 없었다고 했다. 몇 번인가 나에게 먹으면 바로 죽을 수 있는 그런 약을 좀 구해달라고 호소 했을 정도이었다.

그런데 놀라운 일은 약 4 개월 만에 당뇨병이 거의 정상에 돌아 왔었다. 이 기적 같은 것은 간단했다.

막걸리를 일체 먹지 말 것, 당뇨약을 일체 복용치 말 것, 올바른 식생활을 할 것, 녹즙을 하루 3 번 이상 마실 것, 죽기 살기로 걸으실 것...

이것이 내가 그 분에게 주문한 것 전부다.

모든 당뇨병 환자들에게 나의 요법들이 통하는지 장담을 하지 못한다.

당뇨 환자들은 나의 말을 듣지 않기 때문에...

▶켄터키 주 렉싱턴 재향군인회 센터에서 활동하고 있는 의사 제임스 앤더슨은 인슐린으로 혈당을 조절하는 제1형 당뇨 환자 25명과 제2형 당뇨 환자에게 무가공 채식 위주의 식이요법을 시행했다. 그 결과 3주 만에 제1형 당뇨 환자들은 그들이 복용하던 인슐린 용량을 평균 40%를 줄일 수 있었다. 그리고? 제2형 환자 중 24명은 3주 만에 인슐린 투여를 완벽히 중단할 수 있었고, 가장 중증인 나머지 1명은 8주 만에 인슐린을 중단할 수 있었다. 영양학자인 프리티 킨도 채식 요법으로 26일 만에 34명 전체를 인슐린으로부터 해방시켰다.

현대 의학이 불치라며 평생 당뇨병 치료제로 혈당 수치를 조절해

야 한다는 당뇨병 환자를 과일과 채소로 8주 만에 완치시킨 것이다.]

책; [병원에 가지 말아야 할 81가지 이유] 중에서

또 어떤 목사님은 많은 경험을 이야기하신다.

당뇨병은 밀가루 음식과 육식을 하지 않으면 6개월쯤 되면 저절로 거의 치료되더라고 이야기하신다.

나는 그분의 이론과 경험을 의심하고 싶지 않다

성인이 되어 발병하는 당뇨병 환자들의 공통점은 모두가 혈액이 탁하다는 것이다.

또 하나는 몸속에 독소와 노폐물들이 많다는 공통점이 있었다. 당뇨병이 발병하고 나면 또, 여기저기 탈이 난다. 혈액과 림프액이 탁하니 곳곳마다 통증이요, 질병이 발병하는 것인데, 잘못된 의학은 무조건 당뇨합병증이라 치부해 버린다. 당뇨합병증을 유발하는 최대 원인은 당뇨약이라는 합성인슐린이 아닐까? 추측해 본다.

현대인들의 당뇨병 원인은 약 85% 이상이 인슐린 저항성당뇨다.

인슐린은 혈액 속에 정상적으로 분포돼 있는데 인슐린의 활동을 방해하는 요인들 때문이다.

인슐린의 활동을 방해하는 요인들은, 혈관 벽에 쌓인 노폐물들과 혈전, 활성산소, 플라크, 이산화탄소, 젖산…. 등등과 오염된 림프액이다. 그래서 당뇨병 치료에 가장 선행되어야 조건이 몸속 청소와 사혈이라 본다.

현재 사용되고 있는 당뇨약의 메커니즘을 살펴보면 첫째) 인슐린 분비 촉진제 둘째) 인슐린 저항성 개선제 셋째) 장에서 당의 소화를 억제하고 흡수 지연하여 식후에 혈당을 조절하는 제품…. 등이 있다.

현재 세계적으로 판매되고 있는 약 중에서 췌장의 기능 회복에 포커스가 맞추어져 있는 제품은 없다.

단지 합성인슐린 이라는 화학적인 약과 주사제가 전부이기에 식이요법과 운동이 대세를 이루고 있다.

합성인슐린을 장기적으로 복용하면 사용되고 남은 잉여분이 몸에 축적되어 저혈당증을 유발하여 위험을 불러오기도 하고 다른 질병들을 유발하는 촉매제가 되며, 신장(콩팥)에 심한 압박이 된다. 합성인슐린을 장기간 복용하다 다른 질병들이 발병하면 현대 의학은 당뇨합병증이란 말로 얼버무린다. 당뇨합병증을 나는 "약물 중독증"이라 표현한다.

합성인슐린(당뇨약)을 계속 복용하면 췌장은 할 일을 잃어버리고, 인체는 혼돈 속에 빠지고 췌장은 영양을 공급받지 못하며 인슐린보다 더 소중한 호르몬들(글루카곤, 소마토스타틴, 키모트립신)의 생산도 멈추기에 또다른 질병들이 발병하며 인체는 서서히 무너지는 것이다. 당뇨약의 늪에서 벗어나야 한다.

혈관과 혈액과 림프액을 맑게 하고 췌장의 기능을 회복시켜야 당뇨병에서 온전히 벗어날 수 있다.

당뇨병 환자들에게 [오늘부터 당뇨약을 끊어야 합니다] 이야기하면 이구동성으로 합병증을 이야기한다. 머리에 철심이 박혀 있다.

아무튼, 당뇨병을 유발하는 원인을 알아보자.

나는 당뇨병을 일으키는 원인으로는 8가지가 있다고 오래전부터 주장해 오고 있다.

첫째) 유전

성격도 얼굴도 체형마저도 나이가 들면 부모님을 닮아 간다.

질병도 그럴 확률이 없지 않다는 것이다. 그러므로 모든 질병에 유전을 7% 정도 인정하는 것이다.

둘째) 과체중

몸이 뚱뚱하면 혈관이 좁아진다. 그러면 췌장 쪽으로 영양분 공급이 어려워지며 인슐린의 생산과 준비 및 흡수 처리 과정도 어려워진다. 과체중은 모든 질병을 초래할 수 있음을 간과해서는 안 된다.

셋째) 스트레스

만병의 근원은 스트레스다.

심한 스트레스에 의하여 당뇨병이 발병한 사람들이 많다. 스트레스는 혈액과 림프액은 물론 모든 세포를 파괴할 수 있다.

암의 원인도 스트레스요, 당뇨병의 원인도 스트레스며, 만병의 원인도 스트레스다.

네 번째) 육류의 과다 섭취

육류를 과다 섭취하면 당뇨병이 발병하게 되는데, 이때 오는 당뇨를 크산투레산당뇨 이렇게 표현한다.

육류를 섭취하면 몸속에서 단백질로 흡수된다. 그 단백질 중에 일부를 트립토판이라고 칭한다. 이 트립토판은 비타민 B6가 필요로

한데 이것이 부족하면 온전히 흡수되지 못하고 떠돌다 변형된 물질, 그 물질을 크산투레산 이라고 칭한다. 이 크산투레산은 독소 물질이다. 이것이 혈당을 끌어올리는 글루카곤 호르몬을 잘 생성되도록 돕기도 하고, 혈액을 탁하게 하고 흐름을 방해하는 것이다.

육류를 섭취할 때 채소와 과일 등을 많이 섭취해야 하며 당뇨병을 앓고 계신 분들은 육류의 섭취는 반드시 삶은 것으로 드시고 또, 저녁에는 육류를 먹지 말 것을 권한다.

다섯 번째) 밀가루 음식과 술(청량음료) = 저혈당증 당뇨병

한 번도 뚱뚱해 보지 못하고 마른 사람에게서 나타나는 당뇨병을 저혈당증 당뇨라 칭한다.

몸속에 축적된 영양분이 부족하여 췌장에서 인슐린을 만들어 낼 원료를 공급받지 못한 상태라고 표현한다.

이러한 분들은 밀가루 음식과 술이나 청량음료를 마시지 말아야 한다.

여섯 번째) 바위와 벌레

사람들에게 바위 때문에 당뇨병이 발병한다고 하면, 모두가 의아해한다.

담도와 췌관은 합쳐져 십이지장에 연결되어 있는데 여기에 콜레스테롤 찌꺼기나 담석이 있으면 당뇨병이 발병하는 것을 말하며, 이 콜레스테롤 덩어리는 의학적 카메라에 잡히지 않고 있는 듯하다. 또, 벌레라는 것은 췌장의 세포에 기생하며 인슐린을 훔쳐 먹는 벌레를 칭하는데 그 이론을 나는 믿고 있다.

일곱 번째) 간 기능 저하

간의 기능이 떨어지면 GPT, GoT…. 등등의 수치나 검진으로 알아보기 전에 느낌이 온다.

간 기능이 떨어지면 영양분 대사에 문제가 발생하고 또, 간에서 췌장 쪽으로 영양분을 공급하는 것도 역부족이 된다.

간에서 담즙이 콸콸 내려와야 췌장의 호르몬도 원활하게 분비되는데, 간 기능이 떨어져 담즙이 약하게 분비되면 상대적으로 인슐린도 약하게 분비될 수밖에 없다.

간경화나 간암이 악화되면 정상이던 당뇨 수치가 갑자기 500 이상 나타난다. 이것은 무엇을 뜻하는가? 간 기능과 당뇨병과는 밀접한 관계가 있음을 증명하는 것이다. 현대 의학은 간 기능 저하와 췌장 기능 저하의 연관성에 크게 관심을 가지지 않는 듯하다.

당뇨병은 간 기능 저하증이라고 주장한 지 오래다. 그래서 간 기능을 활성화해보면 당뇨병에 대한 나의 이론을 인정하게 될 것이다.

여덟 번째) 인슐린 저항성 당뇨

혈관 속에서 인슐린의 활동을 방해하는 요인들을 철저히 제거해주어야 한다.

인슐린 활동을 방해하는 요인은 앞서 설명해 놓았다. 참조해 보시길...

성인이 되어 발병하는 당뇨병의 원인은 내가 보기엔 어혈 때문인 듯하다. 그런고로 당뇨병의 최고, 최선의 방법은 사혈임을 알게 되었다. 사혈을 어떻게 어느 부위에 얼마나 할 것이며, 간극을 얼마나

나 둘 것인가가 키포인트일 뿐이다. 하고 있다. 사혈 후에 모속 청소를 하고, 당뇨약도 끊고, 육식과 밀가루 음식도 끊고,맨발로 걸을 것을 주문해 보았다. 많은 숫자를 경험하지 못했지만, 거의 당뇨병에서 온전히 벗어나 정상인이 되는 듯하다. 어떤 이들은 당뇨 수치가 125-150까지 간다고 걱정하는 분들이 있는데 그들도 점점 좋아지고 있다. 고무적인 현상은 당뇨가 있기 전보다 훨씬 건강하고 청춘을 돌려받은 기분이든다고 한다.

당뇨병...그것도 이제 누구나 게 제압할 수 있을 것이다.

우리들의 의식과 삶이 새로워져야 한다.

당뇨병에서 온전히 벗어남은 물론 당뇨병보다 더 무서운 질병에서도 벗어날 수 있기를!!!

**구안와사

현대인 중에 구안와사를 경험한 사람들이 종종 있다.

구안와사가 발병하는 이유는 면역력이 떨어지고 스트레스가 가중되면 발병하는 경우가 왕왕 있다.

분명한 원인이 밝혀지지 않았다. 어떤 이들은 추운 데 자고 일어나니 입과 눈이 돌아갔다는 사람들이 있고, 스트레스가 너무 심해지니 구안와사가 발병했다는 사람들이 더러 있다.

구안와사 증에 치료하는 방법들이 많다.

침으로 하는 방법, 약초로 하는 방법, 육각봉으로 하는 방법, 가마솥의 그을음으로도 구안와사를 치료한다. 또, 현대 의학은 수술로도 치료한다.

이 중에 가장 확실한 방법은 약초로 하는 방법이라고 나는 추측한다. 지금은 돌아가시고 안 계시지만, 전에는 대구 고령과 진주, 상주 등에 계시는 분들이 구안와사를 잘 고치는 분들도 전국에 소문이 나고 실질적으로 잘 치료하시었다. 약초를 얼굴이나 손목, 어깨 등에 붙이면 거의 100%로 회복시켰다. 그런 훌륭한 명의들은 나이가 많아서 다들 돌아가셨다.

육각봉으로 구안와사를 잘 대처하시는 82세 선생님도 계신다.

나도 구안와사를 나름의 방법으로 대처한다.

▶구안와사(facial nerve palsy)는 입과 눈 주변 근육이 마비되어 한쪽으로 비뚤어지는 질환이다. 구안와사는 말초성 안면신경마비로서 일반적으로 뇌졸중·뇌종양으로 인해 발생하는 중추성 안면신경마비(중풍)와는 구분하여 치료한다. 안면근육은 이하선 신경절에서 분지한 안면신경의 여러 가지에 의해 지배받는다.

이들 신경의 기능이 정상적이지 않을 때 근육마비 증상이 나타나게 된다. 말초성 안면신경마비는 대부분 양호한 예후를 보인다. 대체로 3~4일에 걸쳐 진행되며 수주에서 수개월에 걸쳐 자연적으로 호전되어 1년 이내에 대부분 회복된다. 그러나 때에 따라 완전히 회복되지 않고 후유증을 남기는 예도 있다.◀

출처 : 네이버지식백과

구안와사에 바르게 대처하는 방법은 금진옥액과 코안 쪽에 사혈하고 몸속을 청소하면 치료가 될 뿐 아니라, 중요한 것은 전보다 더 건강해질 수 있다는 것이다. 수술받고 침을 맞고 약초보다 차후를 생각해 보면 더 나은 방법이라 본다.

사혈을 받고 몸속을 청소해도 구안와사가 잘 해결이 된다.

그런 후에 복용하는 탕약도 있다.

**면역력 자가 진단

똑같은 상황에서 질병에 걸리고, 걸리지 않고의 차이는 면역력이 좌우한다.

코로나와 독감, 갑상샘, 눈병…. 질병에 걸릴 위험도 면역력이 강하면 걸리지 않는 것이 당연지사다.

면역력이 떨어지면 각종 증상이 나타나는데 사람마다 발생 부위나 트러블(염증)이 다르다. 인터넷에 면역력이 떨어지면 나타나는 증상들을 소개해 둔 것을 약간 첨가하여 옮겨 본다.

1) 입, 코, 혀, 목, 다리 등에 염증이 발생하고 엉덩이에 뾰루지가 가끔 생긴다.

2) 만사가 귀찮다.

3) 머리카락이 많이 빠진다.

4) 아침에 일어나기가 힘들고, 피로가 잦다.

5) 얼굴, 손, 배, 목, 등 여러 곳에 염증, 잡티나 점들이 생긴다.

6) 감기에 쉽게 걸리고 오래 한다.

7) 짜증이 잦고, 집중되지 않는다.

8) 알레르기나 혹이 자주 발생한다.

9) 배탈이 자주 있다.

10) 대상포진이 발생한다.

11) 기력이 쇠잔해진다.

면역력을 떨어뜨리는 원인은 잘못된 식생활과 운동 부족, 스트레스가 주원인이며, 게임이나 오락에 의한 긴장에서도 세포가 망가지고, 혈액이 파괴되고, 유전자마저 손상을 입을 수 있다.

올바른 식생활과 산행을 자주 할 것을 권한다.

**약(藥)들의 역습

의사가 되기 위해서 공부하는 교과서 중의 하나인 「Doctors Rule 325」라는 책에는 이런 내용이 나온다고 한다.

1) 가능하면 약을 중지하라.

2) 불가능하면 가능한 많은 약을 중지하라.

3) 약의 수가 증가하면 부작용의 가능성은 기하급수적으로 증가한다.

4) 4종류 이상의 약을 복용하는 환자는 의학 지식이 미치지 못하는 위험한 영역에 놓여 있다.

인체는 자연적으로 형성되어 있다.

내부의 장기(臟器)들도 그러하지 않은가? 사람과 사자의 내부 장기와 들소 및 산속의 멧돼지와도 인체 내부가 거의 비슷하다. 그러므로 우리 역시 음식을 될 수 있으면 자연적으로 섭취해야 한다.

즉, 될 수 있으면 가공 공정이 많지 않게 해서 음식을 섭취해야 한다.

컨디션이 좋지 않고 질병들이 발병하는 것은 우리들의 먹거리에 문제가 있는 것이며, 스트레스도 한몫한다. 물론 유전, 운동 부족, 환경적인 요인도 원인이 되며 화학적인 약품은 더욱 치명적으로 환자로 전락시킬 수 있음을 두려워하고 깨우칠 수 있어야 한다.

특히나 젊은 친구들은 화학적인 약을 믿고 질병이 발병할 때마다 무작정 사용하는 이들이 많다.

인체는 음식과 호흡 이 두 가지로 만들어지고 유지해 갈 뿐이다.

인스턴트식품, 패스트푸드같은 정크 푸드를 먹고 몸에 트러블이나 이상 증세, 질병이 나타나지 않으면 그것이 이상한 것이다. 반드시 치주염, 편두통, 각종 눈병, 뾰루지, 루푸스, 틱장애, 각종 피부트러블, 수전증, 혀 안의 염증, 대상포진, 생리트러블, 호르몬의 이상, 정신이상(조현병, 우울증, 공황증, 분노조절장애…) 림프액 변질, 심지어 유전자 변화 등이 나타나고, 나이가 점점 많아지면 암(癌)이나 각종 중증(重症)의 질병들이 나타나게 되어 있다.

또한, 통증이나 질병이 있을 때 약품을 장기간 복용하여 그것을 계기로 완전한 환자로 전락하는 예도 왕왕 있다. 설령, 그 질병에서 벗어난다 해도 복용한 화학적인 약품은 언젠가 반드시 인체를 역공하게 된다는 사실을 늦어서야 깨우치게 된다.

질병이 발병한 것은 바이러스도 균들의 침입도 아니다. 모든 것은 독소 물질들이 생성되고 혈액이 깨어져 탁해지고 림프액이 변형되어 몸속에 유해 물질들이 많아진 탓이다. 어떤 의학자는 몸속이 산성화되었기 때문이라 표현하기도 하고, 어떤 이들은 활성산소를 줄여야 한다고 주장한다.

넘친 영양분들이 변형되어 혈액을 탁하게 하고, 혈액 순환에 장애가 되고, 혈액 속에 나쁜 물질들을 공급하니 컨디션이 떨어지고, 각종 질병을 유발한 것이며 또, 스트레스를 받으면 적혈구가 깨지고 림프액이 탁해지며, 코르티솔, 활성산소, 젖산 등이 많아지고 유전자와 세포와 신경계도 경직되고 손상을 받게 되기 때문이다. 이들이 모여 습격한 곳에 통증이 발현되고, 염증이 유발되고, 세포가 괴사하여 암 덩어리가 만들어지는 것이다.

갑상샘암, 유방암, 간암, 대장암, 위암, 뇌암, 당뇨병, 고혈압, 간경화, 뇌졸중, 루프스, 편두통, 심장병, 신장 질환, 호르몬 교란, 알레르기, 허리통증, 다리 저림.... 모든 암과 질병의 발병도 이와 같다. 다만 발생 부위가 다를 뿐이다.

때마다 외치고 싶은 말 "당신이 먹은 것이 당신을 말한다.(You are What yo eat!)"

또한, 인체에 해가 되지 않는 양약도 존재하지 않는다. 언젠가 반드시 인체에 악영향을 미치며, 역습(逆襲)한다. 그런데도 수많은 약이 판매되고 있다.

하나의 증세를 완화하는 듯하지만, 두 가지 이상 해가 된다는 진실을 깨우치지 못하는 안타까운 젊은이들과 무개념의 사람들이 많다.

재삼 이야기하지만, 질병이 발병한 것은 균(바이러스)이나 외부의 침입이 아니라, 유전, 운동 부족, 잘못된 식생활과 약물 복용, 스트레스 때문임을 깨우치지 못하면 돈을 잃고, 몸을 잃고, 나중엔 전부를 잃게 될 뿐이다.

"음식과 운동으로 고치지 못하는 질병은 의학이나 의술도 고칠 수 없다"라는 명언을 꼭 명심하시길….

약보다는 먼저 장, 간, 신장 등을 청소하고 올바른 식생활을 하고, 산행(운동)을 자주 해야만 혈액이 맑아지고 면역력이 높아져 질병을 물리칠 수 있고 또, 백세 건강의 초석을 튼튼히 다질 수 있을 것이다.

붕어빵에는 붕어가 없다. 딸기 우유에는 딸기가 없으며, 바나나 우유에도 바나나가 없듯이, 당뇨약에는 췌장을 회복시키는 것과 관계 없고, 갑상샘, 고혈압… 모든 질병 치료에는 근원 치료와 관계없으며 대체하는 요법들뿐이다.

뉴욕 대학의 내과와 외과 교수이었던 "알론조 클라크" 박사는 이런 말씀을 하셨다고 한다.

[우리가 쓰는 치료 약은 모두가 독(毒)이므로 한 번 복용할 때마다 환자의 활력을 떨어뜨린다. 병을 낫게 하려는 의사들의 열성이 도리어 심한 해를 입히고 있다. 자연에 맡기면 저절로 회복될 것으로 믿어지는 많은 사람을 서둘러 묘지로 보내고 있다.] 이렇게 분개했다고 한다.

예방접종

천연두 예방접종을 한다고 초등학교 때 난리를 쳤다. 그리고 간염 예방접종, 자궁경부암 예방접종, 콜레라, 장티푸스 등 많은 질병의 위험성에 예방접종을 홍보하고 시행하고 있다. 그러나 그러한 것이 과연 효과가 얼마나 있을까?

예방접종이란, 미리 미세한 균을 투입해 방어 물질들을 형성해

진짜 균들이 침입했을 때 막을 수 있는 면역력을 높이는 행위다. 그러나 아무런 면역력이 없는 이들은 미세균들이 그대로 인체를 침범해 사망해 이르는 때도 없지 않다.

여학생들이 요즘 자주 질문을 한다. 자궁경부암예방 접종에 대하여...

암은 유전, 운동 부족, 잘못된 식생활, 스트레스, 환경 및 기타 등의 요인들이 복합적으로 나빠질 때 나타난다. 그런데 주사로 위와 같은 상황을 없게 할 수 있는가? "암은 산소 부족이다."

너무도 상업적이라 생각하지 않을 수 없다.

항생제

항생제는 미생물이 생성한 물질로, 다른 미생물의 성장을 저해하여 항균 작용을 나타내며 인체에 침입한 세균의 감염을 치료한다. 작용기전, 항균 범위 등에 따라 다양하게 분류될 수 있다. 각각의 약리학적 특성, 항균 범위, 작용기전, 내성 양상, 약물 상호작용 등을 고려하여 의사의 처방에 따라 사용된다. 항생제의 오남용을 방지하기 위해 환자와 전문가 모두 주의가 필요하다.

부작용

항생제의 부작용은 약물군에 따라 공통으로 일어나는 증상도 있지만, 대부분은 개별적으로 나타난다. 같은 약물군 내에서도 부작용에 대한 교차반응이 다양하게 나타나기 때문에 주의가 필요하다.

항생제의 부작용에는 과민증, 조직에 손상이 일어나는 직접 독성, 인체에 정상균이 죽어서 새로운 감염이 일어나는 설사 등의 간접 독성 등이 있다. 항생제에서 공통으로 일어나는 대표적인 부작용은 과민증상이며 항생제 복용 시 발진, 두드러기 또는 미열 등과 같은 가벼운 증상부터 갑작스러운 호흡곤란 및 쇼크 등과 같은 비교적 심각한 증상까지 나타날 수 있다. 과민증상이 나타나면 즉시 전문가에게 알려 적절한 조치를 받아야 한다.

간, 신장에 환자, 고령자, 소아, 임신 및 수유 중인 여성, 알레르기 증상을 일으키기 쉬운 환자에게는 신중히 투여한다.

[네이버 지식백과] 항생제 (약학용어 사전)

자연에는 천연의 항생물질들이 너무 많다. 의학은 그것이 돈이 되지 않기 때문인지 모르고 있는지 천연의 물질들을 처방하지 않고 있다. 화학적인 항생제를 복용하면, 마치 유리에 앉은 파리를 망치로 때려잡는 듯한 현상들이 나타난다. 파리를 바르게 잡지도 못하면서 유리창을 박살 내듯이, 화학적인 항생제를 복용하면 인체 내에서 바이러스를 섬멸할지 모르지만, 정상적인 세포들이 크게 손상을 받아 엄청난 피해가 일어나며, 인체는 복구가 어려운 경우와 사망으로 이어지는 일도 없지 않다. 어린이들에게 복용케 하면 엄청난 부작용이 다양하게 나타난다. 세계 보건기구는 어린이들에게 항생제를 처방하지 말 것을 간곡히 부탁하고 있는 실태다. 성인도 마찬가지 간, 신장, 성호르몬, 모든 곳에 피해가 너무도 심각하게 된다.

혈액이 맑아지면 부신에서 염증을 섬멸하는 물질들이 자연적으로 생성한다. 꼭 신장에서 만들어진다고 할 수 없으며, 몸의 여러 곳에서 염증을 제거하는 작업을 하는 것 같다. 염증이 많다는 것은 혈액이 탁하고 림프액이 탁하다는 것이다. 몸속을 먼저 청소하고 올바른 식생활을 하면서 산행이나 운동하면 저절로 염증이 잘 제거됨을 잊지 마시길…. 자연의 항생제는 마늘, 양파, 생강, 모든 먹을 수 있는 풀잎, 계피 등이 있다.

당뇨약

당뇨약이란?

1) 소장 점막에 작용하여 당의 소화를 억제하고 흡수를 지연함으로 식후 혈당을 조절하는 형태

2) 인슐린 분비 촉진제

3) 인슐린 저항성 개선제

췌장의 세포나 기능을 회복시키는 것과는 아무 상관이 없다.

당뇨약을 장기적으로 복용함으로써, 당은 조절될 수 있으나 할 일이 없어진 췌장은 점점 황폐해지고 영양을 공급받지 못하며 망가져 가는 것이다. 췌장이 망가지면, 췌장에는 글루카곤, 인슐린, 소마토스타틴, 키모트립신 등의 인체에 귀중한 호르몬들도 분비되지 못한다. 또한 합성인슐린(당뇨약)은, 호르몬을 대처하고 남은 잉여분은 인체에 남아 다른 질병을 유발하는 촉매 역할을 할 뿐이다.

이럴 때 현대 의학은 "합병증~ 합병증"하며 책임을 회피한다. 너

무도 어처구니없는 표현을 한다. 약물 중독증이 올바른 표현이다.

당뇨약을 복용치 않고 당뇨병에서 온전하게 벗어날 수 있는데, 합성 인슐린에만 매달리고 있는 의학과 환자들이 안타까울 뿐이다.

간장약

간이 나빠지면 많은 약이 처방된다.

비리어드, 바라쿠르드, 우루소데옥시콜린산.. 간의 수치를 떨어뜨리나 신장에 심한 테러를 가하고 인체를 점점 나쁜 환경으로 몰고 가, 결국엔 간이 더욱 나빠지면 내성이 생겼다며 다른 약들을 겸하여 처방한다. 칵테일 요법. 이때는 간이 더욱 나쁜 상태로 변한 것이다. 약물이 더욱 인체를 망친 상태다. 약들이 간의 세포를 활성화하거나 회복시키지 못한 채 약물이 오히려 간과 인체를 무너뜨리는 상황이 벌어지는 것이다.

간의 기능을 궁극적으로 회복하려면, 간 내 독소나 노폐물들을 청소해 주고 음식을 바르게 섭취하고 산행을 자주 하는 것이 도움된다. 그리고 녹즙도 도움이 된다. 녹즙을 올바르게 쓸 수 있어야 한다. 나는 간 기능 회복에 도움되는 탕약을 만들고 있다. 화학적 양약이나 한의원과는 차원이 다르다.

심장약

심장에 쓰이는 양약들은 어떤 것이 있을까?

그것은 혈전용해제(혈액순환개선제), 아스피린, 혈관확장제, 이것이 전부다. 그리고 결국엔 스텐트 수술이나 다른 시술을 해야 한다.

심장병이 일어난 이유는 고지혈, 혈전이며, 활성산소, 코르티솔, 양약의 복용에 의하여 커다란 영향을 받아 심장이상박동이 많다. 모든 양약은 다 심장의 기능을 저하한다.

3가지 이상의 양약 복용은, 심장마비의 주요 원인이란 생각을 떨칠 수가 없다. 설령 심정지를 일으킬 수 없다고 해도 그 피해는 엄청날 것이다. 우리는 약들의 진실을 더욱 잘 파악해야 할 것이다.

장, 신장, 간 등을 청소하고 사혈을 받고, 반드시 육류는 삶아서 드시며, 또한 저녁에는 육류를 먹지 말 것을 권한다.

심장에 가장 좋은 약은 녹즙임을 의사든, 일반인이든 반드시 알아야 한다.

[콜레스테롤 약의 주의사항입니다. 콜레스테롤 약을 스타틴으로 표기했습니다.]

인터넷에 퍼옴

1) 스타틴의 투여 후 간염이 나타날 수 있으므로 구역, 구토, 권태감 등의 증상이 발생할 때는 스타틴의 복용을 중지하고 의사에게 알려야 합니다.

2) 스타틴의 복용은 임신 중 사용 금기입니다. 또한 가임여성은 스타틴을 복용하는 동안 적절한 피임법을 사용해야겠습니다. 스타틴으로 인해 유아에서 부작용이 나타날 수 있으므로 수유 중 사용 또한 금기입니다.

3) 일부 스타틴 약물과 관련해 간질성 폐 질환 사례가 보고 되었습니다. 호흡곤란, 가래가 없는 기침, 피로나 체중감소 발열이 나타날 때 스타틴 복용을 중단합니다.

4) 횡문근용해(근육이 파괴)가 발생할 수 있고 그 물질이 신장에 영향을 미쳐 급성 신부전이 발생할 수 있습니다. 근육의 통증이나 근육 약화가 있을 시에는 병원에 가서 면밀하게 근육효소수치(CK)를 검사해야겠습니다.

5) 간 기능 이상이 나타날 수 있고 스타틴 복용 후에 간 기능 이상, 황달, 간염 등 부작용이 발생할 수 있습니다. 치료 시작 전부터 간 기능 검사를 하여, 간 문제가 없는지 정기적으로 관찰해야겠습니다.

6) 스타틴 복용 후 공복 혈당이 높아질 수 있으나 복용으로 인한 이득이 고혈당보다 높습니다.

7) 중증 피부질환(SJS syndrome, TEN, 다형홍반)이 나타났다는 보고가 있어 심각한 피부 증상이 나타나는 경우 투여를 중단해야겠습니다.

인터넷에서 퍼옴

항히스타민제

아미노산의 일종인 히스티딘(histidine)으로 부터 탈탄산에 의해 생성되는 물질로, 동물의 조직 세포에 널리 분포하고 특히 피부, 소장 점막, 폐에 많다.

히스타민 길항제 또는 항히스타민제(histamine antagonist,

antihistamine)는 히스타민 수용체 수용을 억제해 히스타민의 작용을 억제하거나 히스티딘에서 히스타민으로 변환시키는 것을 촉진하는 히스티딘탈카르복실화효소 활성화를 억제하는 의약품이다. 항히스타민제는 보통 단백질에 대한 인체의 과잉 반응으로 인해 나타나는 알레르기를 완화하는데 사용한다.

나는 말한다. 왜, 히스티딘이 탈탄산이 되는가? 그것은 잘못된 식생활과 스트레스에 의하여 면역력이 결핍되었기 때문이라고...

알레르기에 민감하고 자주 발현하는 사람들의 특징은 패스트푸드, 인스턴트식품 같은 정크 푸드를 자주 섭취하고, 게임이나 오락을 즐기는 사람들이며, 화학적인 약들이 결코 원인 치료가 되지 못하는 이유는 알레르기의 원인인 스트레스와 잘못된 식생활을 개선할 수 없기 때문이다.

약이 원인 제거와는 관계없이 증상을 완화 봉합하려 하지만, 그 화학적인 약품의 역습은 인체에 커다란 악영향이 될 뿐이다.

각종 영양제

현대인들이 엄청나게 영양제를 복용하고 있는 듯하다. 여기에 소비되는 비용이 엄청나리라 생각한다.

그런데 왜 영양제를 복용하게 될까? 컨디션이 떨어지고, 기력이 떨어지고, 피로가 쌓이고, 건강 검진엔 괜찮았지만, 스테미너가 자꾸 떨어지는 듯하기 때문이다.

그러한 것은 영양이 넘치어 그런 것이 대부분이다. 넘친 영양분들이 갈 곳을 잃어 정체해 결국, 독소나 노폐물들로 변하여 혈액을 탁하게 하고, 순환을 방해하고, 나쁜 물질로 변하여 인체에 퍼져나가기 때문이다.

컨디션이 떨어지고 피로가 쌓이는 것은 사실 혈액 순환에 장애가 있고, 혈관 속에 나쁜 물질들이 많아지고 세포나 장기에 독소 물질이나 노폐물들이 많아서 그러한데, 모르고 착각하며 비타민, 코큐텐, 오메가 제품, 보약, 붕어 진액, 장어, 개소주, 산삼… 별의별 영양제가 엄청나다. 그러나 그러한 제품이나 영양 높은 물질들이 처음엔 기력 회복에 도움이 될 듯하나 그 자신의 생명을 재촉하게 됨을 모르는 이들이 많다. 백 세를 전후로 건강하게 장수하고 계신 분들은 그러한 것을 모르고 복용치 않는다는 사실이다.

혈액을 맑게 해야 한다. 몸속에 독소와 노폐물들을 청소하고 음식을 바르게 골고루 섭취하면 새로운 활력이 솟아날 것이다. 몸속을 청소하지 않고 독이 있는 곳에 영양을 보충하면 그것이 모두 독이 되어 신장에 테러를 가하게 되어 늙음과 죽음을 앞당기는데 이바지할 뿐이다.

장, 간, 신장 등을 먼저 청소해 주시길...

혈압약

혈압이 높아지는 이유는 혈관 속에 독소나 나쁜 노폐물들이 많거나, 혈전이 많아지거나, 신장의 기능이 떨어지면 발병한다. 물론 혈관이 수축하여도 그러하다.

혈압이 올라가면 우리는 혈압약을 처방 받아 죽을 때까지 복용한다는 사실을 받아들이고 그냥 남들처럼 매일 복용을 하는 이들이 너무 많다.

현재 고혈압에 쓰이는 약들은 이뇨제, 칼슘길항제, 안지오텐신전환효소억제제, 알파차단제, 베타차단제 등이다.

고혈압이란 병은 불치병이라고 현대 의학은 포기하고 있다. 그래서 쓰이는 약품들도, 처음엔 이뇨제를 쓴다. 이것을 혈압약~ 혈압약~ 이렇게 불린다. 이것이 내성이 생겨 듣지 않으면 다음은 칼슘이나 영양소가 혈관에 들어가지 못하게 하는 약품을 쓴다. 이것에도 내성이 생기면 다음엔 심장을 아예 적게 뛰게 하는 약을 쓴다. 알파 차단제, 베타 차단제... 이러한 약들은 혈압을 일으키는 원인을 제거하는 약들과 전혀 관계가 없다. 약을 장기적으로 복용함으로 인하여 인체는 커다란 악영향을 받으며 혼란 속에 빠지게 된다. 위장을 비롯하여 신경계, 혈관, 혈액, 림프관, 특히나 신장에는 더없이 해롭다. 그래서 혈압약과 여러 다른 약들을 혼합하여 복용하면 돌연사의 원인이 된다고 추측하지 않을 수 없다.

갑자기 죽은 사람들은 어떤 양약들을 복용하고 있었는지 늘 궁금하고 혈압약도 한몫한다고 나는 추측한다.

나는 말한다.

불치병인 고혈압 증상도 약물 없이 반드시 치료가 된다고 본다.

장, 간을 청소하고, 패스트푸드, 인스턴트식품 같은 정크푸드를 끊고, 육류는 삶은 것으로만 먹고, 양파를 썰어 삶아서 아침저녁으로 드실 것을 권한다. 또한 사혈도 권한다.

고혈압... 반드시 약물 없이 정상적으로 회복시킬 수 있다고 설하고 있다.

갑상샘 약

갑상샘 약들도 마찬가지다. 갑상샘에서 분비되는 요오드라는 호르몬을 대체하거나 기능을 차단하는 약들인데, 환자들은 아무 생각도 하지 않고 처방받아 복용한다. 호르몬 대체요법. 합성 호르몬은 반드시 다른 질병들을 또 불러오는 속성이 있다. 그래서 합병증을 불러오는 것이다. 갑상샘 세포를 회복하는 것과는 아무런 상관이 없다.

갑상샘에 질병들이 발병하는 것은 두 가지다. 잘못된 식생활과 스트레스다. 이 두 가지를 해결하지 않고는 약물로 갑상샘 회복은 없다.

약은 있을 수 없다. 올바른 식생활과 산행을 자주 하고 사혈과 녹즙을 먹으면, 회복되는 경우가 그렇지 않은 경우보다 많다. 안전하고 다른 기능도 좋아진다. 이것이 의학이요, 의술이다.

정신과 약

현대에 많은 이들이 정신과 약을 먹고 있는 실정이다.

무엇이 정신을 혼란스럽게 만들었나? 그것은 스트레스와 잘못된 음식이었다. 공황증, 우울증, 조울증, 분노조절 호르몬 부족, 자살

지향적인 마인드…. 이러한 질병들의 출발은 모두 같다. 잘못된 음식들 때문이며, 여기에 스트레스가 합쳐지면 발병하게 된다.

그러면 그런 약들이 원인을 알고 처방되고, 근원적으로 정신병을 해결할 것인가 이다. 모든 약은 신경을 차단하거나 호르몬들을 차단하거나 분비를 촉진하고자 할 뿐이다. 치료를 돕는 물질은 전무하다. 그런데도 환자는 마치 치료제를 복용하듯이 생각한다.

향정신성의약품들을 장기간 복용하면 대부분 자살 지향적으로 변하는 이유가 바로 신경을 차단, 또 차단하다 어느 시점이 되면 그 차단된 신경 물질들이 한꺼번에 터져서 그리되는 것이다.

너무도 위험한 약품들이다. 처방하는 의학도들도 참된 의학도가 없다는 것이 안타까움이다.

근원 치료가 가능하다. 왜 스트레스와 잘못된 식사가 원인임을 스스로 깨우친다면 쉬워진다.

약물에 의존하면 안 된다. 그러면 대부분 온전한 환자가 되어 개인과 가정과 사회와 국가를 위험으로 몰고 갈 수 있다. 다시 말하지만, 약물 없이 치유가 가능한 것이 대부분이다.

의학이여~ 진실이여~

위장약

위장약들은 위장의 벽에서 위산이 분출되므로 알루미늄 겔이나 위산에 대항하는 성분들이 대부분이다. 그러한 이러한 약들은 위장벽을 코팅하고는 결국 나중에 인체 내부로 흘러들 수 있다. 그리하면 나중에 인체에 심각한 악영향이 될 수 있다.

위장에 질병이 발병한 것은 혈액 속에 코르티솔이나 나쁜 물질들이 많아질 때와 간의 기능이 떨어졌을 때가 90% 이상이다. 이러한 메커니즘을 아는 의학도는 거의 없다. 그런고로, 위장병이 발병하면 간의 기능을 회복시키며 혈액을 맑게 해야 한다.

어떤 이들은 위장약이 나중에 치매나 뇌에 크게 악영향을 줄 수 있다고도 한다.

1) 위산분비억제제

2) 구충제(헬리코박터균 멸균)

3) 지사제(설사 멈춤)

4) 소화제 효소

감기약

전 세계에서 우리나라에서 유일한 약이라고 한다. 스테로이드계열이나 소염진통제나 또 다른 성분들이 포함된다 해도…. 감기의 원인을 먼저 알아야 할 것이다. 그러나 현대 의학이나 다른 의학 계통에서도 감기의 직접적인 원인을 밝힌 연구는 없다.

독감은 인플러스 바이러스라고 하나 완전한 작품은 아니다.

감기약을 복용하면 일주일쯤 가고, 약들을 먹지 않고 버티면 7일 간다는 말이 있다. 같은 말이다. 그러니 약을 복용하거나 복용치 않거나 같다는 말이다.

그러나 감기약에 처방된 약들의 부작용은 엄청나다. 그래서 전

세계 모든 나라는 감기약을 어린아이 7세 미만에게는 처방하지 말 것을 법으로 정하였다. 그러나 성인에게는 피해가 없을까?

엄청나다가 바로 드러나지 않았을 뿐이다. 나이가 들면 그러한 악영향들이 반드시 나타난다. 때가 언제인가? 그것이 문제일 뿐이다.

감기가 발병하면 쉬면서 면역력을 키워주는 모든 행위를 하면 감기를 쉽게 극복할 수 있다. 몸살도 마찬가지…. 굳이 약물로 벗어나려는 조급하고 어리석은 이들도 많다.

암약들

암 환자들이 많다. 검진만 하면 혹이 나온다. 운동이나 움직임이 부족하고, 잘못된 식생활, 스트레스가 과하게 되면 혹 덩어리가 생성되게 되어 있다.

암은 유전 7, 운동 부족 10, 잘못된 식습관 30, 스트레스 40, 기타 및 환경 13(%)란 조건이 충족되어야 한다. 그런데 암약들이 이러한 조건으로 오랜 시간에 걸쳐 발병한 혹들을 없앨 수는 없다. 없앨 수 있다 하더라도 인체는 더욱 망가질 것이다. 다시 말해 암을 일으키는 조건들을 스스로 제거해 주어야 한다. 암 덩어리를 칼과 방사선으로 잘라내거나, 태울 생각을 하지 말고 그대로 둔 채 90세까지 건강하게 친구하며 살아가는 방법들을 제시해 주어야 한다.

암에 쓰이는 약들은 위험의 정도가 극약으로 분류된다고 한다. 혹을 없애려다 그 목숨을 없애는 것이다. 어쩔 수 없이 수술은 하되

절대 항암치료를 해서는 안 되는 이유가 분명하며 양심 있는 의학도가 별로 없다는 것이 심각한 문제다. 의사라는 사람들에게 설문조사를 한 결과 모두가 현재 암 환자들에게 사용되고 있는 항암치료를 절대 거부한다고 한다. 왜냐하면 암 치료의 효용과 관계가 없고, 오히려 사람을 더욱 황폐하게 몰아가는 사실 때문일 것이다.

암을 그대로 둔 채 90세까지 건강하게 살 방법들이 있다고 주장한다. 혈액을 맑게 하고 몸속에 독소와 노폐물들만 제거해 주면….

소염진통제(스테로이드계)

염증이 많다는 것은 혈액이 탁하다는 것이다.

혈관 속에 나쁜 물질들이 많아 혈액의 파괴가 심각하여 죽은 혈액이 정화되지 않을 때와 림프구가 변질이 될 때, 또, 백혈구가 나쁜 물질들을 섬멸할 때 발생하는 불순물을 염증이라 한다. 염증이나 나쁜 물질들은 면역력을 담당하는 림프구, 백혈구, 매크로파지 등이 왕성히 활동하게 해서 자연히 섬멸해야 한다. 그런데 의사들은 소염진통제 등의 화학적인 약을 계속 고집한다. 진통과 소염은 일시적으로 멈추게 할 수 있으나 오히려 그 약품들이 그 환자들을 더욱 나쁘게 할 수 있다.

분자 구조가 인체에서 분비되는 스테로이드핵을 가진 것과 비슷하게 만들어 인체에 사용하려 하나, 너무도 위험하고 맞지 않는 것이다. 통증 완화와 염증이 일시적으로 가라앉는 듯하나, 그 후유증이 인체를 더욱 나쁘게 한다.

나는 임플란트를 하면서 마취가 풀렸을 때 소염진통제가 너무도 나쁨을 알고 여러 차례에서도 복용치 않았다. 한 번은 얼굴이 전체가 붓고 눈이 보이지 않는 날도 있었다. 그래도 양약의 부작용과 위험성 때문에 끝까지 복용치 않고 녹즙으로 버티어 내었다.

[스테로이드제는 약물로 쓰이는 스테로이드 호르몬 제제를 통틀어 일컫는 말이다. 부신피질호르몬제와 남성호르몬제, 여성호르몬제 등이 이에 속하나, 좁은 의미로 부신피질호르몬제만을 지칭하기도 한다. 스테로이드제는 체내 스테로이드에 의해 유지되고 있던 생체 시스템에 영향을 미치므로 전문가의 판단에 따라 사용하여야 하며 임의로 사용하거나 중단하지 않도록 주의해야 한다.

부신피질호르몬제는 항염증 효과 및 면역억제 효과를 가지는 약물로, 관련 수용체에 결합하여 약리작용을 나타낸다. 주로 프로스타글란딘의 전구물질인 아라키돈산의 생성을 막거나 백혈구 등 면역 관련 세포의 능력을 낮추어 염증을 빠르게 완화하고, 림프계의 활성을 감소시켜 면역반응을 억제한다.]

[네이버 지식백과] 스테로이드제 (약학용어 사전)

[전에 어머님은 허리 아프시거나 다리가 아프시면, 그러한 약을 처방받아 자주 드셨다. 드시면 곧 허리와 다리가 아프지 않으시다고 늘 그렇게 하셨다. 일을 많이 하시어 나쁜 혈액이 그리로 몰리고 근육이 놀라 그러한데 양약을 드시면 신통하게 얼마의 시간이 지나면 괜찮다는 것이다.

그것들이 모두 소염진통제이다. 다시 말해 신경을 차단한 것이다. 근육을 이완하는 역할을 한 것이다.

그 약물의 잉여분은 반드시 그 신체를 나쁜 쪽으로 또 몰고 가게 된다. 차곡차곡 약물이 몸에 퇴적되면 약의 가짓수와 농도가 짙어지는 것이다. 이것이 엄청난 인체에 테러가 된다는 사실을 의학계는 반드시 알려야 하는데 그렇지 않고 있다. 계속 진실을 덮고 진행이 되고 있다.

사회의 부조리만큼 세상을 나쁘게 할 수 있는데…]

호르몬제

인체에는 너무도 많은 호르몬이 분비된다. 특히나 갱년기를 맞이하는 여성들은 호르몬제를 복용하는 이들이 많다고 한다.

혈액과 림프액이 맑으면 모든 호르몬은 자연의 섭리에 맞게 흐르고 분비되고 소멸할 것임을 나는 확신한다.

피임약

피임약을 자주 먹으면 실제로 결혼하면 불임이 될 가능성이 없지 않다. 또한 나중에 자궁암이나 유방암을 유발할 가능성이 없지 않다고 본다.

신혼부부나 젊은 여성이나 여러 여학생이 사용한다고 고백하고 있다. 이것을 복용하면 임신을 피할 수 있으나, 그 약도 다른 약들과 같이 인체에 너무도 해롭다. 그것이 또한 여성 질환을 유도하는 것인지도 모른다. 너무 안타깝다. 젊은 여성들과 여학생들이…. 앞서도 서술했지만, 그러한 여성들이 나팔관이 막히고, 호르몬 교란이 일어나고, 생리가 불규칙해지고, 자궁이나 난소에 문제가 발병하는 경우가 많다고 본다.

피임약을 먹어선 안 된다.

질병이 발병한 것은 잘못된 식생활과 스트레스 때문이라면, 약을 먹으면 잘못된 식생활에서 왔던 모든 것을 제거할 수 있어야 하고, 스트레스를 없게 할 수 있는 약이라야 치료할 수 있다. 그 외에는 모두 임시방편, 결국엔 병을 일으키는 잘못된 음식(독)을 먹으며 약(독)의 복용을 하면 이중적인 독배를 마시게 된다. 이리되면 어찌 인체와 멘탈이 버티어 낼 것인가?

의학과 의술도 바뀌어야 한다. 우리들의 생각과 행동도 바뀌어야 한다.

**우울증, 공황증, 조현병, 자살지향적인 마인드, 각종 정신 질환과 폭력 및 강력 범죄

우울증, 공황증, 조현병, 틱 장애, 과운동증, 자살 지향적인 마인드, 폭력, 강력범죄, 패륜….

자살하는 사람들이 많고, 미국에서는 계속되는 총기 사건으로 많은 이들이 희생당하고 있다. 왜, 이런 위험한 일들이 계속 벌어지고 있는가?

나는 이러한 모든 나쁜 상황들이 벌어지는 요인은 그 출발점이 거의 같다고 본다.

과학자나, 법학자나, 의학자, 심리 전문가들…. 그분들은 자살한 사람, 강력 범죄자, 각종 정신 질환자들에게 어떻게 접근하고 있는지 모르지만, 나는 한결같이 외치고 있다. 세상이 험악해지고 무섭게 변하는 이유는 잘못된 식생활과 오락, 게임, 도박 등에서 출발한다고…. 또한 암이나 만성 질병의 원인도 잘못된 식생활이 30%나 된다고 외치고 있다.

요즘 청소년들 열 명 중 3~4명 정도가 정신질환이 있다고 한다. 또 어떤 젊은이들은 자살 지향적인 태도를 보이며 글을 올리고, 반대로 건강 염려증을 보이는 이들도 없지 않다.

강력범죄나 자살한 사건이 전파되면 나는 늘 궁금해한다. 그리고 정부나 연구 기관에 부탁하고 싶다. 그들은 과연 평소에 어떤 음식을 즐겨 먹었나, 어떤 게임을 즐기고 있었나를 조사해 보라고…?

부모가 이혼하거나 한 분이 돌아가신 결손 가정, 경제적으로 어려운 환경, 짧은 교육 혜택, 불우한 모든 환경…. 이것이 성공을 할 수 있는 조건이 될 수도 있다. 성공에는 반드시 장애물이 있기 때문이다.

그런데 이런 악조건의 아이들이 나쁜 길로 빠지는 경우가 많다. 그것은 잘못된 식생활 때문이라 본다. 나쁜 환경에서, 나쁜 음식을 먹으면, 나쁜 생각에 빠져, 나쁜 사람이 된다. 그러나 나쁜 환경에서 패스트푸드, 인스턴트식품 같은 정크 푸드를 멀리하고 올바른 식생활만 한다면 그들은 반드시 성공인이 될 수밖에 없다. 그것을 어떤 이들은 [개천에 용 난다] 이런 표현을 하기도 한다.

OECD 국가 중 오랫동안 자살률 1위를 계속하고 있다. 이 불명예의 치욕에서 건강한 나라로 바뀌어야 한다.

이 어마어마한 사고와 행동이 왜 발생하는가? 이것의 출발도 나는 잘못된 식생활에 있다 본다.

잘못된 식생활로 건강치 못하고, 학교에서나 단체에서 소외당하고, 혼자서 계속 잡생각에 빠지다 우울증이나 정신질환에 빠져 양약을 복용하기 시작하면 그때부터 환자로 전락하고 약물 중독이 되어 자살에 이르는 경우가 많다고 본다.

정신과 약을 끊고 올바른 식생활을 하고 산행을 자주 하면 정신질환에서 대부분 벗어날 수 있다. 이러한 사실을 의학도들은 알아야 하며 청소년과 기성인들도 알아야 한다.

생명 유지의 3대 요소는 호흡, 음식, 배설이다.

우리가 호흡하는 공기에도 문제가 많다. 이산화탄소가 공기 중에 너무 많아서 이것을 줄이지 않으면 지구가 망한다고 유엔이나 과학자들이 외치고 있다. 남극과 북극의 빙하가 녹고, 히말라야 만년설도 많이 녹고, 세계의 곳곳에서 이상 기후와 환경의 변화가 일어나고 있다. 아마도 코로나도 지구의 환경이 변하여 발병한 대재앙의 전조 증상인지 모른다. 세계인 대부분이 마스크를 끼고, 예방 접종 받고, 많은 행동을 자제하며 발버둥 치고 있다. 그러나 섭생을 잘하는 사람은 코로나도 암이나 각종 질병도 달려들지 못한다. 그것을 면역력이라 한다.

내 몸속에 면역력을 강력하게 무장하려면, 어떻게 해야 할까? 첫째가, 나쁜 음식을 먹지 말아야 한다.

그러면 나쁜 음식은 어떤 것인가? 가공이 많이 된 음식, 패스트푸드나 인스턴트식품, 튀긴 음식, 기름에 볶은 음식, 청량음료, 흰 밀가루로 된 음식 등이 될 것이다.

나쁜 음식과 게임이나 도박과 같은 긴장을 유발하는 요인들에 중독되면 개인을 망치고, 사회를 망치고, 나라를 망치고, 세상을 망치게 된다.

치맥이 대한민국을 망치고 있다고 글을 쓴 적이 있다. 맥주는 괜찮지만 튀긴 닭고기를 비롯하여, 튀겨서 요리한 음식은 절대 먹지 말 것을 때마다 외치고 있다. 아무리 좋은 올리브유, 카놀라유, 참기름, 포도씨유 등일지라도 요리할 때 100도를 넘기면, 본성을 잃고 혈관과 혈액과 림프액과 세포에 너무도 치명적인 악영향이 된다고 주장한 지 오래다.

음식을 올바르게 섭취해 보라. 몸이 맑아지고 정신이 청명해진다. 멘탈이 건강하고 몸이 건강한 사람은 절대 남에게 피해 입히는 일이나 나쁜 짓을 하지 않는다. 남을 탓하거나 화를 낼 일이 있어도 자신을 스스로 책망하며 바른 사고와 바른 판단만 하게 된다.

게임이나 도박에 빠지면 정신이 늘 긴장하게 된다. 그러면 몸속에 체액이나 혈액, 뇌의 상태가 심하게 망가지고 판단이 흐려지고 긴장의 고조로 폭발물로 변하는 것이다. 게임을 그만하라는 어머니를 살해한 중학생이 있었다. 그것은 매스컴에 나왔기에 세상 사람들에게 알려졌지만, 세상에 알려지지 않은 채 일어나는 사건들도 많을 것이다. 게임에 빠지고 도박에 빠지며, 건강치 못한 음식을 섭취하면 그들은 모두가 위험한 시한폭탄이 된다. 폭발물이 여기저기 즐비하면 위험한 세상이 될 수밖에 없지 않은가! 이것은 비단, 대한민국의 국민에만 국한된 문제점이 아니라 세계적인 문제점이요. 지구의 위험까지 압박할 수 있다. 핵폭탄이 여기저기 매설된 것 같은 위험한 일임을 인식하는 이들이 별로 없는 듯하다.

매일 지뢰가 매설된 전장에 들어선 기분이 들 때도 없지 않다.

우울함은 정신적인 문제다. 자살 지향적인 생각은 정신적인 문제다. 그런데 그러한 기분이나 생각을 하게 한 것은 잘못된 음식에서 출발한다는 것이다. 저급한 음식은 저급한 생각을 만들 수밖에 없다. 나쁜 원료를 사용하면 나쁜 결과가 나올 수밖에 없다.

우울증이나 정신질환이 발병한 원인을 바르게 알지 못한 채 약국이나 의학에 다가가면 화학적인 양약을 처방하는 것이 상례다. 이것이 더욱 환자로 몰아가고 자살 지향적으로 몰아간다는 사실을 우리는 알아야 한다. 정신질환을 일으키는 것이 잘못된 식생활에서 기인했다면, 먼저 음식을 바꾸어야 한다.

음식을 바꿨고 산행을 자주 해서 몸과 멘탈을 건강하게 만들어줘야 한다. 양약을 처방해서는 안 된다. 환자로 전락시키고 시한폭탄으로 만들면 안 된다.

혈액 속에 정상적인 포도당이 부족하고 식이 영양소가 부족하여 모든 정신질환이 출발한다. 우리도 깨우쳐야 하고 의학도 깨우쳐야 한다.

건강한 사람, 건강한 가정, 건강한 사회, 건강한 나라, 건강한 세상, 건강한 지구를 만들려면 첫째가 건강한 음식을 먹지 않으면 절대 이룰 수 없다 본다.

몸속을 청소하고, 올바른 식생활을 하며, 산행을 자주 하면, 건강한 육체와 건강한 멘탈을 가질 수 있다.

다시 한번 전하고 싶다. 당신이 먹은 것이 당신을 말한다.

**각종 질병들의 전조 증상

질병이 발병하기 전에 미리 그 전조 증상이 나타나는 것이 대부분이다. 물론 아무런 증세나 느낌이 없었는데, 병원 검진에서 발병하는 때도 많다. 특히나 암 같은 경우엔 대부분 증상이 없다가 갑자기 나타나곤 한다. 그러나 전구 증상을 미리 알아 질병들을 예방하면 좋을 것이다.

중병이 들기 전에 증상들(암도 포함)

1) 자주 체한다.

2) 피로가 극심하다.

3) 현기증이 가끔 있다.

4) 눈의 시력이 갑자기 떨어지는 듯하다.

5) 감기가 오래간다.

6) 갑자기 체중이 많이 빠진다.

질병이 발병하는 루트 : 유전 7%, 운동 부족 10%, 잘못된 식사 30%, 스트레스 40%, 환경과 기타 13%

암을 비롯 모든 질병에 위의 공식을 대입시켜 보시길….

췌장암

복통이 잦다. 소화 불량, 식욕 감소, 체중 감소, 치주염이 잦다. 명치 쪽 통증, 황달

뇌졸중

1) 전에 없던 심한 두통에 시달린다.

2) 극심한 피로감을 느낀다.

3) 얼굴 한쪽이 갑자기 힘이 빠지고 감각이 둔해진다.

4) 갑자기 한쪽 눈이 안 보이거나 시야 장애가 일어난다.

5) 한쪽 팔이 몇 분간 마비가 된다.

6) 말이 어둔해지고 다른 사람의 말을 잘 이해하지 못하는 경우가 있다.

7) 자주 혼란스럽고 제대로 생각하기가 어렵다.

8) 걸음이 휘청거린다.

폐암

1) 계속되는 기침 : 기침이 2주 이상 지속되며 심지어 피가 섞인 가래가 나오면 의심

2) 호흡이 가빠짐

3) 가슴이나 등, 어깨의 통증이 잦다.

4) 호흡할 때 쉰 소리

5) 원인 모를 체중 감량

6) 뼈의 통증

7) 두통

8) 식욕 상실

암 발병 전조 증상

1) 음식을 먹기 힘들다.

2) 목의 통증 – 후두암 의심

3) 갑자기 체중이 5kg 이상 빠진다.

4) 기침이 잦고 쉰 목소리 – 폐암, 후두암, 갑상선암, 림프종암,

5) 각혈, 출혈 – 폐암, 대장암

6) 피부의 변화 – 피부암

7) 몸에 이상한 혹 덩어리가 만져진다.

8) 소변보기가 힘들고 혈뇨, 방광이 아프다. – 신장암, 방광암, 전립선암

당뇨병

1) 피로감, 시력 저하, 성욕 감퇴

2) 다갈, 다음, 다뇨, 체중 감소

신장 질환

1) 부종(눈 주위나 손발)

2) 고혈압

3) 야뇨(자다가 소변 때문에 일어남)

4) 이명(귀에 소리가 나고 청각 기능이 저하)

5) 단백뇨(소변에 거품이 많다.)

6) 혈뇨

7) 요통이 자주 있다.

8) 피부가 자주 가렵다.

9) 핍뇨(오줌을 500cc 이하)

심장병

1) 속이 불편하다.

2) 가슴 통증

3) 호흡곤란(운동이나 계단을 올라가는 것과 특별한 이유 없이 숨이 차다는 느낌)

4) 식은땀(식사할 때 땀을 늘 흘리는 사람은 심장의 기능이 약함)

5) 피로감(아침엔 괜찮으나, 저녁이 되면 녹초가 되거나 식욕부진, 다리가 무겁다)

6) 졸도(갑작스럽게 의식이 잃음)

7) 부종(눈, 복부, 다리, 발목…)이 저녁이나 밤에 나타난다.

8) 피부 변색(손톱이나 입술에 청색증이 나타난다.)

간

1) 피로가 잦다.

2) 눈의 시력이 급격히 떨어지고 핏발이 자주 나타난다.

3) 건망증이 심해진다.

4) 자주 체하고, 속이 더부룩하다.

5) 짜증이 잦고 성질이 예민해지고 반찬 투정이 잦고, 비린내를 맡으면 구역질이 난다.

6) 밀가루 음식이(국수, 라면, 빵…) 좋아지고, 단 음식과 달콤한 커피믹스가 좋다.

7) 호르몬의 생성이 급격히 저하되었다.(정력이 급격히 감퇴, 여

성 생리량이 감소, 검은빛…)

8) 변의 색깔이 검거나 냄새가 지독하다.

9) 손톱이 약하고 잘 부러지며, 세로줄이 많다.

10) 잔병치레를 잘한다.

11) 등과 배 몸에 고춧가루 같은 붉은 반점이 있다.

12) 혀의 뒤쪽을 보면 색깔이 맑지 않고 핏줄이 굵다.

13) 허리와 어깨…. 자세가 바르지 않은 듯하다.

14) 다리와 어깨가 자주 결리고 쥐가 가끔 난다.

15) 술이 잘 깨지 않고 취기가 오래 간다.

16) 혈소판 수치를 주시하라.

17) 숙면을 하지 못하고 쉬이 깨며, 저녁엔 잠이 오지 않고 아침만 되면 잠이 쏟아진다.

18) 잇몸과 코에서 출혈이 잦다.

19) 얼굴이나 손이 남보다 노랗다.

위의 사항 중 5개 이상이 해당하면 병원의 검진과 관계없이 본인의 간 기능이 저하되었음을 감지하시어 건강에 유념하시길….

**대한민국이 망해가고 있다.

나는 정치나 경제, 종교, 교육, 운동, 철학, 예술…. 등등을 아주 잘 모른다. 또한 관심도 별로 없다. 농사일 때문에 헤매고, 약초 채취, 집안의 사소한 일들, 제품 만들기, 멍때리기…. 하는 일 없이 바쁘다.

하지만, 연일 사고와 사건이 터지는 것을 볼 때 너무 안타깝다. 대한민국이 망해가고 있구나! 느껴진다.

인구가 많아야 하는데 출산율이 너무 낮아(2021. 5. 27. 출산율 0.88%)라고 발표되었고, 사고와 사건, 자살, 자연사, 건강치 않은 국민…. 세상이 너무 위험하고 살벌하다.

총기 소지가 가능한 국가이었다면 지금쯤 국민 절반 정도가 없어지지 않았을까 생각해 본다. 우리는 너무도 극단적이고, 단순하고 과격한 막가파씩 행동 [너 죽고 나 죽고..]

2021년 12, 14일에 어떤 매스컴에서는 이런 기사가 있다.

영국 옥스퍼드 인구문제연구소는 앞으로 지구상에서 가장 먼저 사라질 나라로 한국을 꼽았다고 한다.

2021년 5월과 6월에는 태어난 신생아보다 돌아가신 분들이 더 많아 [인구 자연 감소] 현상이 일어나고 있다고 한다.

대한민국이 왜, 이렇게 사고와 사건들이 많이 터지고 국민의 건강과 심리가 건강치 않고 시한폭탄으로 변해가는 듯할까?

나는 그것의 첫째 요인이 잘못된 식생활에 있다고 본다.

튀긴 음식을 먹어선 안 된다고 아무리 외쳐도, 아무도 듣지 않는다. 조금은 먹어도 된다는 주장과 그러면 먹을 것이 없다고 푸념하는 젊은이들도 있다.

패스트푸드와 인스턴트식품 같은 정크 푸드를 즐겨 먹는 이들이 많다. 정크 푸드를 즐겨 먹고 빨리빨리 외치며 치열한 경쟁을 위하여 빨리 먹고 빨리 움직이려 한다. 정크 푸드가 사람들의 입맛에 맞춰 맞춤 공격하며, 충성고객을 만들고자 혈안이 되어 있다. 그러나 수많은 첨가물과 재료들이 결코 인체에 유익하다 보지 않는다.

휘발유를 넣어야 할 엔진에 경유나 폐유를 넣고 자동차를 운행하면 금방 엔진이 망가지며 폭발할 것이다. 올바른 음식을 섭취해야 할 위장에 쓰레기 음식을 넣으면 인체는 곧 망가질 것이다.

모든 질병은 식원병(食源病)이라는 이론을 나는 굳게 믿고 있다. 즉, 모든 질병의 출발 [잘못된 음식] 때문이라는 것이다. 잘못된 음식과 스트레스나 쇼크, 등이 합쳐지면 정신적으로나 육체적으로 질병들이 발병하지 않을 수 없다.

패스트푸드와 인스턴트식품 같은 것을 [정크 푸드]라 표현한다. 말 그대로 [쓰레기 음식] {영혼이 없는 음식}이다. 이러한 음식을 즐겨 먹은 사람들이 어떻게 건강한 육체와 건강한 멘탈을 가질 수 있겠는가!! 여기에 게임이나 오락을 즐기며 긴장 모드로 변해 있는 인체의 세포들과 혈액이 폭발을 준비하고 있는 것이다.

거리를 걸으면 건강하구나! 이렇게 느껴지는 사람들 보다, 건강치 않다고 느껴지는 사람들이 더 많다. 또 친구는 말한다. “세상이 너무 험악해져 사람들을 만나는 것이 겁시 난다는 것이다.” 나도 때로는 그러한 기분을 느낀다.

건강치 않은 음식을 먹은 사람들은 혈액과 혈관 벽과 세포에 나쁜 성분들이 쌓인다. 그러한 시간이 더하면 몸과 멘탈은 견디지 못하고 결국 정신적으로나 육체적으로 문제를 일으킬 수 밖에 없다. 그리하여 의학의 힘으로 치료코자 하지만, 여기에는 더 위험한 화학적인 성분들이 기다리고 있다. 원래 몸속에 있던 독소들과 화학적인 약들이 합쳐지면, 환자로 전락할 수 밖에 없다.

나쁜 일을 저지른 모든 이들은 어떤 음식을 즐겨 먹었는지 데이터베이스화해야 한다고 본다. 어떤 음식을 먹었고 어떤 게임이나 오락을 했는지 조사를 해야 한다.

나쁜 음식을 즐겨 먹고 질병이 발병하지 않으면 그것이 더욱 이상한 것이다.

또, 저녁엔 절대 육식을 하지 말 것을 권한다.

세상의 많은 이들이 저녁에 육식으로 포식하는 이들이 많은 듯하다.

나는, 암을 비롯하여, 만병의 원인은 저녁에 육식한 것이 커다란 요인 중에 하나라고 주장한다.

다음은 게임이나 오락에 너무 집중하고 있는 듯하다.

버스나 지하철, 대중교통을 이용해 보면 모두가 핸드폰을 켜 놓고 게임이나 오락을 즐기는 이들이 많다. 물론, 좋은 정보나 공부하는 이들도 많을 것이다.

그러나 틈새를 이용해 게임이나 오락을 즐기고 있다. 여기에는 반드시 긴장이 따른다. 몸속에는 나쁜 음식들로 가득하고 정신적으로는 스트레스와 긴장 모드로 집중되면 육체와 멘탈은 견디지 못하고 질병으로, 사고로, 발현될 수밖에 없지 않은가?

DnA 조차 변형이 일어나리라 본다.

이런 상황에서 의학의 힘을 빌리면, 화학적인 약들이 2차로 테러를 가하게 되는 것이다. 정크 푸드를 즐겨 먹고 게임이나 오락을 즐기며 운동이 없는 위험한 사람들이 많아지면 가정이 무너지고, 사회가 무너지고, 세상이 위험해지는 것이다.

시한폭탄이 만들어지고 있는 격이다.

자살지향적인 마인드, 폭력, 욱~하는 성질, 모든 정신 질환, 패륜, 살인, 사기, 도둑…. 건강치 않은 사람들과 사회적으로 물의를 일으키는 사람들은 평소에 어떤 음식을 즐겨 먹었는지? 또 어떤 게임이나 도박, 오락을 즐기고 있었는지? 하루빨리 조사하고 연구하여 음식과 놀이 문화를 바꾸어야 할 것이다.

히키코모리…. 집에만 있고 부모님과 가족과 대화를 끊고 방에만 박혀 있으며 혼자만 모든 것을 행하는 젊은이들도 많다고 한다. 히키코모리의 출발선도 잘못된 식생활 때문이라고 바르게 아는 사람들이 없다.

건강한 사람, 건강한 가정, 건강한 사회, 건강한 나라, 건강한 세상을 만들기 위해선 음식을 올바르게 섭취해야 함을 다시 한번 외친다.

대한민국이 망해가고 있다.

무엇 때문에…. 잘못된 식생활과 게임과 오락에 너무 집중하기 때문에…

패스트푸드와 인스턴트식품 같은 정크 푸드를 멀리하고 올바른 식생활과 산행을 자주 하면 약 4주가 지나가기 시작하면 몸과 멘탈이 모두 건강하게 변하기 시작한다. 어떤 이들은 놀랍다고 표현하기도 한다.

우리 민족은 뛰어난 점들이 많다.

국민이 모두 건강해진다면 세계를 선도하고도 남을 텐데…. 잘못된 식생활, 그 하나 때문에 무너지고 있다니 안타깝기 그지없도다.

**의학이 어떻게 나에게 왔을까?

의학이랄까? 의술이 내게 온 것은 어쩌면 운명이 아니었을까? 그렇게 추측해 본다. 단순히 먹고 살기 위한 수단이었기보단 수학적,

과학적으로 증명할 수 없는 부분이 없지 않다.

나는 어릴 적부터 매우 아팠다.

고등학교 2학년 때까지 육류를 먹으면 토하거나 두드러기가 나거나 이상 반응 나타났고, 생선은 비린내 때문에 먹지를 못했다. 그래서 고등학교 2학년 때, 갑자기 길에서 2번 정도 실신하곤 해서 깨어보니 병원이었다.

오늘은 여기, 내일은 저기, 일 년에 절반 정도 감기와 기침을 달고 살았고, 다리가 아프다가, 자주 체하고, 머리가 아프고, 다시 배가 아프고, 기침을 많이 하여 목에서 피가 올라올 정도이었다. 결국 시골에서 도회지 중학교에 진학 후 건강 검진에서 폐결핵이란 확진을 받고 치료를 1년 넘게 받았다.(1년 이상 매일 토종꿀을 복용한 것이 폐결핵의 결정적 치료 효과였다고 봄)

젊음이 넘쳐야 할 30대 초반에는 간 기능 검사에서 GOT, GPT가 320이 넘나들곤 했다.

나는 머리가 좋지 않고 뭘 잘하는 것이 없었다. 공부나 미술이나 운동이나 음악이나, 뛰어노는 것조차 잘하지 못했다. 자(尺)를 대고 줄을 그으면 줄이 항상 비뚤게 나타났다.

남들은 몇 번만 보고 배우고 익히곤 했는데, 나는 남들보다 몇 배 더 해도 배우고 익히지 못했다. 그러다 곧 아프고, 괜히 가슴 조이는 일이 많았다. 뭔가를 하면 늘 실수투성이였고, 깨어지고, 부서지고…. 좀 모자라는 2%가 부족한 그런 아이이었다.

하지만 나는 책 읽는 것은 좋아한 것 같다. 이것이 유일한 나의 장점이었다.

군대와 학교 졸업 후 직장 생활도 여러 회사를 전전하였으며 결국 간 기능이 나빠 30대 초반에 직장을 퇴사하지 않을 수 없었다. 나는 40세까지 많이 아팠다. 내가 38세가 되었을 때, 의학과 의술이 스스로 나에게 찾아온 듯하다.

남들은 의과대나 한의대를 진학하여 의학도가 되었지만, 나는 공부를 잘하지 못했기에 그런 좋은 대학을 구경조차 하지 못했다.

만약 내가 명문대 의과대학을 졸업하고 전문의(專問醫)가 되었다면 수술을 잘하고, 양약을 잘 처방하여 매스컴에도 나오고, 명예와 부를 축적해 유명 의사가 되었을지도 모를 일이다. 또한 내가 금수저로 태어났거나 다른 운명이었다면 이 길에 머물지 않았을 것을…. 운명~

간 기능 회복에서 나는 세상 어떤 의학이나 의술에도 뒤지고 싶지 않다.

당뇨병에서 세상에서 가장 올바른 이론을 터득해 있다고 자부하며 또, 그 치료법은 더욱 신뢰할 수 있을 것이라 생각한다. 고혈압을 약물 없이 정상으로 회복시킬 수 있는 것은 현대 의학의 한계를 넘어 있다고 본다.

갑상선, 각종 암, 무릎이 아플 때, 구안와사가 왔을 때, 뇌졸중, 신장질환, 심장병….

내게서 좋아져 갔던 분들이 입이 아프도록 이야기해도 주위에서 믿지를 않는다는 것이다.

어떤 병원이냐? 한의원이냐? 묻고 또, 라이선스가 있느냐? 결론은 이상한 대체 의술을 한다며 외면하고 오지 않는다. 그러다 유명 병원에서 한계에 부딪혀 목숨이 경각에 이르러 찾아오는 이들도 더러 있다. 온 세상을 돌다가, 죽음에 임박하여 찾아와서는 후회하는 이들도 더러 있다.

분명한 것은, 의학과 의술도 많은 경험과 공부와 비바람 폭풍우를 겪고도 기나긴 세월이 흐른 후에 좋은 경험과 의술과 비방과 깨우침을 얻을 수 있다 본다.

우리 몸은 음식과 호흡, 이 두 가지로 만들어지고 유지해 갈 뿐이다.

의술과 약, 의사들이 존재하는 이유는 몸속에 독소와 노폐물들을 제거하고 혈액과 체액(림프액)을 맑게 하고자 하는 것에 있을 뿐이다.

나는 장사를 잘하기 위하여 공부했고, 손님들이 매번 질문하니 어쩔 수 없이 쫓기어 공부했고, 생사를 넘나드시던 분들의 도움이 있었고, 초야에 묻혀 계시는 명의들과 이미 돌아가신 분들의 비방이 내게 전해져 많은 도움이 되었으며, 시장에서 생선 파는 할머니께서도 엄청난 도움을 얻었고, 산천초목과 날아다니는 새들에게서조차 도움을 얻었다.

전국 곳곳에 천하의 명의들이 계셨음을 새삼 알게 되었고, 또 소문만 있고 비법들이 전수되지 못하고 영원히 사라진 비방이 있었음을 들으면 너무도 안타까웠다.

강연이 끝나거나, 사람들이 찾아와서 이야기를 듣고는 가끔 묻는다. 선생님 어떻게 이렇게 공부하시게 되었냐고…?

암 환자들은 내가 암(癌)에만 대처를 잘하는 줄 생각한다. 심장병 환자들은 내가 심장 질환에만 잘 대처하는 줄로 안다. 당뇨병 환자들은 내가 당뇨병만 잘 대처하는 줄 알며, 신장이나, 뇌졸중(중풍) 환자들은 내가 신장이나 중풍에만 잘 대처하는 줄 안다.

그런데 그 많은 질병을 어찌 혼자 잘 대처할까?

그것은 혈액이 탁하고 림프액이 나빠지고 핏찌거기와 콜레스테롤이 많고, 몸속에 독소와 노폐물들이 많아 그러함을 모르며, 그들을 제거하면 몸속의 면역력들이 살아나고 세포들이 회복하여 질병을 스스로 물리친 것인데, 모르고 하는 소리다. 그리고 환자의 마음을 헤아려 마음속의 병을 잘 다룰 수 있어야 한다.

다시 말해, 몸속의 독소와 노폐물, 기생충들을 잘 섬멸하고 혈액과 림프액을 맑게 하면 만병을 다스릴 수 있다는 얘기다. 암 덩어리를 놓아두고 90세 이상까지 건강하게 살 수 있도록 할 수 있어야 한다.

명의는 운명적인 그 무엇이 있어야 하지 않을까 생각해 본다. 비바람, 폭풍우, 거친 가시밭길을 경험하지 않으면 명의로 만들어지지 않는다고 생각한다.

의학의 근본은 굶고, 토하고, 설사하고, 땀을 나게 하는 것에 있다. 이것을 [사병법]이라 한다. 그 외에 전부 대체의학인데, 그 뜻을 바르게 알고 있는 이들이 거의 없는 듯하다.

그리고, 현대 의학이나 한의학이 질병 치료의 완성도가 높아 질병들을 정복했다면, 나의 직업도 분명히 바뀌어 있었을 것이다. 곳곳에서 침을 놓고 뜸을 뜨고 갖가지 민방 의술을 가진 사람들…. 젊은 세대들이 인정하지 않는 대체의학자들도 자연히 도태되고 없어졌을 것이다. 다른 분들은 몰라도 나를 여기까지 올 수 있게 한 것은 나를 신뢰하고 찾아주시는 분들이 있었기 때문이다. 그분들 중에는 자식들이 유명 병원 닥터나, 한의사를 둔 분들도 없지 않다.

그분들은 말한다. "검진은 자식이 근무하는 병원에서, 치료는 박선생이..."

의학과 의술도 사람들에게 진정으로 도움이 되어야 바른 의술이요 의학이다.

나는 히포크라테스나 편작, 허준, 현대 의학과 한의학을 넘어있다는 자부심이 가끔 연기처럼 피어날 때도 없지 않다. 그래도 경험과 공부가 부족하고 배가 늘 고프다.

시간이 더하면 좀 나아지려나…?

나도 나 자신에게 가끔 묻는다.

의학이 어떻게 나에게 왔을까…?

**당신도 이런 증상이 있나요?

저혈당증과 식이 영양소 부족

저혈당증이 정신과 신체에 어떤 영향을 미치는지를 자세히 관찰한 보고서가 나와 세상을 놀라게 했다. 이 보고서를 낸 사람은 미국 오하이오주 지방법원 수석 보호 감찰관인 리이드 여사이다. 그가 미국 상원 영양문제조사위원회에 제출한 보고서의 한 부분을 요약하면 다음과 같다.

「먼저 자신의 저혈당 경험을 말했다. 그가 보호감찰관이 되었을 때 자신의 정신 상태는 형편없이 불안정했고 공연한 우울함과 피로 증세로 시달렸다. 또 때때로 심적 공허를 느꼈으며 어떤 때는 업무 수행을 위해 활동했는데 어떤 동선으로 움직였는지 스스로 기억할 수 없었다. 또 판사를 만나 대화하면서 자기가 지금 무슨 말을 하고 있는지 그 의미가 무엇인지 자기 자신도 모르는 상태가 지속되었는데 후에 보니 그것이 저혈당 증세였다는 것이다. 그때 생활개선을 통해 저혈당을 치료하고 자기와 상태가 비슷한 많은 죄수를 집중적으로 연구했다는 것이다.

리이드 여사는 자기가 보로감찰 하던 106명의 죄수를 관찰한 결과 그들 대부분이 설탕을 주로 사용한 정크푸드를 섭취한 저혈당 상태였으며 비타민과 미네랄이 부족하다는 것을 밝혀냈다. 그리고 리이드 여사는 죄수들과의 면담을 통해 그들 대부분이 저혈당 상태에서 범죄를 저질렀다는 사실도 알게 되었다. 그래서 저혈당 증세가 있는 사람들이 느끼는 정신적 신체적 공통점을 20개 항목으로 정리하였다.」

내가 스스로 젊은 날의 느낌과 사람들을 살핀 것을 리이드 여사의 것과 믹싱하였음.

저혈당증 증세

1) 화를 잘 낸다.
2) 집중력이 급격히 떨어진다.
3) 인내력이 없어진다.
4) 기분이 수시로 변한다.
5) 건망증이 자주 있다.
6) 마음이 공허해질 때가 많다.
7) 욱~하는 성질과 감정 조절이 잘 안된다.
8) 긴장이 자주 된다.
9) 머리가 혼란할 때가 자주 있다.
10) 자살 충동이 가끔 있다.
11) 건망증이 심해졌다.
12) 성질이 조급하고 다혈질이다.
13) 배고프면 성질이 난다.
14) 눈 떨림, 눈의 피로, 두 층으로 보이기도 하며 만사가 귀찮다.

15) 불안하고 속이 울렁거릴 때가 있다.

16) 반찬 투정이 잦고, 성격이 급변하는 경우가 많다.

17) 나쁜 생각에 자주 빠진다.

18) 입 안이 자주 헐거나 잇몸 출혈이 잦거나 손톱이 잘 부러지고 면역력이 바닥이다.

19) 긴장과 불안이 자주 발생한다.

20) 갑자기 일어나면 현기증이 자주 있다.

21) 매사 끝마무리가 흐지부지하다.

22) 자주 놀란다.

위와 같은 현상이 복합적으로 나타나면 식이 영양소 부족과 저혈당증을 의심해 볼 필요가 있다.

대부분 범법자에게는 식이 영양소가 부족하고 저혈당증 증세가 있으며, 폭력적인 모든 이들에게도 이러한 증상이 있음을 상기할 필요가 있고, 분노조절 호르몬의 부족과 깊은 연관성이 있음을 거듭 강조하고 싶다.

교도소에서 콩밥이 나오는 이유는 리이드 여사의 연구와 실험으로 그렇게 되었다고 본다. 대두(콩)와 곡물을 온전한 상태에서 요리하여 공급하니 모두가 지난 날을 반성하고 스스로 잘못을 인정하며 교화가 되었다고 한다.

이러한 저혈당증이 발병하는 원인으로는 첫째가 패스트푸드와 인스턴트식품이며, 밀가루 음식, 튀긴 음식, 청량음료 과다섭취, 약물 중독, 육류의 과다섭취, 알코올 의존형 등이다.

특히나, 어린이와 젊은이가 이러한 증세를 보이면 점점 위험한 사람으로 성장할 가능성이 있다는 것이다. 심지어 이혼하는 사람들도 식이 영양소 부족과 저혈당증이 중요 원인이 된다고 본다.

건강한 음식을 먹어야 건강한 육체와 멘탈을 가질 수 있다. 저급한 음식을 먹으면 저급한 육체와 멘탈을 가질 수밖에 없다.

자신이 저혈당증이요, 식이 영양소가 부족하다고 의심되면 스스로 치료해야 하고, 그 치료는 간단하다. 절대 약물에 의존해서는 안 된다.

몸속을 청소한 후, 올바른 식생활과 산행을 자주 하면 저절로 치유가 가능할 것이다.

올바른 식생활과 산행을 자주 하고 있노라면, 약 4주쯤 되면, 건강한 육체와 멘탈과 자신감과 좋은 것들이 속속 나타나기 시작할 것이다.

**세계인들의 힐링센터

우리나라의 강점이던 산업들도 지금은 고전을 면치 못하고 있다.

그리고 세계 경제가 좋지 않다. 정보화 사회가 되었고, 모든 면에서 경쟁이 치열하며 여러 면에서 경쟁력이 떨어지고 있는 것들이 많다.

수출로 먹고사는 우리의 현실에서 위기가 찾아들고 있다. 현재 거의 모든 제품이 중국에서 생산된 것들이다. 그러면서 사건과 사고가 빈번히 일어나고 위기의 대한민국이 되어가고 있다.

이러한 시기에 우리나라 국민의 특성을 잘 살려서 독보적이고 세계적인 그 무언가를 가져야 할 것이다. 우리에게는 좋은 두뇌와 다른 민족보다 나은 손기술이 있다. 그것을 의학과 접목해 세계적인 힐링 센터를 건립하여 세계인들이 우리나라에 머물며 몸과 정신을 케어함은 물론 더욱 건강해진 인체를 갖게 해준다면 세계인들이 앞을 다투어 찾아들 것으로 생각된다. 즉, 세계적인 힐링센터를 건립해 놓으면 좋은 수입원이 될 수 있다는 얘기다.

우리나라는 지금 현대 의학과 한의학이 밥그릇 싸움에 혈안이 되어 있다. 의료 통합이란 말은 표면적이고 실상은 전혀 그렇지 않다. 국민의 건강과 안녕은 강 건너 이야기다. 너무도 강성으로 대립하고 있다. 삭발하고 단식하고…. 누구를 위하여. 밥그릇을 위하여….

한의학에 수술이나 첨단 장비들을 사용하도록 허락했다면, 한국 한의학이 세계의 의학 수준을 끌어올려 질병 치료에 커다란 공헌을 했었을 수도 있다.

힐링센터는 미국이나 다른 나라에서도 성행하고 있고 또, 개인적인 힐링센터가 국내에도 여러 곳에 산재해 있다. 그러나 정부 차원에서 하나의 도시 규모로 클러스터화해서 청정지역(비무장지대)을 개발하여 현대 의학, 한의학, 대체의학, 자연 의학…. 모든 의학적, 의술적인 부분을 가리지 않고 수용하여 세계인들이 방문하여 원하는 코스의 의료 서비스를 제공함으로써 소비자인 방문객들이 만족할 수 있도록 행한다면 커다란 수입원이 될 것이며, 많은 인프라가 구축될 것이다. 여기에 종사할 인원도 엄청 많을 것이기에 더없이 좋은 프로젝트라 생각한다.

황토방, 호텔식 룸, 안마, 접골, 카이로프랙틱, 성형수술, 사혈, 소비자가 원하고 또 공식화된 프로그램화로 만들어 놓으면 된다.

우리나라의 여러 조건이 외국보다 좋지 않을까 생각하면 안타깝다. 국가적인 시스템과 플랜으로 운영되고 세계인을 대상으로 글로벌하게 계획을 세워 시행한다면, 환경이 아직은 좋아 세계인들을 흡수할 수 있고 세계인들의 의료 허브 국가로 성장할 수 있다 본다.

대한민국을 세계인들의 힐링 센터로….

**간이 나빠지면

간은 흔히들 침묵의 장기라고 표현한다.

간 내부에는 혈관이나 신경 조직이 거의 없기 때문이리라. 그래서 심각한 상황이 진행되었을 때 증상이 나타나는 경우가 종종 있다. GOT, GPT, CT 등 각종 검사를 무력케 하는 경우가 많다는 것이다.

간이 나빠지기 전에 간을 보호하고 예방할 방법들이 있는데 사람들이 모르고 있는 듯하다. 그것은 간을 주기적으로 청소해주면 된다.

간이 나빠지는 원인은 간염 보균, 지나친 음주, 스트레스, 양약의 장기 복용, 잘못된 식생활과 운동 부족 등을 꼽을 수 있다.

간의 기능이 떨어지면 회복시키는 약들도 아직 개발되지 않았다는 것이 안타까운 현실이다. 그런데도 간 질환에 쓰이는 약들이 많다.

우르소데옥시콜린산제제, 바라쿠르드, 비리어드, 헵세라, 고덱스, 제픽스, 인터페론, 아데포비어... 이러한 약들은 치료제가 아니며 간 수치는 떨어뜨리나 장기간 복용하면 간 기능이 오히려 더 나빠진다. 양약으로 간 질환을 치료한 사례는 거의 전무하다. 처음에 한 가지 약을 복용하다 내성이 생기면 두 가지 약을 혼합하여 복용하고 복수나 간성혼수가 발생하고 색전술을 하고, 때론 간 이식 수술하고, 간암으로 진행하는 예도 없지 않으며 그러다 죽음으로 쫓겨가는 것이 간 질환 환자들의 병력 과정이다.

다시 말해, 약들이 부메랑이 되어 환자들의 건강을 황폐하게 만든다. 간에 쓰이는 약들이 가장 취약한 점은 신장에 테러를 가한다는 점이다. 그래서 신장에 악영향에 따라 화학성분의 증감이 정해진다는 사실을 모르는 이들이 대부분이다. 간경화나 간암으로 돌아가신 많은 분이 간장약을 많이도 복용하였다. 환자와 의사들의 열성이 오히려 해가 되었을 줄이야!

한국에서 간 수술 경험 수치가 세계적이라는 의사들도 있지만, 근본 치료와는 거리가 멀고 간 질환 환자들의 근원 치료 사례는 거의 없다. 그러나 자연에서 스스로 간 질환을 고친 이들이 더러 있다. 자연이 참으로 위대함을 새삼 느낄 수 있다.

나는 [막스 거슨]이란 분을 한 번도 만난 적이 없다.

그러나 나는 오랜 전 그분의 이론을 토대로 많은 배움을 얻었다. 나의 멘토요, 나의 스승 중에 한 분이라 칭하고 싶다. 그 분은 간(?)을 매우 중요시 했다.

나도 전에 간이 아주 좋지 않았는데 지금 나는, 손등을 보면 간이 나쁜 것을 대부분 찾아낼 수 있다. 때로는 목소리만으로 간이 나쁜 사람을 구별할 때도 없지 않으며, 냄새만으로도 구별할 때도 없지 않다. 이것은 경험의 산물이라 본다. 그리고 나름의 제품도 만들었고, 의료 선진국이나 현대 의학보다 여러 면에서 안정적이고 효과적이라 본다. 그렇다고 죽음에 임박한 간암이나 간경화 환자를 고칠 수 있다는 것은 아니다. 현재, 세계 의학 수준보다는 비교 우위에 있다고 본다. 또, 간염 환자들을 간경화나 간암으로 발전되지 않게 예방하는 것에도 어떤 의학보다 앞서 있다 본다.

장, 간을 여러 차례 청소시키고, 어떤 음식을 먹어야 하고, 어떤 음식을 피할 것인가가 절대적으로 중요한 변수가 된다. 그리고 많이 걸을 것을 주문한다.

어떤 신문 기사에 [노인이 간암이 발견되어 한 달밖에 못 산다는 결과를 얻고 집으로 왔지만, 맨발로 걷다가 죽겠다는 마음으로 계속 걸었더니 한 달이 지나도 죽지 않아서, 계속 맨발로 걸었더니 얼마의 시간이 지나 병원에서 검진 받았더니, 간암이 싹 나았다는 결과를 받았다고 한다.]

몇 년 전에는 내 집에서 간경화 환자들 모임도 했었다. 그분들은 병원이나 한의학에서 치료 불가 판정으로 쫓겨난 사람들이다.

간이 나쁜 사람을 잘 찾아내는 것이 중요한 것이 아니라, 잘 치유될 수 있도록 바르게 도와주는 것이 중요하다. 또한 간이 나쁜 상태를 미리 예방할 수 있는 메뉴얼도 제시해 주어야 할 것이다.

간의 기능이 떨어지면 이런 현상이 나타난다.

첫째, 피로가 많이 쌓인다.

세상의 모든 의료진이나 의사나 일반인들도 간이 나빠지면 피로 현상을 꼽는다. 그러나 왜 그러한지 물으면 대답하는 의사도 아직 없다. 대답해도 올바르지 않은 이론을 펼칠 뿐이다. 그러나 나는 우연히 간이 나빠지면 왜 피로한지 알게 되었다.

간 내부에는 혈관들이 없고, 통로로 되어 있다. 이 통로의 이름을 [시누소이드골]이라고 부른다. 이 골짜기에 노폐물들이나 독소들이 쌓이면 피로 현상이 나타나기 시작한다. 그러면 초음파나 첨단의 기계로 들여다볼 수 있지 않나 묻지만, 간 내에 쌓인 노폐물들은 콜레스테롤이 대부분이기에 카메라에 잘 나타나지 않는 것이다.

'시누소이드 골'에 노폐물들이 쌓이면 영양 공급이 어렵고, 몸속의 나쁜 물질들을 정화하지 못하니 몸이 쉽게 피로하고, 피로가 누적되는 것이다. 또한 화학적인 약품이나 기름진 음식이나, 정크 푸드를 많이 섭취하고 운동하지 않으면 간도 반드시 나빠지게 된다.

둘째, 눈의 시력이 떨어지고 갑갑하다.

"눈은 간의 창이다." 이런 말이 있다. 이 말이 참으로 옳은 표현인 듯하다.

안구건조증, 백내장, 녹내장, 황반변성 등 눈 질병의 원인 중 대부분은 간이 나쁘고 혈액이 탁한 원인임을 모두가 깨우쳐야 할 것이다. 그리고 자연적인 눈의 노화 현상도 간에 노폐물들이 많아 그러함을 깨우쳐야 한다.

눈병이 발병한 것은 간 내에 노폐물들이 많이 끼였고, 혈액이 탁해 졌음을 깨우쳐 보세!

셋째, 소화 불량이나 속이 갑갑한 느낌이 자주 든다.

소화 불량이 잦고, 자주 체하고, 하는 것은 간이 나빠 그러함을 모르는 이들이 많다.

소화는 간이 한다는 편을 참조해 보시길...

넷째, 호르몬의 급격한 감퇴

호르몬을 만드는 기관은 인체에 여러 곳에서 이루어진다. 그러나 그 호르몬을 만들 수 있는 재료는 간에서 영양분을 공급받아야 한다. 간의 기능이 떨어지면, 음식물을 대사시켜 인체 내부 전체에 골고루 영양분을 공급하지 못한다. 그러므로 호르몬의 생성이 급격히 떨어진다.

다섯째, 성질이 예민해지고 짜증을 잘 낸다.

성질이 예민하고 짜증을 잘 내는 것은 음식을 잘못 섭취하여 몸이 좋지 않은 것이며, 더 깊이 들어가면, 간의 기능이 떨어진 탓이다. 그 이유는 간 내에 노폐물들이 많으면 독소 물질들을 정화하지 못하고 간 내에 정체해 있기 때문이다. 독소 물질들이 많아지면 스스로 짜증이 나고 성질이 예민해질 수밖에 없으며 [분노조절호르몬]이 부족해진다.

여섯째, 밀가루 음식과 단 음식을 좋아하게 된다.

간이 나빠지면 딱딱한 음식을 멀리하게 된다. 육류를 먹는 것도 조금밖에 먹지 못하며 결국 피하게 된다. 그것은 간에서 위장 벽으로 영양을 공급해야 하는데 그것이 어려워지기 때문에, 쉽게 소화할 수 있는 밀가루 음식들이나 죽 등을 즐기게 코드가 바뀌며, 단 음식을 좋아하는 이유는 당뇨병과 관계없이 포도당을 합성하고 흡수 처리가 쉽지 않기 때문에 간의 기능이 떨어지면 부드러운 음식, 물기가 많은 음식, 단 음식을 즐기게 코드가 바뀐다.

일곱 번째, 다리에 가끔 쥐가 나고, 어깨와 등이 자주 결린다.

간의 기능이 떨어지고 신장의 기능이 떨어지면 다리에 자주 쥐가 난다. 그것은 혈액의 공급과 영양분의 공급이 원활치 않아서 그러하다고 본다. 사람들이 다리에 쥐가 자주 난다고 말하는 사람들

90% 이상이 간의 기능이 약하고 신장의 기능이 약함을 경험하였기 때문이다.

여덟 번째, 술이 잘 깨지 않고 취기가 오래 간다.

의학계는 말한다. 간은 인체의 최대 정화조라고…. 온갖 영양분들을 제공함은 물론 인체의 나쁜 물질들을 걸러 담즙을 통하여 배출시키는 것을 두고 한 말일 것이다. 술을 많이 먹어도 아침에 쉽게 일어나고 정신이 맑으면 건강한 것이고, 전보다 아침에 일어나기 힘들고 술기운이 오래 가는 것은 간의 기능이 떨어졌다는 것을 의미하는 것이다. 이때 우루소데옥시콜린이란 성분을 복용할 것이 아니라, 장과 간을 먼저 청소하고 녹즙을 잘 마시면 큰 효과가 있다.

아홉 번째, 혀의 뒤쪽을 보면 어혈이 많고, 깨끗하지 않고, 실핏줄이 있다.

열 번째, 기억력이 떨어지고 건망증이 자주 발생한다.

뇌의 기능은 간에서 올바른 영양분이 공급되어야만, 컨트롤타워가 정상적으로 행하여진다. 그러나 간의 기능이 떨어지면 영양의 공급이 줄어들고 이상한 물질들이 공급될 것이다. 이러하면 곧바로 기억력이나 총명함이 사라지며 건망증이 심해진다.

그래서 간이 나빠지면 방향 감각이 둔해지고, 눈의 시력이 저하되고, 몸의 밸런스가 깨어지는 것이다.

그 외에도 많은 증상이 있다.

간이 나빠지면 먼저 몸속을 청소해주어야 한다.

둘째, 필요하면 사혈도 권한다.

셋째, 올바른 식생활을 해야 한다.

넷째, 잠을 잘 자야 한다.

다섯째, 맨발로 많이 걸어보시길….

불치이병 치미병(不治已病 治未病) : 이미 병들고 나서 치료하지 말고, 병들기 전에 다스려라.

**건강한 정자, 난자, 건강한 호르몬

남성의 정자 수가 1억 2천 개 정도가 되어야 건강한 남성이라고 한다. 20대의 정자 수가 그 정도 되어야 하는데, 1억 2천 개의 정자 수를 가진 젊은이를 찾아보기 힘들다고 한다.

일제 말기에 1945년도 젊은 한국인의 정자 수가 평균 1억 2천이 되었다고 한다. 먹을 것이 모자라, 영양이 불충분한 그 어려운 시기이었는데 불구하고...

그러다 1980년도에는 평균 8,000개로 숫자가 확 줄었다고 한다. 그 후 2,000년에는 5,000개 미만으로 떨어졌다고 한다.

[또, 덴마크 스카케벡 박사가 1992년 전 세계 21개 국가에서 1만

5,000명의 남성을 대상으로 한 연구 결과에 따르면 1940년에는 정자 수가 1cc당 평균 1억 3,000만 마리였으나, 1990년에는 6,600만 마리로 45% 감소했다. 약 50년 사이 정자 수가 절반 가까이(45%) 감소했다는 이야기다.

우리나라에서도 2004년 건강한 남성 194명(평균 22.1세)의 동의를 얻어 검사한 결과 정자 수에서 정상 기준에 못 미치는 경우가 4명, 정자 운동성에서 정상 기준에 못 미치는 경우가 85명이었다고 한다.]

인터넷 검색에서

남성의 정자 수가 5,000개 미만으로 떨어지면 자연임신이 어렵다고 한다. 그래서 인공수정이며 시험관에서 불임을 해결하고자 하는 것이다. 그나마 적은 양의 정자에서 가장 건강한 정자를 골라 자궁에 넣어 착상시켜도 난자가 건강하지 않거나 자궁이 너무 차가우면 이것마저 어려워지고 여러 번 시도해야 한다.

옛날 어른들은 농담하신다. "우리는 손만 잡고 잤는데 임신이 되더라고…!"

정자 수가 줄어들고 운동성이 부족하고, 건강치 않은 난자와 자궁도 임신을 어렵게 만든다. 왜 이러한 건강치 못한 호르몬들로 변하나?

이유는 간단하다. 환경의 오염을 첫째 원인으로 봐야 한다.

둘째는 잘못된 식생활에 있다. 셋째는 움직임의 부족에 있다.

이러한 이유가 합쳐져 호르몬의 교란이 일어난다고 한다.

호르몬의 교란…? 혼족들이 많다고 한다.

돈이 없어서 결혼하지 않았나? 직업이 없어서 결혼하지 않는가? 능력이 모자라서 결혼하지 않는가? 능력이 넘치어 자기 생각에 맞는 사람이 없어 결혼하지 않는 여성들도 있다고 한다.

혼자 사는 것은 궁극적으로 호르몬의 교란이 일어났기 때문이 아닐까 생각해 본다. 기회가 된다면 [도둑 맞은 미래]란, 책을 한 번쯤 읽어 보시길….

건강한 정자 건강한 난자를 갖기 위해선 첫째, 정크 푸드를 먹어선 안 된다.

똑똑한 아이를 낳으려면 나쁜 음식을 먹지 말아야 한다. 남성과 여성 모두 인스턴트식품, 패스트푸드 같은 정크 푸드를 먹고 있으면 임신도 어렵고 아이가 태어나도 아토피와 같은 질병이 유발될 수도 있다.

건강한 정자 건강한 난자를 갖기 위해선 움직임이 많아야 한다. 늘 앉아서 일하고 앉아서 컴퓨터를 해야 하고 앉아서 모든 것을 행하면 건강한 정자와 난자를 가질 수 없다. 서서 컴퓨터를 하고, 서서 일하고, 그리고 산행을 자주 해야 한다.

또 더 적극적인 방법은 장, 간을 청소할 것을 권한다.

이렇게 하면 자연 임신이 되지 않는 것, 그것이 더욱 이상한 일이라 본다.

나는 2022년에 60세가 된다. 우리 딸은 지금 15개월을 맞이하고 있다. 집사람은 베트남인으로 올해 38세다. 우리는 2018년 국제결혼 했다.

나는 아이가 너무 갖고 싶었다. 그 전에 결혼생활은 실패했고 아이도 없었다.

2019년 초에 집사람에게 문제가 있나 싶어 두 번, 두 곳의 여성병원에 갔는데 자궁이나 건강에 전혀 문제가 없다는 것이다. 집사람이 나에게 문제가 있다고 하길래, 설마 내가…? 나는 평소에 정크 푸드를 되도록 먹지 않는다. 몰래 병원을 가 봤다. 결과는 정자수가 4,000개 미만이고, 운동성이 없고, 또 당뇨병 초기 증상이 보인다며, 자연 임신은 불가능 판정이 나왔다.

2019년 7월 중순경쯤 나는 혼자 시골집으로 돌아왔다. 아침에 가끔 운동하고 음식을 정갈하게 먹고 시골 일이며 식품 제조일이며 바빴다. 2020년 4월쯤에 서울에 있는 병원에 가서 집사람과 함께 불임 시술받기로 했다. 그런데 2019년 11월에 자연 임신이 되었다.

그리고 또 둘째가 2022년 5월에 태어난다.

예기치 않은 둘째…. 나이 60에 두 아이를 갖게 된다.

첫째가 딸이라, 둘째는 아들을 만들려고 계획하고 때를 맞추어 시도해야지 했는데, 임신이 덜컹 돼 버렸다. 딸일 가능성이 크다고 의사가 이야기한다. 안타까움이 넘친다. 남자아이로 만들 수 있었는데... 그것도 운명...

불임 부부는 돈 들이지 않고 자연 임신이 가능하도록 노력하면 거의 다 된다고 본다. 몸속을 청소하고 정크 푸드를 멀리하고 산행을 자주 하고 올바른 식생활을 하면 의학의 힘을 빌리지 않고 건강한 아이를 가질 수 있다 본다.

여조카 둘이 결혼하고 몇 해가 지나도 임신이 되지 않았다. 누님과 형님의 딸들이다. 나는 그들을 임신할 수 있게 해 주었다. 둘 다 남자아이만 낳았다. 조카 사위들에게 문제가 있은 것이 아니고, 순전히 우리 조카 질녀들에게 문제가 있었다. 그들은 나에게 고마운지 모르고 있는 듯…

나이 든 분들도 건강한 호르몬을 갖고자 하는 이들이 더러 있다.

얼마 전 멀리서 할아버지는 82세, 할머니는 79세쯤 되었을 노부부가 오셨다. 내가 아는 지인의 6촌 형님 되신다고 했다. 물론 지인이 모시고 오신 것이다.

내가 할 수 있는 조치와 장, 간, 신장을 청소하는 제품도 팔았다. 한 10일쯤 지나 건강이 어떠신지 안부 전화를 드렸더니, 느닷없이 부부 관계해도 되느냐고 물으신다. 나는 그냥 놀랐다…! 호르몬은 분비되지 않는다고 이야기하신다. 나는 마늘과 꿀을 사용하여 호르몬을 생성하는 방법을 알려 드렸다.

비아그라는 정액이나 호르몬을 생성할 수 있게 하는 약품이 아니다.

나는 건강한 정자, 난자, 건강한 호르몬을 생성할 수 있도록 도와주는 제품을 가지고 있다. 앞서 서술하였지만, 정크 푸드를 멀리하고 몸속을 청소한 후에 복용하면 많은 도움이 될 것이다.

건강한 호르몬, 건강한 삶에 도움이 되었으면….

**사혈! 그 놀라움에 대하여..

20년 동안 앓아오던 파킨슨병이 단 한 번의 코안 사혈로 상태가 아주 호전이 되었다. 파킨슨병을 낫게 하려는 것이 아니라, 머리가 너무 자주 아프고 눈이 아파하는 할머니(2020, 82세)를 보기가 안타까워 행하였더니만, 너무도 놀라운 일이 벌어진 것이다. 그 후 약 4개월까지 거의 재발이 없다는 것이다. 재발을 막기 위하여 저녁엔 절대 육식을 금할 것과 술이나 식초를 물에 조금만 희석하여 드실 것을 주문했었다.

만성퇴행성질병은 모두가 혈액과 림프액이 탁하고 몸속에 유독 가스가 많아서 발병한다고 본다.

특히, 암은 [산소 부족] 때문이고 이것은 적혈구가 깨어져 서로 엉겨 붙어 있는 현상과 몸속에 유독 가스가 많다는 말과 같은 맥락이다. 적혈구가 사멸되어 혈전이 되면 혈액의 순환과 이산화탄소 배출에 엄청난 애로가 발생하여 몸속의 환경이 급격히 나빠지는 것이다.

만병은 혈액이 탁하여 발병하며, 의학과 의술의 최고 정점은 몸속에 독소와 노폐물들을 제거하고 혈액을 맑게 하는 것에 있을 뿐이다.

혈액을 맑게 하려면 몸속의 죽은 혈액을 제거해 주는 것이 우선이며, 그 방법의 으뜸은 '사혈'이 될 것이다.

사혈은 젊은이들이나 비유럽권의 현대 의학에 종사하는 모든 이들이 기피하고 아주 좋지 않은 시선으로 평가한다. 그러나 사혈은 그러한 좋지 않은 평가를 뛰어넘어 놀라움을 선사한다. 현대 의학이나 그 어떤 의술도 보여주지 못하는 많은 놀라움으로 보답한다.

암을 비롯 만병에 걸리지 않을 최선의 예방법에도 사혈만한 것이 있을 수 있을까?

사혈의 목적은 사멸(死滅)된 혈액과 유독 가스들을 뽑아내어 새로운 혈액과 호르몬을 생산할 수 있는 환경을 만드는 것에 있다.

사혈을 받으면 몸속의 장기와 세포들은 혈액의 부족을 감지하고 부족한 양(量)을 채우기 위해 모든 시스템이 가동 된다. 이것은 어떠한 의학적, 의술적인 차원을 넘어 잠자고 있던 세포들마져 깨어나 새로움을 준비하게 된다.

눈이 밝아졌다. 다리가 가벼워졌다. 허리가 편안하다. 새벽에 남자 다워졌다. 어깨가 좋아졌다. 기억력이 좋아졌다. 호르몬이 잘 분비되는 것 같다. 몸이 가벼워졌다. 가슴이 시원해 졌다. 얼굴이 맑아졌다. 이러한 현상들은 현대 의학이나 다른 어떤 의술적인 방법으로는 불가능한 것이다.

어느 부위에? 어떻게? 얼마 만큼? 다음의 간극은? 사혈 후에 관리? ... 이러한 것도 중요하다.

82세의 시골 할아버지께서 사혈을 받으시고 한 이틀이 지나 부부관계를 해도 되느냐고 물으신다. 사혈의 위력에 그저 놀라울 따름인져...

혈액과 림프액이 탁하고 오염되어 암을 비롯한 각종 질병이 발병하기에 혈액과 림프액의 변질된 것들을 제거하는 직접적인 방법이요, 가장 효과적인 방법이 사혈이다. 사혈은 즉흥적으로 효과가 나타나며 안전하며 역동적이다. 너무도 놀라운 효과에 취하여 횟수나 양을 조절하지 못하고 계속하면 혈액의 부족으로 오히려 역효과가 나타난다. 사혈의 단점과 폐단은 여기에 있을 뿐이다.

사혈을 받기 전에 장, 간을 청소하고 시행하면 안전하고 더 큰 효과를 얻을 수 있다.

사혈과 몸속 청소, 올바른 식생활, 적당한 운동과 호흡... 이것이 질병 치료의 최대 최선의 방법이요, 이 이상의 예방법과 백세 건강의 비법은 존재하지 않을 것이라 본다.

비타민, 오메가, 루테인, 콜라겐 ... 등등을 1T(톤)이나 한 트럭 분량을 복용하는 것보다 한 번의 올바른 사혈이 더 효과적일 수 있음을 아는 이들이 별로 없다.

혈전용해제, 혈액순환개선제, 혈관 확장제, 아스피린,,, 이러한 제품들은 화학적이다. 이것은 반드시 인체에 해로움을 주고 역습하며 죽음을 앞 당긴다.

무엇이 혈액을 탁하게 하고 오염되게 하였나, 그것은 잘못된 식생활, 운동 부족, 스트레스 때문이다. 그것들이 합쳐져 혈액과 림프액을 파괴한 것이다.

적혈구가 노화되거나 독소와 스트레스로 깨어져 변형되며 서로 엉기어 붙는 것이 어혈(혈전) 이다.

혈전이나 혈관에 있는 독소와 노폐물들을 제거할 생각은 않고, 한의학과 현대 의학이 서로의 영역을 침범하지 말라고 하며, 한의학에서는 수술이나 첨단 장비를 쓰지 못하게 한다. 한의학에서도 수술과 첨단 장비를 사용하게 하였다면, 아마 세계를 제패하고 의학과 의술을 한 단계 업그레이드 했을 것이다.

국민과 인류의 건강과 참된 인술과 의학이 아닌, 자기 밥그릇 싸움에 머리 깎고 농성을 부리며 사생 결단한다. 우리들의 의학이 세계적이고도 남음이 있을진데 밥그릇 싸움에 국민의 건강도 의학의 수준도 떨어뜨리고 있다. 암튼, 사혈은 참으로 놀라움을 보여준다는 사실은 숨길 수가 없다.

질병을 치료하고자 할 때 먼저 사혈이 필요하며, 면역력 증진과 백세 건강을 위해서도 가장 필요한 것이 몸속 청소와 사혈이 될 것이다.

사멸(死滅)된 혈액이 혈관 내에 정체해 있어 몸이 무겁고, 피로가 누적되고,눈의 시력이 떨어지고, 다리가 무겁고, 연골이 닳고, 뒷머리가 당기고, 성질이 조급해지고, 심장병이며, 신장병이 발병하고,.. 암이며 만병(萬病)이 발병한 것인데, 수술, 방사선, 항암제, 및 각종 양약들이 범람을 한다.

혈관 속에 있는 고지혈, 코르티솔, 활성산소, 플라크, 노화된 혈소판과 백혈구의 찌꺼기들, 콜레스테롤, 젖산, 망가진 적혈구의 찌꺼기들, 이러한 나쁜 물질들은 화학적인 약품으로는 인체만 서서히 망가질 뿐이다.

암이 발병할 때, 심장이상박동, 호르몬이 급격히 줄어들 때, 구안와사가 왔을 때, 눈이 맑지 않을 때, 당뇨병이 있을 때, 고혈압이 있을 때, 허리가 자주 결릴 때, 다리가 너무 불편할 때, 뇌졸중이 있을 때, 혈압이 높을 때, 기억력이 많이 떨어질 때, 컨디션이 떨어질 때, 몸속을 청소하고 사혈해서 혈관 속에 있는 나쁜 물질들을 제거해 줘야만 새로운 혈액과 호르몬들을 생산하고 순환이 일어나고, 모든 몸속의 유기체가 새로운 환경을 만들려는 퍼포먼스가 일어난다.

컨디션이 좋지 않거나 질병이 있으면 코안에 부비갑개가 고무풍선처럼 부어있는 경우가 대부분이다. 노인이 되면 90% 이상 그런 현상이 나타난다.

또한 다리나 허리에 문제가 있어도 그러하다.

이러한 중요한 사실을 아는 의료진이나 일반인들도 없는 듯하다.

코안을 사혈해 보면 눈이 그렇게 맑아지고, 뇌 안이 그렇게 시원해지는 듯하다. 어떤 이들은 선풍기가 머릿속에 들어온 듯하다고 말하는 이들도 없지 않다. 그리고 숨쉬기가 그렇게 좋다. 뇌의 기억력이 다시 살아날 듯하다. 구안와사가 와도 반드시 코안을 사혈해야 한다. 그리고 뇌졸중을 비롯하여 다른 많은 질병이 저절로 예방되는 듯하다.

금진옥액을 하면 심장이 시원해지는 듯하다. 그리고 온몸에 있던 나쁜 물질들이 빠져나가는 듯하다. 또한, 다리까지 시원해지며, 심장이 튼튼해지는 느낌을 받는 이들이 대부분이다. 어깨 결림, 이러한 것들도 참으로 도움 된다. 다리에 사혈 받으면 머리의 압력이 확 풀려진다. 불임 치료에도 자연 임신이 되는 놀라움이 있으며, 의학과 의술을 뛰어넘는 많은 놀라움을 보여준다.

사혈은 부위를 잘 선택해야 한다. 머리, 손바닥, 귀, 손, 혀뒤, 코안, 등, 다리, 항문... 등등이 있다. 그러나 반드시 혈액이 조혈(造血)되는 환경을 만들어주고, 간극도 잘 맞추어야 한다. 사혈의 폐단이라면, 효과가 좋다고 무작정 계속하기 때문이다. 그리고 부항으로 어깨나 등, 배, 다리, 눈, 손바닥, 귀, 머리…. 등등에 사용하는데 하등의 요법이지만, 그래도 효과가 있다.

의학이 더욱 진실하고 바르게 나간다면 현대 의학과 한의학이나 그 외의 의학이나 의술에서도 소중한 치료법이요, 방편으로 사용될 것임에 나는 확신한다.

다시 말하지만, 사혈이란? 죽은 혈액과 정체된 이산화탄소와 유독 가스를 빼내고 새로운 혈액과 호르몬이 생성될 수 있도록 하는 것에 그 목적이 있다.

사혈! 그 놀라움을 경험해 보지 않고는 논할 수가 없다!

**고혈압과 저혈압

고혈압의 원인은 혈관 내에 고지혈, 고콜레스테롤, 플라크, 노화된 혈소판 찌꺼기, 혈전(어혈, 적혈구의 연전 현상) 그리고 약물 호남용(好濫用), 활성산소 등이 쌓이어 혈관이 좁아지고 혈액이 탁해져 발병한다.

세상에 고혈압 환자도 많고 약들도 많다. 그러나 고혈압의 원인을 제거하는 데 관여하는 약품은 아직 개발되지 않았다.

이뇨제, 다음은 칼슘길항제, 안지오텐신전환효소억제제, 알파베타 차단제…. 이것이 전부다.

고혈압을 일으키는 원인은, 육류의 과다섭취와 잘못된 식생활과 운동 부족, 스트레스 때문이다. 육류를 섭취하지 않는 사람들은 반대로 저혈압이 나타나는 경우가 대부분이다. 그런고로, 고혈압을 치료하기 위해선 육류의 섭취를 반드시 삶은 것으로 해야 하며 저녁엔 절대 육류를 먹어선 안 된다.

저녁에 육류를 섭취하지 않는 것은 모든 치료와 건강 지킴의 출발선이요, [신의 한 수] 라고 외친다.

이 [신의 한 수]를 잊지 않으시면, 만수무강에 많은 도움이 된다. 심지어 죽음에 까지도….

사람들은 고혈압약을 복용하고 있으면 위험에서 벗어날 수 있다고 착각하게 된다. 눈앞의 위험은 피할 수 있는지 모르지만, 더욱 위험한 영역으로 들어가고 있음을 모르는 이들이 많다. 대부분 의학도가 그것을 이야기하지 않는다.

고혈압약의 부작용으로는 변비, 두통, 심장이상박동, 발진, 하지부종, 불면증, 성기능감퇴, 신장기능저하, 어지럼증 등을 꼽을 수 있다.

모든 화학적인 약들이 그러하듯, 고혈압약으로 인하여 인체가 서서히 망가지고 있음을 나중에야 알게 된다.

양약 없이 근원적으로 고혈압을 고칠 수 있는데 무작정 화학적인 약을 처방하고 먹는 안타까운 세태가 계속 진행되고 있다.

원인을 알지 못하는 것을 본태성 고혈압 또는 1차성 고혈압이라 부르는데, 원인을 알지 못하기에 치료 약도 없다. 그런데도 현재 고혈압에 쓰이는 약들을 살펴보면 이뇨제, 칼슘길항제, 안지오텐신전환효소억제제, 알파차단제, 베타차단제 이러한 약들이 있다. 그러나 이러한 약들은 고혈압 치료제가 아니다. 임시 증상 완화 약이다. 그러므로 약을 복용치 않으면 전보다 더 높아지거나 위험해지는 것이다. 약사나 의사들도 고혈압의 근원 치료를 몰라 위험하고 너무도 해로운 약을 처방하고 있다. 이러한 양약을 계속 복용하면, 인체는 유린당하고 명(命)을 재촉당한다는 사실을 깨우쳐야 하며, 돌연사에도 깊은 관계가 있을 것으로 추측된다.

우리는 약의 약리 작용대로 표현해야 한다. 고혈압약이라 부르지 않고 이뇨제, 수분탈수제, 칼슘길항제, 안지오텐신전환효소억제제,

알파 및 베타차단제, 이렇게 불려야 옳은 표현이다.

나는 고혈압에서 화학적인 약 없이 완전히 벗어날 수 있다고 본다. 나의 경험에 의하면 그것이 또한 어렵지 않다는 것이다.

10~20년 고혈압약을 꾸준히 복용하신 분들이 많은데, 고혈압 환자들에게 먼저 장, 간, 신장 등을 청소케 하고, 튀긴 음식과 구운 육류를 피하며 정크 푸드를 삼가고 올바른 식생활과 함께 매일 아침 식전과 저녁에 양파를 썰어서 삶아 그대로 드실 것을 권하며 아울러, 혈액을 맑게 할 수 있는 제품도 복용케 한다. 또한 일주일에 2~3회 정도는 빠른 걸음으로 걸어 등에 땀이 날 정도로 운동할 것을 주문하며, 필요하면 사혈과 녹즙도 권한다.

고혈압 약은 1차 장, 간 청소를 한 뒤에는 반으로 줄여 복용할 것을 주문한다. 그리고 호전 상태에 따라 약을 줄여가며 행하면 얼마 지나지 않아 고혈압 환자 10명 중 7~8명 이상은 고혈압에서 완전히 벗어남은 물론이요, 전보다 더욱 건강해 짐을 볼 수 있다.

이제 의학도 새로워져야 하고, 환자들도 새로워져야 한다. 화학적인 약품이나 건강보조식품에서조차 빨리 벗어나야 한다.

평소에 음식을 올바르게 섭취함으로써, 고혈압에서 완전히 벗어나고 다른 질병에서도 벗어나 항상 건강한 육체와 멘탈을 유지할 수 있어야 한다.

[얼마 전에 74세 할머니가 왔었다. 오래전부터 고혈압약과 당뇨약을 복용하고 있었다.

많은 이들에게 고혈압약과 당뇨약을 서서히 줄이며 결국 끊어야 함을 강조한다. 그 할머니는 나의 말을 잘 따라 주었다.

아마 자식들에게 이야기했다면 불가능했을 것이다. 그 할머니는 병원에 가서 혈압과 당뇨 검사를 했다. 그랬더니 혈압 137, 당뇨 수치는 170 정도 나왔는데, 의사가 "정상입니다." 그렇게 답을 해서 너무 기쁘다는 것이다. 물론 당수치는 점점 내려갈 것이라 확신한다.]

[또 한 분은 70세 되신 남성분으로, 혈압약, 당뇨약, 아스피린, 심장약, 우울증약, 수면제 등을 복용하시는 분이 왔었다. 자그마한 체구이신데 배가 많이 나와 있었다.

나는 나의 요법으로 시행케 하여 그 모든 약을 끊게 했었다. 매일 전화가 온다. 그런데 놀라운 일들은 몸이 더욱 좋아지고 있다는 것이다. 나는 그분에게 일어날 위험한 요소들을 감지하며 현대 의학을 넘어 너무도 소중한 자연 의학을 그분에게 펼치고 있을 뿐이다.

그분은 전화에서 심장 수술 날짜를 뒤로 미룰 것을 심각하게 고민하고 계신다고 전하신다.]

나는 풀잎들로 고혈압약을 만들고 있다. 약점은 약 2~4개월 후부터 효과가 나타난다는 것이며 장점은 인체에 해가 없다는 것과 몸 전체에 도움이 된다는 것이다.

저혈압

혈압이 100 이하의 사람들이 더러 있다. 100 이하의 사람들을 저혈압이 있는 사람들이다.

저혈압의 사람들은 장이 나쁘거나, 심장이 나쁘거나, 폐가 나쁘거나, 간의 기능이 떨어져 있거나, 몸이 냉한 사람들이 그러하다. 그리고 나이가 많고 노년의 말경이 되면 누구나 저혈압이 된다.

혈액과 영양분이 충분하게 공급되지 않고 움직임이 느려지면 저혈압이 나타난다. 어떤 사람은 뚱뚱하여 혈액 순환이 되지 않아서 저혈압이 발병하고, 어떤 이들은 마른 체형으로 저혈압이 있다. 체온도 36.5℃가 되지 않는 경우도 많다.

영양분을 바르게 섭취하지 못하고 몸속의 열량이 부족하여 몸이 냉한 것이다. 냉한 체질이고, 기력이 부족한 것이다.

음식을 먹어도 소화, 흡수하지 못하는 장을 가지고 있고, 간의 기능이 떨어져 있는 사람들이 대부분이다. 밀가루 음식을 계속 먹고 술이나 청량음료를 자주 마시면 저혈압에 걸리기에 십상이다.

몸속에 충분한 영양분이 없어 보일러가 정상적으로 가동되지 않는 경우이다. 활력이 떨어져 있으면 체질을 바꾸어야 한다. 때로는 몸속에 나쁜 기생충들이 많지 않나 의문이 드는 예도 없지 않다.

치료를 위해선 먼저 음식을 바꾸어야 한다. 밀가루 음식을 피하고, 인스턴트식품 같은 정크 푸드를 끊어야 한다.

먼저 장, 간을 청소하고 육류나 뿌리채소나 열량이 있는 음식을 자주 먹을 것을 권하며 많이 걸을 것도 주문한다. 간을 여러 차례 청소하여 담도의 협착을 넓혀주어야 한다.

양양분은 담즙이 원활히 분비되어야만 장에서 간으로 충분히 흡수될 수 있다.

담즙이 적은 사람은 영양분의 흡수도 적어진다. 이런 상태라면, 항상 저혈압과 저혈당증에 걸릴 수 있다. 또, 신장의 기능이 약한 사람 중에 저혈압 환자들이 많다. 이런 이들은 신장을 청소해 주어야 한다.

장, 간, 신장을 여러 차례 청소한 후 음식을 바르게 섭취하면 저혈압에서 벗어날 수 있다. 저혈압에 도움이 되는 차로는 생강 효소에다 대추 달인 물을 1:1로 믹싱하여 자주 드실 것도 권한다.

**술 만한 약은 없다.

술의 역사는 계산되지 않는 것이 정설이다.

그리고 술로 인하여 폐인이 되고 죽음을 맞고, 나라마저 망하게 하고 술로 인한 피해가 엄청나다. 현실에도 술병이나 술버릇이 고약하여 가족이며 주위에 피해가 되는 이들이 없지 않다.

마치 칼의 양면성과 같이 잘 사용하면 인간에게 아주 유용한 도구가 되고, 잘못 사용하면 흉기가 되어 사람을 상(傷)하게 하는 것과 같은 이치리라.

성공하는 사람과 그렇지 못한 사람과의 차이는 판단력과 절제력에 있지 않나 생각될 때도 있다. 즉, 술도 성공하는 사람들은 절제하여 유효 적절하게 마시는 것이다. 좋은 차는 비싸고 잘 달리는 차가 아니라, 안전하고 브레이크가 잘 듣는 차라고 한다.

술은 언제, 어떻게, 마시느냐가 가장 중요하다.

고전에는 "술이 백약(百藥)의 으뜸이다." 이런 말이 있다. 참으로 잘된 말이요, 옳은 표현이라 생각한다. 그러면 술이 왜 백약의 으뜸이라고 말했는지 알아보자.

술을 적정량으로 애용하면 몸속에 있는 독소나 활성산소와 고지혈이나 콜레스테롤을 태울 수 있기 때문이며 또, 술(알코올)은 혈관 확장제다. 몸속에 나쁜 물질들을 몸 밖으로 배출시키는 가장 효과적인 방법이 알코올이 될 것이다.

술이 천하의 명약이 되는 이유는 위와 같은 이유 때문이다.

그러나 술을 먹으면 얼굴이 붉게 변하는 사람들은 술을 먹지 않는 것이 좋다. 그러한 현상은 몸속에 알코올을 분해하는 효소가 없는 사람들이기 때문이며, 간의 기능이 약한 사람들이 대부분이다.

나는 간 기능이 몹시 약하여 소주를 한두 잔 마시면 얼굴이 금방 붉게 물든다. 그리고 더 먹으면 배도 붉게 변하고 숨도 가빠지기도 한다. 또 눈가엔 흰색의 분비물도 낀다. 그러나 나는 육류를 먹을 땐 꼭 술을 마시려 노력한다. 왜냐하면 육류를 먹을 때 술을 마셔야만 육류에 있는 나쁜 콜레스테롤이나 유해 성분들을 녹이고, 배출시킬 수 있기 때문이다.

어떤 아주머니가 말했다. 자기는 절대 술을 마실 수 없다고…. 술만 마시면 머리가 아프고 속이 울렁거리고, 숨이 가빠진다고…. 나는 말 한다. "육류를 먹으며 술을 마시지 않는 사람은 참으로 어리석은 사람들이라고…!"

술을 마시지 못하는 사람들은 여러 차례 장, 간을 청소한 후에 술을 먹으면 간과 인체 전체가 호전됨을 실감할 수 있다. 어떤 여성들은 남자들보다 더 술을 잘 먹을 수 있게 된 이들도 없지 않다.

할머니들이 팔다리와 목, 어깨가 아프다고 호소하면, 나는 약보다는 술을 적극적으로 권한다. 그리고 실질적으로 술을 마시면 웬만한 통증은 쉬이 없어지고 몸이 가벼워지며 소화가 잘되고 건강에 많은 도움이 된다. 그러나 빈속에 술을 마시면 안 된다. 내가 술을 권하는 방법은 저녁밥을 먹을 때 반주로 한 두 잔을 드시라는 것이다.

심부전을 앓고 있는 사람들이나 약간의 신장 질환이 있는 사람, 뇌졸중, 파킨슨병, 알츠하이머, 수족냉증 등의 질병에도 술이 한 두 잔 필요하다고 본다.

파킨슨병을 앓던 할머니를 단번에 코안의 사혈로 고쳤다. 그리고 재발을 방지하기 위하여 매일 저녁 식사 때 반주로 와인을 반 잔씩 드시라고 했다.

"무지하고 미련한 사람이 밥이나 육류를 좋아하고, 현명한 사람은 술을 유용하게 마신다."

성인병의 90% 이상은 원인이 혈액순환장애에 있다. 술은 혈액순환장애를 잘 해결할 수 있는 약이다. 그러므로 술이 백약(百藥)의

으뜸임을 거듭 강조하고 싶다.

약국에 가면 약이 즐비하게 진열되어 있다. 병원에 가면 의사들이 많다. 그러나 술을 능가할 수 있는 약이나 의사도 드물다고 본다.

백세(百歲) 하는 노인들의 성별 비율을 알아보면 여성들이 남성들보다 훨씬 비율이 높다. 그 와중에 할아버지들도 90세를 넘기는 노인들이 더러 계신다. 그분들의 특징은 술을 반주로 드신 분들이 많다. 10명의 90세를 넘긴 할아버지가 계신다면 그중 7~8명은 술을 반주로 드신 분들임을 추측할 수 있다.

술을 적당히 마시면 암 발병률도 상당히 떨어뜨릴 수 있다고 본다. 왜냐하면 암에 걸린 많은 사람이 오히려 술을 못 마시는 분들이 많았기 때문이다. 적어도 나의 손님 중에는…. 그러면 술을 많이 마시면, 그들은 간 기능이 급격히 떨어져 일찍 사망한다. 약 65세 전후로…. 술을 많이 마시는 사람들은 암 발병률이 떨어지는 이유는 스트레스를 술로 날려버렸기 때문이다. 그러므로 술을 즐기는 사람들은 암 발병률이 떨어짐을 짐작할 수 있다. 그러나 술을 과하게 마시면 간이 녹아 일찍이 사망하게 됨을 잊으면 안 된다.

피부약이나 무좀에 쓰이는 양약들과 감기약 등을 복용할 때는 술을 피하라고 약사나 의사들이 이야기한다. 보약을 먹을 때 술을 마시면 몸의 세포에 닿기도 전에 알코올이 몸 밖으로 배출시켜 버린다. 그리고 양약을 복용할 때 술을 마시면 안 되는 이유는 대부분의 양약이 너무도 화학적이요, 강력해서 스스로 간이나 인체에 해를 미치는 것이 심한데, 여기에 다시 알코올을 더하면 인체 내에서 너무도 커다란 화학반응이 일어나 간과 각종 장기를 망가지게 할 위험이 크기 때문이다.

90세까지는 몰라도 99세에서 100세 강을 건강하게 건너려면 필수품이 술이라고 생각한다. 술만 한 약은 없다! 우리도 이제 술을 유용하게 마셔 100세 건강에 토대를 마련합시다.

**치아를 건강하게

전에 나는 게임을 즐겨 밤샘을 여러 차례 한 적이 있다. 게임에 져 화가 나고 분노조절호르몬 마저 상실해 갔다. 그때 치아가 망가지기 시작하더니 줄줄이 뽑혀 나갔다. 그전에는 술과 담배, 연속 강연하며 치아를 관리하지 못하여 또 치아를 잃었다. 치아(이빨)를 다 잃고 치아를 어떻게 보존해야 하는지 알게 되었다.

잇몸이나 치아에 가장 치명적인 것도 역시 스트레스와 담배다.

치아나 잇몸 건강에 가장 좋은 것은 녹즙이다. 이것은 의학을 넘어 그 어떤 놀라움을 보여 준다. 또한 잇몸 마사지를 매일 할 것을 권한다.

그러면 인간들의 치아 건강법을 알아보기 전에 산속의 동물들은 치아를 어떻게 관리하는지 알아보자.

산속의 동물들은 왜 충치와 풍치가 없는가?

노루나 멧돼지, 호랑이, 늑대, 너구리, 토끼…. 그들은 매일 양치질을 하지 않아도 풍치와 충치가 없는 걸까? 그들의 이빨은 특수하게 되어있는가? 그렇지 않다.

그들도 나이가 들고 죽음이 임박해지면 이빨이 빠지곤 한다. 그러나 그들이 죽음이 임박해질 때까지 이빨이 건강한 것은 자연적인 음식을 먹기 때문이며, 즉석식, 인스턴트식품 같은 정크 푸드를 먹지 않기 때문이요, 쉽게 잊을 수 있는 뇌의 기능 즉, 스트레스에서 쉽게 벗어날 수 있기 때문이다.

또 그들은 담배를 피우지 않는다.

욕심이나 화, 그리고 오랫동안의 집중력 등이 혈액 속에 활성산소나 코르티솔, 산화된 독성 물질을 만들어, 치조골에 염증이 만들어지고 치아가 하나둘씩 망가져 간다.

단것을 자주 먹으면 이빨에 금방 충치가 생긴다. 스트레스를 자주 받으면 풍치가 생긴다. 좋지 않은 음식을 자주 먹으면 젊은 날에도 치아가 망가진다.

흔히들 말한다. 병원 중에서 치과 병원이 돈벌이가 제일 잘 된다고…. 맞는 말이다.

패스트푸드, 인스턴트식품같은 정크푸드를 즐겨 먹고 게임을 하면 젊은 날에 치아를 잃기 시작한다. 더군다나 담배까지 함께 피우면 더욱 빨리 치아를 잃게 된다.

담배는 치아와 치주염에 치명적인 악영향이 됨을 잊으면 안 된다. 혈액이 맑고, 건강하면 치아는 죽음이 올 때까지 거의 그대로 갈 수 있다고 본다. 이빨(치아) 역시 잘못된 식생활과 운동 부족, 스트레스 때문임을 깨우쳐 보시라~

[시골 동네 친구 모친은 연세가 2013년에 88세가 되셨다. 그때 우연히 노인 양반의 치아가 깨끗하여 물었더니 모두가 당신의 치아라 인공적으로 한 것이 하나도 없다고 하셨다. 특별히 산골에서 치과 병원에 다닌 적도 없으시다고 했다. 그 할머니는 성격이 다른 분들보다 좀 낙천적이시고 담배는 피우신 적이 없으시다. 치약으로는 소금을 손으로 문지르는 것이 전부 이셨다. 좋은 성격과 매일 농사일하신 그 부지런함이 치아와 각종 질병을 예방할 수 있었던 원동력이리라]

[세상에서 가장 흔한 질병은 감기이고 두 번째로 흔한 질병은 충치다. 그러나 충치는 다른 만성 질병인 암, 심장질환, 신부전증, 고혈압, 당뇨병 등과 같이 오늘날에는 흔한 질병이지만 과거에는 거의 존재하지 않았던 질병이었다. 전 세계에서 발견되는 100년 이전의 유골에서는 충치가 발견되지 않는다. 다른 모든 만성 질병과 같이 충치도 서구 문명의 산물이다. 전통문화를 따르며 사는 사람들이나 동물들에게서는 충치가 발견되지 않는다. 그러나 충격적인 사실은 최근 애완동물에서도 충치가 심각하게 발생한다는 것이다. 사료 등 가공식품과 의약품을 통해 합성화학물질이 과도하게 동물의

몸으로 들어가면서 면역체계가 무너졌기 때문이다. 애완동물의 사료는 인간이 먹는 식품의 찌꺼기와 폐기물, 즉 유통기한이 지나 회수된 식품 부패해 반품된 식품 또는 죽은 동물의 사체로 만들어진다. 여기에 각종 합성화학물질을 첨가해 냄새와 색, 악취를 없애고 사료로 태어나는 것이다. 동물사료에는 식품에는 사용할 수 없는 에톡시킨, BHT 같은 방부제, 펜토바비탈나트륨 같은 안락사용 독극물 등이 들어있다.

20세기 초 아프리카 원주민과 함께 생활했던 알버트 슈바이처 박사나 세계 각 지역 원주민들의 질병을 연구했던 캐나다의 치과의사 웨스턴 프라이스 등이 전하는 말에 의하면 천연의 음식을 섭취하고 의약품과 가공식품을 모르는 원주민들에게는 암, 심장질환, 당뇨병, 고혈압, 신부전증 등의 질병뿐만 아니라, 충치도 전혀 나타나지 않는다고 한다. 원주민들은 치약, 가글제 등을 전혀 사용하지 않고 약과 가공식품을 먹지 않기 때문에 노인이 되어서도 32개의 하얗고 튼튼한 치아를 그대로 유지한다고 한다. 캐나다의 탐험가 빌할무르 스테파손은 1906년에 알래스카 에스키모 주민의 유골 100개를 뉴욕으로 옮겨 두개골을 정밀 검사한 결과 충치 흔적은 단 한 개도 없었다고 기록했다. 그러나 100년이 지난 현재 에스키모인들의 상당수는 이를 모두 잃었다. 미국 조지아주 해안가에서 출토된 1,000년 이상 된 유골에도 충치는 전혀 없었다.]

– 중략 –

출처 : 책, 「의사를 믿지 말아야 할 72가지 이유」 중에서

치아를 오랫동안 잘 간직하고 사용하려면, 첫째가 정크 푸드를 먹지 말아야 한다.

둘째, 스트레스를 잘 관리해야 한다.

셋째, 걷는 운동을 많이 해야 한다.

넷째, 몸속을 정기적으로 청소하고 풀잎과 과일을 잘 먹어야 한다.

다섯째, 매일 저녁만이라도 양치질을 하기 전에 잇몸 마사지를 해 주면 좋다.

여섯째, 저녁 양치질할 때는 반드시 왕소금을 빻아서(가루) 할 것을 권한다.

양치질한 후 짠 기운을 그대로 5-10분 정도 머금고 있다가 침을 뱉을 것을 권한다. 침을 뱉고는 그대로 잠을 잘 수 있기를 권한다.

그리한 후 아침에 일어나 바로 가글을 하면 치아와 입안이 매우 개운함을 매일 느낄 수 있다.

백 세까지 치아를 튼튼하게 유지할 수 있기를….

**90세를 사뿐히 넘고, 100세 강 건너려면

무병장수가 모든 이들의 로망인데 대부분 사람이 인생 90세를 건강하게 넘지 못하고 돌아가시는 분들이 많다. 또한 90세를 넘기시더라도 건강치 않고 병원에 누워 계시는 분들도 없지 않다.

인간의 한계 수명은 125세 정도라는 것이 여러 연구에 의한 정설인 듯하다. 하지만 많은 분이 90세까지만이라도 건강한 삶을 살고자 하지만, 각종 질병에 시달리거나 요양병원에서 생을 마감하는 예도 많고, 암이나 각종 질병에 시달리면 70~80세도 넘기기가 힘들다.

90세를 건강하게 넘기지 못하는 이유 중 가장 큰 원인은 다리와 무릎이 아프며, 대소변이 원활치 않기 때문임을 노인들을 대할 때마다 느껴진다. 특히나 남성들은 나이가 많아지면 소변을 원활하게 배출하지 못한다. 심장과 뇌, 다리와 무릎에 이상이 발병하며 대소변이 원활치 않아 여기저기 탈이 나서 결국 명을 재촉당하게 된다. 특히나, 남성들은 60대는 60%, 70대는 70%, 80대는 90%, 소변이 원활치 않다고 한다.

대변도 마찬가지다.

노인들이 변비가 있으면 급격히 좋지 않은 현상들이 나타나고 많은 화학적인 약에 의존하게 되면 죽음을 재촉당하게 된다. 변비로 인해 각종 질병이 발병함은 물론 90세를 건강하게 넘기기 힘들다.

나이가 들어 대소변이 원활치 않은 이유는 젊은 날처럼 움직임이 줄어들고 음식도 많이 먹지 못하며 대사 작용이 원활치 않기 때문이다. 움직임이 적어서 음식의 양이 줄었나? 음식의 양이 줄어서 움직임이 줄었나? 닭이 먼저냐? 달걀이 먼저냐?

노인이 되어 활동량과 식사량이 줄어든 것은 몸속에 나쁜 물질들이 퇴적돼 있기 때문이다. 기계를 오래 사용한 것과 같이 혈관과 림프액, 신경세포 및 장기에 노폐물들과 독소들이 퇴적돼 있기 때문이다. 젊은 날부터 몸속을 청소하고, 음식을 정갈하게 섭취하고, 운동을 적절히 하며, 호흡을 잘하면서 노년을 준비해야 하는데 삶에 쫓기고, 운명에 쫓기고, 건강에 자만심을 누리다 노년을 맞이하기 때문이다.

또 하나는 저녁에 육식을 많이 했기 때문이 아닐까 의심해 본다. 사람들은 대부분 저녁에 회식이며, 일을 끝내고 육식으로 포식을 많이 한다. 이것이 90세를 넘기지 못하는 이유 중에 커다란 원인이라고 외치고 있다.

저녁에는 육식은 안 된다는 것이 나의 지론이요 외침이다. 이것을 과히 신의 한 수라 주장한다.

99세 이상까지 건강한 삶을 유지하려면 첫째는 젊은 날부터 섭생을 잘해야 한다.

균형 잡힌 식사가 매우 중요하다고 본다. 정크 푸드를 즐겨 먹으면 90세를 넘기기는 더욱 어려울 것이다. 그리고 끊임없이 움직이는 것도 중요하다.

백 세 전후의 초장수한 분들의 공통점은 끊임없이 움직임에 있음을 증명이 되었다. 가능하면 많이 걸어야 하며, 가능하면 많이 움직여야 한다.

다음은 되도록 양약을 복용치 말아야 한다. 대소변에 악영향이 되는 것은 모든 양약이다. 젊은 날에는 모르다가 양약을 장복하여 몸에 축적되면 반드시 대소변과 인체에 커다란 악영향이 됨을 늦어서야 알게 된다.

혈압이 높으면 혈압약을, 당뇨가 있으면 당뇨약을, 콜레스테롤 저하제, 아스피린, 위장약, 신경성약, 피부약, 안약, 관절약, 영양제... 양약을 복용하는 사람들은 1가지 약만 먹는 것이 아니라 2~3가지 함께 복용하는 사람들이 대부분이다.

약의 수가 증가하면 부작용은 기하급수적으로 증가한다고 의학교과서(Doctors rule 325)에 있는데도 증상에 따라 처방하고 있으니 참으로 개탄스럽지 않을 수 없다.

모든 양약은 간과 신장에 엄청난 테러를 가하게 되고 인체에 화학적인 성분들이 퇴적되면 만병을 부르는 근원이 되고, 명(命)을 단축하게 됨을 늦어서야 알면 후회만 남는다.

또, 90세를 건강하게 넘지 못하는 이유는 화학적인 영양제를 복용하는 것도 원인이 될 수 있다 본다. 영양제를 복용하게 된 원인은 기력이 떨어지고, 몸의 여기저기서 이상 현상이 일어나고, 피로가 잦고, 뭔가 전과 다르다고 느끼고, 뭔가 영양이 부족하여 그러할 것이라 잘못 판단하기 때문이다. 혈액과 림프액이 침습 당하였고, 독소와 노폐물들이 많아져 생체 리듬이 깨어진 것인데, 영양의 불균형과 부족 때문이라 우기며 독소와 노폐물들이 가득한 세포와 혈관에 또다시 화학적인 영양제를 쑤셔 넣으면 순간순간의 기운이 회복된 듯하나, 독소와 노폐물들도 영양분을 흡수하고, 신장에도 악영향이 되기 때문에 명(命)을 재촉당하게 된다.

90세를 건강하게 넘지 못하는 또 하나 큰 이유는 호흡에 있다. 호흡을 잘해야만 폐와 심장이 건강해질 수 있다.

인체는 호흡과 음식 이 두 가지로 만들어지고 유지해 갈 뿐이다. 그런고로 호흡의 중요성(폐와 심장)은 질병 치료와 건강 백 세에 절대적으로 필요한 부분이다. 90세까지는 섭생과 수면, 운동으로 가능하지만, 99세를 건강하게 넘을 수 있는 비법은 호흡에 있음을 명심해야 한다. 그야말로 100세 이상 건강하게 잘 지내려면 반드시 호흡법이 있어야 함을 알아야 하며, 이것을 90세에 시작하면 늦다. 젊어서부터 훈련이 되어 있어야 한다.

99세까지 사는 것이 중요한 것이 아니라, 사는 동안 아프지 않고 건강하게 살아야 한다.

100세 강 건너려면….

첫째, 평소에 정기적으로 몸속을 청소할 것을 권한다.

둘째, 아침저녁으로 호흡을 바르게 할 것을 권한다.

셋째, 올바른 식생활을 권한다.(저녁엔 육식하지 않으며, 평소엔 되도록 삶은 고기를 먹는다.)

넷째, 맨발로 자주 걷고, 하체 운동이 있어야 한다.

다섯째, 스트레스를 받았을 때는 정리가 된 후 독소를 제거해 주어야 한다.

여섯째, 술이나 발효식을 잘 활용할 수 있어야 한다.

일곱 번째, 과일과 채소를 많이 섭취해야 한다.

옛 의서에 "섭생을 잘하면 죽음의 땅에 들어가지 않는다." 이런 말이 있다.

많은 분이 공감할 수 있었으면...

**허리, 다리, 무릎, 어깨 통증과 관절염

[2021년 11월 말께쯤 지인이 전화가 왔다.

허리가 갑자기 아파져 활동하기가 아주 불편하다고 했다. 허리가 아픈 것이 며칠 되었는데 병원엘 가지 않고 이리저리 생각해보다 박 선생이 생각나 전화를 하신 것이다.

나는 얼른 와 보시라 했다. 이분은 배가 많이 나왔다. 나는 약간의 조치를 하고 내가 만든 제품을 복용하시게 했다. 허리가 낫지 않으면 돈을 받지 않는 조건…

제품을 복용하고 4일이 지나도 별로 효험이 없다고 했다. 그런데 6일째 오전에 입금이 들어왔다. 그래서 내가 전화하니 허리가 많이 좋아졌다고 한다.]

허리와 무릎 및 어깨가 결리는 것은 나쁜 독소와 노폐물들이 몸속에 퇴적돼 있고, 혈관이나 혈액과 림프액조차 침습을 당했다는 뜻이다. 물론 스트레스나 무리한 일이나 운동이 있어도 활성산소나 젖산과 같은 나쁜 물질들이 생성되어도 갑자기 아파지는 경우도 종종 있다.

인대가 늘어나고, 끊어지고, 문제점들이 나타나는 것은 근육들이 유연성을 잃고, 혈관과 근육들이 경직되고 있다는 증거이리라.

허리가 아픈 이유 중 가장 높은 문제점은 신장 기능 저하일 가능성이다. 척추뼈에 문제가 있거나 중간의 물렁뼈(디스크)에 문제가 있다면 참고 견딜 수 없는 통증이 곧바로 나타난다. 물론 서서히 척추가 협착되어도 통증이나 문제가 발생한다.

그러나 척추의 문제든, 신장의 문제든, 궁극적인 문제는 혈액과 림프액이 침습을 당한 상황이라는 것이다.

오랜 시간 동안, 운동 부족, 잘못된 식생활, 바르지 않은 자세, 스트레스에 의하여 신장이나 혈액, 혈관, 세포, 장기 등에 과부하가 걸리는 것이다. 꼭, 허리만 아프다기보다는 몸 전체가 좋지 않은 상황으로 기울어져 있는데, 혈관이나 신경이 압박받아 나타난 것이다.

수술과 양약으로 많은 이들이 대처하고 있지만, 궁극적인 문제를 덮어두고 나타난 증만 제거한 것은 올바른 치료법이라 보기 힘들다.

한쪽 무릎을 수술한 이들은 1~2년이 지나면 반대쪽 무릎을 또 수술받아야 하고 또 시간이 지나면 백내장 녹내장 수술을 받는 것이 정해진 코스다.

허리와 무릎 어깨, 관절염 등을 궁극적으로 해결하기 위해선, 먼저 몸속을 청소할 것을 강조한다. 여러 차례 몸속을 청소하여 치료를 할 수 있는 환경을 만들어 놓고 모든 치료를 시작해야 하는데, 그렇게 하는 의료 기관이나 의사들이 거의 없다. 그런 사실조차 모르고 있는 의료 실태다.

몸속을 여러 차례 청소한 후에 허리와 무릎, 어깨에 관한 마사지, 접골, 카이로프랙틱, 약 등을 쓰면 크게 도움이 될 것이다. 올바르게 대처해야 한다.

나는 관절염이나 골다공증, 허리와 무릎, 어깨가 결릴 때 사용하는 약재를 만들어 판매를 한다. 양약이나 수술보다 더 자연적이고 가성비 좋은 치료법이 될 수도 있다.

연골 뼈가 소실되면 절대 재생이 어렵다고 의료진이나 환자들은 생각한다. 그러나 연골 뼈마저 재생시킬 수 있다 본다. 앞서 설명하였지만, 약을 복용하기 전에 몸속을 청소한 후에 복용할 것을 권한다.

허리, 다리, 무릎, 어깨, 관절염으로 고생하시는 분들이 많다. 그러한 분들에게 궁극적으로 도움이 되었으면….

**돌연사에 대하여

사람이 갑자기 죽었다는 소문이 가끔 들린다. 나이가 60대이고 아주 건강했는데 갑자기 자다가 죽었다는 것이다. 어떤 이는 운동을 한 후 앉아 쉬다가 죽었다는 이야기도 전해 진다.

사람들이 갑자기 죽음에 이르는 이유는 대부분 심장에 문제가 있기 때문이다. 심장에 문제가 있다는 것은 혈액과 혈관 벽에 문제가 있다는 것이다.

혈액과 혈관 벽에 문제가 있는 것은 유전, 운동 부족, 환경 및 기타, 잘못된 식생활, 스트레스 등에 문제가 있었다는 것이다.

또, 심장에 문제를 일으키는 것은 화학적인 양약을 3가지 이상 복용했을 때 갑자기 돌연사하는 경우가 종종 발생한다고 나는 생각한다.

튀긴 음식이나 정크 푸드를 즐겨 먹고 운동이 부족해지고 스트레스가 합쳐지면 여기저기 질병들이 나타난다. 그러면 증상에 따라

약을 처방받아 복용하다 보면 약의 숫자와 가짓수가 늘어나 인체는 야금야금 무너지는 것이다. 머리, 다리, 눈, 소화력, 심장, 신장...

인간이 만든 어떤 양약이라도 인체에 해가 되지 않는 것은 없다. 거기다 약을 복용하며 또다시 나쁜 음식들을 즐기면 질병이 발병하지 않는 것이 이상한 일이며, 혈액과 림프액이 변질하고 혈관에 나쁜 물질들이 쌓여 돌연사나 암을 비롯해 각종 질병이 발병하게 된다. 약들이 질병을 일으킨 원인을 제거할 수 있어야 하는데, 약이 잘못된 식생활을 바꿀 수 있거나 스트레스에 의해 깨어진 혈액을 복구시키지는 않는다. 그런고로 잘못된 식생활과 화학적인 약들이 힘을 합쳐 병을 부르고 나아가 명을 재촉하게 되는 것이다.

나는 돌연사 소문을 들으면 늘 궁금해한다.

그 사람은 평소에 어떤 음식을 즐겨 먹었고, 어떤 양약들을 복용하고 있었을까?

**요로, 신장, 방광, 전립선까지 청소한다.

남성들이 나이가 많아지면 소변을 시원하게 배출하지 못하고, 잔

뇨감이 있고 속옷에 소변을 흘리는 경우도 많다고 한다. 최근에 매스컴에서 쏘팔메토란 열매가 포함된 제품이 히트하고 있다. 의외로 복용하는 분들이 많은 듯하다.

소변을 시원하게 배출하지 못하면, 많은 증상이 나타난다. 머리가 아프고, 건망증이 심해지고, 피부트러블이 잦고, 눈이 아프며, 통풍이나 무릎이 아프고, 요통이나 관절염이 발병하고, 쉽게 피로가 쌓인다. 한마디로 만수무강에 많은 애로점이 발생한다.

반대로 여성들의 요실금도 마찬가지다. 방광의 기능과 신장, 요로 등에 노폐물들이 있을 가능성이 없지 않기에 청소를 해주는 것은 무엇보다 중요하리라.

혈관도 문제지만, 신장의 사구체, 요로, 전립선 등에 노폐물들이 쌓이거나 결석이 만들어지면 커다란 고통과 병원 치료 받아도 또 생성되는 경우가 종종 있다. 요로, 신장, 전립선 등에 있을 나쁜 물질들을 녹여 배출시켜야 온전한 대처법이 되리라.

한의학에도 소변이나 전립선에 문제가 있을때 처방법이 있고, 민간으로 전해져 오는 좋은 비방들도 있다.

나는 이러한 방법들을 규합해서 많은 임상을 거쳐 제품화했다. 신장이나 방광, 요로에 있을 결석이나 노폐물들까지 제거할 수 있는 제품이다. 쏘팔메토란 제품이 크게 알려지기 전부터 나의 제품은 지인을 통하여 입소문으로 판매하고 있었다.

전에 한 친구는 소변을 잘 보지 못한 것이 오래 되었고, 상태가 심각해져 여성들처럼 앉아서 소변을 봐야 할 정도이었으며, 많은 양약과 쏘팔매토 제품을 복용했지만, 크게 효과를 보지 못할 만큼 신장이나 전립선에 문제가 있었다. 나의 제품을 복용한 지 15일쯤부터 소변이 시원하게 나오고 며칠이 더 지나 정상적으로 회복 되었다고 한다.

나는 나의 제품에 감사를 느꼈다.

어떤 노인은 저녁에 6~7회 정도 소변이 마려워 일어나시는데 화장실에 가면 소변이 나오지 않고 어쩌다 조금 나오고 만다고 한다. 소변이 시원하게 나오지 못하면 머리가 그렇게 아프고 팔과 다리에 쥐가 난다고 하신다. 이뇨제를 계속 많이 드시여 그것마저 약효가 잘 듣지 않는다고 한다. 노인 분이 나의 제품을 복용하시고 약 7일인가 지나니 소변이 잘 나온다고 이야기하시며 고마워하신다.

나는 이 제품에 들어가는 약초들을 대부분 직접 채취해서 사용한다. 물론 채취가 어려운 것은 약재상에서 구한다. 어떤 재료는 꼭 가시덤불 속에서만 자라는 것도 있으며 나도 소변에 거품이 많아 가끔 복용한다. 아직은 심각 단계가 아니라고 느끼기에 열심히 복용하지는 않고 있다.

나는 신장의 기능을 근원적으로 회복시킴은 물론이고 요로에 결석을 녹이고 방광과 전립선조차 호전이 되었으면 하고 만들었다.

의학과 의술을 아우르는 도움이 되었으면...

**당뇨병과 몸속 청소

현대인들에게 발병하는 당뇨병의 형태는 80% 이상이 인슐린저항성당뇨다. 인슐린은 혈액 속에 정상적으로 분포되어 있는데, 활동을 방해받아 제 기능을 못 하는 상태라는 뜻이다.

인슐린의 활동을 방해하는 요인으로는 혈관 벽이나 내부에 콜레스테롤이나 카제인, 활성산소, 지질, 혈전 등이 될 것이다.

이러한 나쁜 요인들은 제거하지 않고 합성인슐린으로 당을 조절하려는 현대 의학이 너무 안타깝고, 고혈압, 백내장, 관절염, 심장병, 손발과 어깨 결림 등과 같은 다른 질병들이 함께 발병하게 되고, 증에 따라 복용하게 되는 약의 숫자가 늘어나니 인체는 서서히 무너지게 되는 것이다.

당뇨병을 근원적으로 치료하려는 의술이나 의학은 보이지 않고 합성인슐린과 주사제가 대세를 이루고 있다. 혈액과 림프액이 탁하여 각종 장기도 피폐해 제각각의 증상이 표출되고 합병증의 굴레를 씌우며 복용하는 약들의 종류가 많아진다. 또 당뇨 환자들은 성질이 고약하고, 고집이 세고, 사고가 열려 있지 않은 이들이 많다.

고혈압 너머엔 당뇨병이 기다리고 있으며 반대로 당뇨병 너머엔 고혈압이 기다리고 있다. 또 그 너머엔 각종 통증과 질병들이 도사리고 있다.

혈액과 림프액이 탁하고 몸속에 노폐물들이 많아 고혈압과 당뇨병이 발병하였다고 바르게 생각하는 의료진들이 드물다.

당뇨병과 고혈압과 관절염, 눈병들과 다른 질병들을 한꺼번에 제압해야 한다. 그것은 혈액과 림프액을 맑게 하는 것에 있을 뿐이다. 여러 마리의 토끼를 동시에 잡기 위해선 가장 절실한 것이 몸속을 청소하는 것이 가장 첫째 행해야 할 관문이다.

몸속의 청소에는 장, 간, 신장, 폐 등. 청소할 수 있는 부위는 청소하고 치료에 임해야 하는데 의사도 환자도 바른길을 알지 못하고 있다.

당뇨병 환자에게 몸속을 청소하게 하면 당뇨 수치가 2배로 상승한다. 왜냐하면 장, 간을 청소하고 나면 몸속으로 영양분이 2배 정도 잘 흡수되는데 이때 췌장에서 인슐린도 2배 공급되면 변동이 없지만, 췌장의 기능 회복은 더디기 때문이다. 췌장의 기능 회복은 곧바로 발전되는 것이 아니기 때문이다. 그러나 이것이 췌장의 기능을 근원적으로 회복시킬 방법이다.

다음은 사혈이다.

인슐린의 활동을 방해하는 요인 중 최고의 악질은 고지혈과 카제인, 활성산소, 콜레스테롤, 이산화탄소, 혈전(어혈) 등이다. 이것은 금진옥액이나, 코, 다리…. 사혈이 가장 효과적이라 본다.

부항을 행하는 이들도 많다. 몸속을 청소도 하지 않고 한다. 그러나 그것은 하등의 방법이리라, 왜냐하면 그것은 표피에서 하기 때문이다. 올바른 사혈은 새로운 혈액과 호르몬을 생성할 수 있도록 하는 것이다.

다음은 올바른 식생활이다. 모든 질병은 식원병이며 특히나 당뇨병은 더욱 음식과 연관성이 많다.

다음은 운동이다. 위와 같이 행하여 놓고 걷기 운동을 많이 해야 한다. 맨발로 걷는 것이 대세로 뜨고 있다. 모든 질병 치료에 도움이 된다고 본다. 걷고 또 걸어서 당뇨를 정복하고 암을 정복하고, 의학과 의술을 넘으시길….

다음은 녹즙이다.

녹즙이 얼마나 위대한지 복용해 보시면 아시게 되리라~

위와 같이 행하면서 나의 제품도 추천해 본다. 나의 제품은 다르다.

**질병이 발병하는 조건

암이나 각종 질병이 발병하는 원인은 혈액과 림프액이 탁하고 몸속에 노폐물들이나 독소가 많아서 발병한다고 본다.

유행성 질병이나 코로나바이러스 같은 경우는 만성 퇴행성 질병들보다 상관관계가 다소 약하다 보지만, 혈액과 림프액이 맑으면 면역력이 강화돼 있으므로 다른 질병에 걸릴 확률이 상대적으로 낮아질 것이다.

만병의 원인이 혈액과 림프액이 탁하고 몸속에 독소와 노폐물들이 많아서 발병한다면, 혈액과 림프액을 탁하게 하는 원인은 또 어떤 것들이 있을까?

나는 질병이 발병하는 조건은, 유전 7%, 운동 부족 10%, 환경 및 기타 13%, 잘못된 식생활 30%, 스트레스 40%(%)라 본다. 이 공식을 자기 자신에게 발병한 질병에 대입시켜서 치료에 많은 도움이 되었으면 한다.

질병이 발병한 원인은 같은데 질병이 발병한 부위와 강도의 차이는 그 사람의 일상과 여러 복합적인 요인들이 또 잠재해 있다. 그중에 잘못된 식생활과 스트레스가 암이나 각종 질병 발병에 절대적 상관관계가 있다 본다.

질병에 대한 치료법이나 약들이 범람하고 수술이나 별의별 방법들이 다 있다. 그러나 질병이나 상처를 궁극적으로 치료하는 것은 자기 자신의 세포들이 할 뿐이다. 즉, 면역력과 회복력은 자기 자신 내의 세포와 혈액과 림프액이 하는 것이다. 수술이나 약들은 몸속의 치유 물질들을 자극하고 도와주는 역할을 할 뿐이다.

암이나 각종 질병에 대항하는 백혈구의 활동도 자기 자신이 평소에 활성화할 수 있는 환경을 만들어 주었느냐의 차이에 달렸다.

질병이 발병하는 공식을 알았다면, 그러한 나쁜 조건들을 잘 컨트롤해야만 질병 없이 항상 건강한 삶을 유지할 수 있을 것이다.

결국, 질병 치료의 완성자는 자기 자신밖에 없음을 깨우쳐야 하며, 몸속을 청소하고, 혈액과 림프액을 맑게 하고, 백혈구를 활성화하여 면역력과 치유력을 회복하는 것에 있을 뿐이다.

**묻지도 따지지도 말고 몸속 청소부터...

요즈음, 각종 체널에서 건강에 관한 제품들이 넘쳐난다.

만병을 고치고 백 세는 거든히 갈 수 있을 듯하며, 수 많은 약초들도 소개되고 있다. 그러나 그러한 것들을 복용하기 전에 반드시 필요한 것이 자신의 몸속을 청소하는 것임을 아는 이들이 별로 없는 듯 하다.

현대인들에게 발병하는 질병들 대부분은 영양의 과다 섭취로 인하여 오버 탱크된 물질들이 혈관벽이나 혈액과 림프액, 세포들을 오염시켰기 때문에 발병한 것들이다. 또한, 정크 푸드를 즐겨 먹으면 암이나 정신질환 및 각종 질병들이 유발되어 결국 건강한 삶의 질을 잃게 될 것이다.

암이나 각종 질병들이 발병하는 것은 평소에 정기적으로 몸속을 청소해 주지 않았기 때문이라고 나는 떠들고 있다. 자동차의 엔진오일을 교환해 주지 않고 계속 고고 할 수는 없다. 그리고, 어느 때부터 활력이 떨어지고, 허리와 다리, 어깨가 쑤시고 결리며, 기억력이 떨어지고, 눈이 아프고, 호르몬의 변화가 일어나고, 컨디션이 좋지 않은 것은 몸속에 독소와 노폐물들이 쌓여, 혈액이 탁해지고 순환과 이산화탄소의 배출에 장애를 일으켰기 때문이라 주장한다. 심지어 빠른 노화현상도 마찬가지일 것이다.

어떤 이들은 때마다 마사지를 받지만 혈전과 이산화탄소가 분산되어 시원하지만 요요 현상이 계속 일어나는 것이며, 몸속을 청소하고 어혈(혈전)을 제거한 후에 마사지를 받으면 두 배의 효과를 얻을 수 있고, 올바른 식생활과 걷기 운동, 어혈 제거와 간단한 스트레칭을 겸하면 마사지가 없어도 항상 쾌활한 몸과 멘탈을 얻을 수 있다.

현대인들 대부분은 질병이 발병하면 무작정 병원을 찾고 명의를 쫓고 있지만 몸속을 청소한 후에 질병치료대처법을 강구해야 하는데 순서를 잊고 지름길을 잃고, 돈을 잃고, 건강마져 잃어버리는 이들도 많다.

몸속 청소에는 장, 간, 신장, 폐…등등이 있다.

또한, 현재 성인들 중에서 한두 가지씩 영양제나 보신제를 복용하지 않는 이들도 드물 것이며, 광고나 권유, 자신의 선택으로 영양제나 보신제를 먹으면 혈관과 혈액과 각종 세포에 쌓여 있는 독소 물질들도 어쩔 수 없이 받아 먹을 수 밖에 없다. 순간순간 기력이 좋아지는 듯하다가 결국 죽음의 계곡으로 오히려 빨리 쫓겨가는 것이다.

청소를 할 것인가? 또다시 영양제나 명약을 쑤셔 넣어 혈관과 혈액과 각종 세포에 더욱 테러를 가할 것인가!!! 순간의 선택이 건강과 삶의 질(質)을 결정하는 이정표가 될 것이다.

명약이라는 것은, 몸속을 청소하는 것과 혈액을 맑게 하는 것에 있을 뿐이다.

많은 이들이 아침이나 퇴근후에 운동, 맨발 걷기, 골프, 필라테스, 배드민턴, 축구, 등산도 하고 있지만, 몸속을 청소하면서 바르게 건강 증진을 도모하는 이들이 드물고 또, 잘 모르고 있는 이들도 많다.

인체도 수리하고 고치면 새로움이 새록새록 돋아난다. 80세가 넘어도 인체를 수리해야 하는데 모르고 있고, 건강이 좋지 않은 젊은 친구들도 유명 병원, 유명 의사, 화학적인 양약에 의존하지만 바른 길을 몰라 건강을 잃어가고 있다.

공진단, 경옥고를 매일 복용하는 것보다, 비타민제를 1톤(T) 복용하는 것보다, 눈 영양제나 연골 뼈 보충제를 수 만kg 복용하는 것 보다, 100년근 산삼을 100뿌리 먹는 것 보다, 오메가 제품을 몇 트럭으로 복용하는 것보다 먼저 몸속 청소가 우선이다. 또한, 맨발 걷기, 사혈, 필라테스, 찜질방, 마사지, 침, 명상, 뜸, 뼈 교정, 기도…, 등을 하기 전에 반드시 장, 간, 신장, 폐…. 등 등을 청소할 것을 권한다.

장, 간을 청소케(디톡스)해 보면 사람마다 천차만별이다.

1차에 노폐물들이 많이 나오는 사람…. 잔뜩 기대를 걸고 실시해 보지만 설사도 제대로 되지 않는 사람…. 설사만 되고 노폐물들은 나오지 않는 사람…. 보편적인 상황은 1차에는 독소와 노폐물들이 많이 나오고, 2차에는 설사만 되거나 적게 나오며, 3차에는 설사만 되고 노폐물들은 보이지 않고, 4차에는 제법 큰 덩어리가 나오고, 5차에는 엄청나게 많은 양과 커다란 덩어리가 나오며, 6~7차에는 다시 설사만 되고, 8~9차에는 다시 많은 양의 노폐물들과 독소들을 볼 수 있다.

분명한 것은 사람마다 차이가 있으며 청소를 하면 육체와 멘탈까지 새로워 지리라!

45세 이상은 묻지도 따지지도 말고 5차 이상을 하고 난 뒤에 평을 해야 하는데, 2차를 하고는 포기하는 이들이 많다. 시작하려다 멈추는 격이다. 산 입구에서 산 정상을 이야기하는 얕은 이들도 많다.

5차 이상을 청소해 보면 자기 내부에서 왜? 5차 이상을 했는지 깨우침을 얻으며 인체는 달라질 것이다.

몸속을 청소하고 나면 눈이 맑아지고, 다리가 가벼워지며, 호르몬의 생성도 원활해지며, 세포들이 젊어진다. 몸속을 청소한 사람은 분명 다르다.

지구상 14세 이상의 모든 이들은 주기적으로 몸속을 청소하여 의학과 의술을 정복하여 무병장수의 기틀을 다지시길...

**이명

현대인 중에 이명을 호소하는 분들도 종종 있는 듯하다. 귀에서 소리가 나면 참으로 미칠 지경이 된다고 한다. 그런데 이명을 바르게 치료하는 의학이나 의술도 현재까지는 없다는 것이다. 원인도 치료법도 없는 이것 역시 불치병에 속한다고 본다.

이명이 발병하는 이유는 예외 없이 혈류와 림프액이 청각 기관에 정상적으로 공급되지 않기 때문이라 주장한다.

몸이 허약하고 면역력이 떨어져 발병하는 경우와 반대로 뚱뚱하거나 실하여 발병하는 두 종류가 있으며, 신장의 기능이 떨어진 사람에게서 이명이 발병할 확률이 높다. 별의별 약들과 치료법들이 있어도 치료 확률을 높이는 약이나 방법들이 별로 없다.

얼마 전에 이명에 관한 처방을 얻게 되었다. 현대 의학이나 의술을 넘어 이명을 낫게 할 수 있다면 이 또한 산천초목과 많은 것에 감사를 드릴 것이다.

[이명이란 생리적 현상으로는 보통은 느끼지 못하는 것으로 외부의 소리 자극 없이 소리를 느낄 때 '이명'이라고 한다. 이명은 귀 질환의 중요한 증후의 하나이며, 귀 질환의 단독 혹은 조기 증상으로 존재할 때도 있다. 많은 예에서 이명의 기전은 불분명하나, 귀속 및 그 중추 경로에의 이상에 의해서 발생한다고 한다. 이명의 음질은

단순한 소리로 표현되며 금속성 음, 물 흐르는 소리, 모터 소리 혹은 곤충울음 소리 등이 많으며 지속성인 경우와 단속성인 경우가 있다.

[네이버 지식백과] 이명 (차병원 건강칼럼)

자각적 이명–환자 자신에게만 들리는 이명

• 난청을 동반하는 이명

– 외이도의 귀지, 이물, 외상성 고막천공, 삼출성 중이염 등에서는 저음의 이명이 나타난다.

– 중이의 급성 염증에서는 박동성 이명이 나타나며 염증이 없어지면 이명도 없어진다.

– 만성 유착성 중이염, 노인성 난청, 메니에르씨 병, 이경화증 등에서는 지속적이며 고음의 이명이 나타난다. 또한 지속적인 이명이 있을 때는 청신경종양, 약물중독이나 음향성 외상을 의심하여야 한다.

• 난청이 없는 이명

– 이비인후과적으로 특별한 원인이 없는 경우로 동맥경화증 및 고혈압, 빈혈, 내분비장애, 패혈증, 중추신경계통의 매독, 알레르기 및 전신쇠약 등에서 올 수 있다.

– 신경성 혹은 기능적 원인에 의해 이명을 호소하는 경우엔 이명이 일정하지 않으며 중추신경계통은 정상이고 정신적으로 흥분할 때 더 심해지고 아침보다 오후 늦게, 피로할 때 더 심해진다.

타각적 이명 – 검사자에게도 들리는 이명(흔하지 않음)

심한 정신쇠약 환자에 있어서 이관이 이상적으로 개방되었을 때 호흡과 일치해서 바람 부는 소리와 같은 이명이 들리며, 두부 혹은 경부의 동·정맥류에 의해서 심박과 일치하는 박동성 이명이 있을 수 있다. 이때는 환자의 귀와 검사자의 귀를 청진기 고무관으로 연결하여 들으면 환자가 듣고 있는 잡음을 타각적으로 들을 수 있다.

이명의 진단

이명의 성격과 음질, 즉 고음인지 저음인지, 물소리인지 바람 소리인지 매미 우는 소리인지 등을 자세히 알아야 한다. 또 이명의 기간과 연속적인지 혹은 단속적인지 또는 어느 때 더 심해지는 지와 청력검사나 현기증 등의 증상이 같이 나타나는지의 여부가 중요하다. 그러므로 청력검사, 뇌간유발전위검사, 귀 x-ray검사 등을 실시한다. 때로는 근육의 수축음이나 혈류음을 이명으로 느끼는 예도 있다.

이명의 치료

난청을 동반한 이명이나 타각적 이명의 치료는 그 원인에 대한 치료가 가능한 경우가 많으나, 이명의 원인이 불분명한 이명의 경우에는 근본적 치료가 곤란한 경우가 대부분이다. 이러한 이명의 치료로는 안정제의 투여, 이명과 비슷한 강도의 소리를 들려주어 이명을 차단하는 법, 수술법 등이 시도되고 있으나 가장 중요한 점은 환자를 안심시키는 것이다.]

[네이버 지식백과] 이명 (차병원 건강칼럼)

**두통과 눈이 아플 때

머리가 아프거나 눈이 아플 때, 현대 의학은 뇌 사진을 촬영하는 것이 기본이다. 그래야 뇌혈관이나 뇌세포에 이상 여부를 알 수 있다. 그런데 때때로 검진 판독 사진으로는 이상이 없는데도 머리가 아프고 눈이 아픈 경우가 종종 있다. 이러한 상태가 나타나면 그냥 진통제를 처방받게 된다. 진통제를 먹으면 괜찮아지지만, 또 발병하는 예도 없지 않다. 머리에 두통이 있거나 눈이 아프면 뇌혈관에 나쁜 독소 물질이 침습한 것이다.

혈액순환개선제, 혈전용해제, 아스피린, 호르몬 분비 촉진제, 와파린 등을 계속 복용케 한다. 상태가 호전되어 약을 중단하는 때도 없지 않지만, 중년 이후가 되면 약을 중단하면 위험한 상태로 급변할 수 있고, 불안해서 그냥 평생 복용해야지 하는 이들도 있다.

뇌에 이상이 발생한 원인은 무엇인가?

혈액과 림프액과 혈관에 문제가 발생한 것이다. 뇌의 혈관과 혈액과 신경(뉴런)에 이상이 발병한 것은 혈전과 고지혈, 콜레스테롤, 코르티솔, 활성산소 등이 문제를 일으켜 뇌 신경을 상하게 하고 혹 덩어리를 만들고, 혈액 순환에 문제를 일으켜 산소 부족 현상을 초래하여 혈관 꽈리, 혈관 협착, 두통, 편두통, 백내장, 녹내장, 황반변성, 이명, 달팽이관 문제 등을 일으키는 것이다. 이러한 종합적 나쁜 상황이 발병하기 전에 콧속을 들여다보면 코 위쪽의 부비갑개가 부어 있어 호흡구를 막고 있는 경우가 대부분이다. 콧속에 전에 없던 붉은 혹 덩어리가 생성되고 있는 경우가 대부분이라는 뜻이다. 이리되면 뇌에 아무런 증상이 없는데도 두통이 자주 있고, 눈이 자주 아프고, 청각에도 문제가 나타나고, 기력이 떨어지고, 성질이 예민해지며, 컨디션이 저하된다.

콧속에 숨길이 막히어 문제가 발생하였나? 문제가 발생하여 콧속의 숨길이 막히었나? 내가 풀지 못한 커다란 화두이다.

머리가 아픈데 콧속을 들여다보는 의료진은 거의 없을 것이다. 두통이 있다는데 다리를 쳐다보는 의사도 없을 것이다. 미국, 독일, 일본, 중국 어떤 의료진들도 모르고 있다. 환자, 본인조차도 모르고 있다.

이구동성으로 하는 말! 숨 쉬는 데 아무런 지장이 없었다!

나는 머리와 눈에 이상이 있으면 콧속과 다리를 살펴봐야 한다고 떠드는지 오래다.

부비갑개가 부풀어 있는 경우가 대부분이며, 하지(다리)의 혈액 순환도 문제가 있다. 정상적인 콧구멍이 막히고 하지의 혈액 순환이 원활치 않은 것은, 운동 부족, 잘못된 식생활, 스트레스 때문이며, 뇌 속에 산소가 궁극적으로 부족하다는 것이다.

두통이 있거나 눈에 문제가 있다는 사람들을 살펴보니 대부분 이 두 가지 중요한 원인을 갖고 있었다.

이 중요하고, 소중한 팩트를 세계 의학은 놓치고 있는 것이다.

즉, 머리가 맑지 않고, 두통이 자주 있고, 눈이 아프고, 건망증이 심하여지고, 팔과 목덜미가 당기며 뻣뻣해지는 것은 콧속에 문제가 있고, 다리 쪽, 하지 혈관에 문제가 있을 확률이 높다고 본다. 이것은 결국, 혈액과 림프액이 탁하다는 결론에 귀착될 뿐이다.

두통이 있고, 눈이 아프면, 혈액 속이나 혈관 속의 독소 물질들을 바르게 청소될 수 있도록 몸의 정화기능을 활성화시켜 주어야 한다. 장과 간, 신장 등을 청소케 하고 잘못된 음식을 되도록 먹지 말 것을 권하며, 인체라는 기계를 수리해야 한다.

두통, 편두통, 생리통, 백내장, 녹내장, 황반변성, 안구건조증…. 눈병 대부분도 혈액과 림프액이 탁하고 몸속에 노폐물들 때문이라는 것이 경험의 가르침이며 하나의 깨우침이 되었다.

코속의 혹덩어리를 터트리면 금방 눈이 밝아지고 머리가 맑아진다. 경험해 보지 않으면 믿기지 않는다. 눈의 시력은 점점 떨어진다. 새로이 밝아지는 것은 현대 의학적으로 거의 불가능하다. 가끔, 백내장, 녹내장 수술을 하니 눈이 밝아졌다는 사람들이 더러 있다. 그러나 그것도 일시적일 뿐이다. 카이로프랙틱, 올바른 식생활과 운동 때도 놀라움이 때때로 나타나지만, 코속의 혹 덩어리를 터치하는 것 만한 효력은 없으며 뇌 속이 맑아진다는 느낌은 더욱 어렵다. 그런 뒤에 장, 간을 청소하고 특히 신장도 청소를 해야 한다.

또한, 올바른 식생활을 잘 실천하며 산행도 자주 할 것을 권한다. 그래야만 재발을 방지하고 건강한 삶을 얻을 수 있기 때문이다.

**코로나, 메르스, 독감, 사스, 신종플루

코로나바이러스도 일종의 호흡기 바이러스라고 한다. 아마도 지구의 온난화와 환경의 오염으로 인한 재앙이 아닌가 추측해 본다.

남극과 북극의 얼음이 녹고 에베레스트 만년설이 녹고, 곳곳에 이상 기후가 나타나고 있다. 인간들이 지구를 황폐하게 만들어 죗값을 치르고 있다는 생각이 든다.

코로나와 독감, 메르스, 사스, 신종플루…. 등등의 호흡기 바이러스가 나타나면 손발을 깨끗이 씻어라, 마스크를 꼭 쓰라, 등등의 가성비 없는 대처법을 강조한다. 현대인들 모두가 개인적으로 위생을 철저히 잘하고 있다고 본다. 그러한 영양가 없는 대처법보다는 실질적으로 도움 되는 메뉴얼을 공지하지 못하는 것이 안타깝다.

[코로나와 독감 또, 변이 바이러스가 출현했으니 각 개인은 면역력을 더욱 높일 방법들을 취하세요. 정크푸드를 먹지 마시고 되도록 올바른 식생활과 운동을 하여 어떠한 바이러스도 스스로 퇴치할 수 있는 면역력을 기르세요. 또 어떤 음식들이 면역력에 도움이 됩니다] 이런 올바른 메뉴얼을 내놓지 못하니 의학계도 애잔하다.

코로나든, 암이든, 면역력을 높여야 한다. 면역력을 높이려면 먼저 정크푸드를 멀리해야 한다. 인체는 호흡과 음식 이 두 가지로 만들어지고 유지되기 때문에, 올바른 식생활과 산행을 자주하면 약 4

주가 지나가면 몸과 멘탈이 바뀌기 시작한다. 그렇게 계속하면 모든 것이 바뀌기 시작한다. 시간이 더 지나면, 자신감이랄까? 내공이랄까? 일반적인 질병들에 감염되지 않을 듯한 면역력의 핵우산이 만들어짐을 느끼게 될 것이다.

그래도 조금만 방심하면 감기며 호흡기 질환이 달려들 수 있다. 그때는 약간의 운동과 상식적인 대처법으로도 가볍게 질환을 물리칠 수 있다.

나만의 코로나와 기타 호흡기 감염에 대처법은 이러하다.

목이 따갑고 아플 땐 먼저 왕소금물 짜게 해서 하루에 5-7회 정도 가글을 한다.

생강을 달인 물에 도라지 가루 1T 스픈(작은 찻숟가락), 계핏가루 1T 숟가락(작은 찻숟가락)에다 꿀은 밥숟가락 2개 정도 넣고 뜨겁게 해서 자주 마시는 것이다. 행여~ 다른 사람들도 감기며, 코로나, 사스,독감, 메르스, 신종플루…. 등등에 도움이 되었으면 한다.

그래도 안 되면 나는 나의 제품을 뜯어 마신다.

나의 제품이 호흡기 질환은 물론 가래, 천식, 폐 질환에도 어떤 양약이나 한약이나 다른 제품들 보다 비교우위에 있지 않을까? 자랑해 본다.

코로나에서 온전히 벗어난다해도 폐에 문제가 남아있을 수도 있다. 이러한 문제들도 해결할 수 있는 제품이라 본다.

[2월 26일 쯤에 나도 코로나에 걸린 듯하다. 어디에서 옮았는지 모르나 목이 아프더니 머리와 온 몸이 쑤씨고 아프고, 가래와 가슴

이 답답하고 입이 쓰고 토할것 같아 음식을 먹지 못할지경이었다. 계속 누워 잠만 자고 음식이 당기지 않고 온 전신이 아프고, 머리도 그렇게 아프더니 3일째 아침에 코피가 터졌다. 코피를 조금 많이 흘리고 나서도 계속 잠만 잤다. 잠을 많이 자고 일어나니 약간 호전이 되고 화장실에 갈 수 있을 듯이 되었다. 나는 양약을 원래 너무 싫어하기에 어떠한 상황이 벌어져도 되도록 피한다. 코피가 터진 후 자고 일어나서 나의 제품이 생각났다. 겨우 걸어 갖고와서 복용하기 시작했다. 한 3일 지나니 기운이 돌아오고 코로나와 몸살 기운이 수그러드는 듯하여 아침에 목욕을 갔다 오니 몸이 한결 가벼워지고 오후에는 거의 정상적으로 돌아 오는 듯 해고, 다음 날은 정상이 되었다.]

코로나, 독감, 메르스, 사스, 신종플루에 꼭 필요한 제품이라고 선전해 놓고는 정작 내 자신이 코로나에 걸렸을 땐, 생각지도 못하고 남들에게만 팔려고 했던 생각에 쓴웃음이 지어 졌다.

나는 제품을 만들 때 이러한 것을 넣는다.

여기에는 갱엿(쌀엿)이 맨 위층에 있고, 다음은 배, 다음은 도라지, 다음은 무우, 다음은 생강…. 등등을 넣는다. 공개하지 않은 식재료는 공개하는 부분보다 더 많다. 대부분이 우리가 일상에서 식재료 반찬으로 먹는 것들이다. 그러므로 부작용이 발생하지 않는다. 너무 진하면 물을 희석하거나 양을 줄여야 하고, 어린이들도 마찬가지다.

이 재료들을 120℃~117℃ 상회하며 13시간 정도 다린다. 그러므로 검은빛의 달달한 약재가 만들어지게 된다.

담배를 피우고 있어도 가래를 삭인다. 그렇다고 담배를 계속 피우면 곤란하다. 노쇠해지면 목에 가래가 붙어 항상 가른가른 거린다고 하는 분들이 더러 계시는데, 그러한 증상에도 아주 도움이 된다. 그렇다고 그렇게 많은 노인을 대상으로 효과를 파악한 것은 아니지만, 복용하신 분들 전부가 좋다고 전해 주신다.

폐암 환자들 몇 분도 복용하고 계시는데, 세계의 어떤 제품보다 낫다고 칭찬해 주신다.

어린이들의 감기약으로도 괜찮을 듯하다.

코로나든 앞으로 또다른 질병이 나타나도 지구를 잘못 사용하는 인간들에 대한 죄값이라 본다. 그런고로 면역력을 길러야 할 것이다.

면역력을 기른 첫째는 올바른 식생활이며 다음은 산소가 많은 곳에서 걷는 것이다.

그리고 몸속을 자주 청소해 주는 것도 잊지 마시길..

나의 레시피가 코로나를 비롯하여 비염이나 폐암과 폐질환이 있는 사람들에게 많은 도움이 되길 바라고 있다.

**하지정맥류

혈액은 심장에서 시작되어 동맥을 통해 우리 몸 곳곳으로 공급되고 정맥을 통해 다시 심장으로 돌아온다. 팔다리에 분포된 정맥은 근육 사이에 놓여있는 심부정맥(Deep vein)과 피부 바로 밑으로 보이는 표재정맥(Superficial vein), 그리고 이들 두 정맥을 연결하는 관통정맥(Perforating vein)이 있다. 하지정맥류는 위 3가지 정맥 중 표재 정맥이 늘어나서 돌출되어 보이는 것을 말한다.

정맥 내부에는 판막(Valve)이라는 것이 있어 혈액을 항상 심장 쪽으로 흐르게 하는데, 하지정맥류는 이 판막이 손상되어 발생한다. 하지 정맥 내의 압력이 높아지고 정맥벽이 약해지면서 판막이 손상되어 심장으로 가는 혈액이 역류하면 정맥이 늘어나 피부에서 두드러지게 보인다.

하지정맥류

원인 : 어떠한 원인이든 다리의 표재정맥 내의 압력이 높아지면 하지정맥류가 나타날 수 있다. 일반적으로 하지정맥류가 있는 가족이 있거나, 체중이 많이 나가거나, 운동이 부족하거나, 오랫동안 서 있거나 앉아 있는 경우, 흡연 등이 하지정맥류의 위험을 증가시킨다고 알려져 있다. 남자보다는 여자에 좀 더 흔하고, 특히 임신했을

때 하지정맥류가 나타나기도 하는데 대개는 출산 후 1년 이내에 정상으로 회복된다.

[네이버 지식백과] 하지정맥류 [varicose vein](서울대학교병원 의학정보, 서울대학교병원)]

하지정맥류를 가진 사람들이 더러 있다. 원인은 위에서 다 설명되어 참조하시면 된다. 치료는 대부분 병원에서 레이저 시술을 받는 것이 보통이다. 그렇다고 하지정맥류의 발생 원인을 제거한 것은 아니다.

나는 하지정맥류의 원인에 몇 가지 더 추가하고 싶다.

혈액이 탁하고 몸속에 독소와 노폐물들이 많다고 주장한다. 그리고 자연적인 치료법으로는 장, 간, 신장도 청소한 뒤, 사혈을 받은 후에 들깨기름을 하루 2~3회 정도 마시며 그 부위를 손으로 탁탁 치는 마사지 요법으로 흐름을 원활하게 하는 것을 권한다.

들깨기름의 양은 밥숟가락으로 한 숟가락이면 될 것이다. 언제부터 효과가 있을 것인가는 사람마다 차이가 있을 것이다.

그러나 반드시 효과가 있으며 현명한 사람들은 심혈관 질환에도 큰 효과가 있으리라 미루어 짐작할 수 있을 것이다.

**뒷목에 혹덩어리

목덜미에 커다란 혹 덩어리를 가진 이들이 더러 있다. 참으로 불편할 것이다. 어떤 젊은 친구는 20대 후반이나 30대 초반일텐데 목 뒤에 커다란 혹이 있어 아주 스트레스가 심하다고 했다.

목뒤에 커다란 혹 덩어리에는 대부분 비지밥이라고 하는 하얀 불순물이 모여 있는 경우가 대부분이다. 그 원인은 육류의 과다 섭취와 운동 부족, 잘못된 식생활 때문이라 추측되고, 몸 밖으로 배출되어야 할 불순물들이 한곳에 모였기 때문이다. 이러한 불순물이 발옆의 관절에 모이면 통풍이 된다. 신장의 기능이 약하고 올바른 식생활을 하지 않았고, 운동 부족 탓이라고 본다.

꼭 그런 혹들이 목뒤에만 있으란 법이 없다. 어떤 이는 이마에도 그런 혹이 있고, 다른 이들은 귀 뒤에, 가슴에, 배에, 다리에, 머리에, 사람마다 부위가 다르다.

이런 나쁜 불순물이 내부 장기에도 모여 발생할 수 있고, 내부에 혹이 발생하면 그 혹의 표피를 떼어 양성이냐 음성이냐 검사를 하고 어떤 땐 악성 종양으로 검진이 되는 때도 없지 않을 것이다.

혈관과 붙어있지 않고 혹이 작으면 수술로 제거할 수 있지만, 혹이 크고 혈관 가까이 붙어있으면 수술할 수 없어진다. 설령 수술을 한다 해도 혹 덩어리가 만들어진 원인을 제거한 것은 아니다. 하지만, 혹을 제거하고 나면 날아갈 듯 편안해지지라.

몸에 불편한 혹 덩어리가 있으면, 장, 간 디톡스를 많이 하면 없어지는 경우가 그렇지 않은 경우보다 더 높다. 장, 간을 청소하면서 나는 몸속에 불순물을 제거할 수 있는 제품을 복용케 한다. 수술이나 어떤 치료법보다 더 효과적일 때가 많다.

나는 암 덩어리가 있어도 이렇게 암에 접근하는 것이 바른 방법이요, 인체에 해가 미치지 않으며 혹 덩어리와 90세 이상까지 건강하게 사는 방법이 아닐까 생각한다.

몸에 혹 덩어리가 있는 분들은 절대 정크 푸드나 구운 육류, 튀긴 음식 등을 피해야 함을 거듭 강조하며, 올바른 식생활과 산행을 자주 할 것을 추천한다.

**폐암 말기

폐암과 췌장암은 치사율이 높아 모두가 죽음으로 쫓겨가는 듯하지만, 그중에서 살아남아 암을 물리치고 건강을 회복한 사람들이 있다고 한다. 폐암의 원인이 담배가 아닐까? 추측하지만 담배를 전혀 피우지 않은 산속의 아주머니도 폐암에 걸렸다고 한다.

나는 폐암의 원인을 집에서 사용하는 가스가 많은 영향이 있지 않을까? 추측해 본다. 오래전부터 유럽은 집안에서 사용하는 가스가 유해하다고 결론을 내리고 인덕션으로 사용하고 있다고 한다.

폐암의 원인도 나의 암 발병 공식에 대입해 보면, 유전 7, 운동부족 10, 환경 및 기타 13, 잘못된 식생활 30, 스트레스 40...(%)에 해당이 된다 보지만, 환경 및 기타의 원인에 더 많은 퍼센티지가 필요하다 본다. 폐암은 진단도 어렵고, 발견도 어려우며, 치료는 더욱 어렵다고 의학계는 고백한다.

폐암이라 판명이 되면 췌장암과 같이 벌써 증세가 악화되을 때가 거의 대부분이라는 것이다. 하지만 폐암도 암일 뿐이다. 저 건너편 마을에 커다란 양파망처럼 생긴 포대에 흙으로 집을 지어 이사온 61세 쯤 되는 이가 있다. 집을 짓고 이사 온 것이 한 4년 쯤 되었을 레나? 그런데 2020년 9월 쯤인가? 폐암이 심하다고 했다. 병원에서 치료를 받고 있는데, 그해 겨울을 넘기기 힘들 것이라는 소문이 돌곤 했다.

내가 한 번 찾아 갔는데 그때는 항암 치료를 받고 온 상태라 환자가 거의 혼수 상태라고 누구도 만날 수 없다고 부인이 그랬다. 그런데 해가 바뀌고 1년 쯤 지나서 집앞을 지나가고 있는 것이다. 약간 초췌한 모습이었지만, 병자의 완연한 티는 없었다.

건강이 어떠신냐고 물었더니, 아주 좋다고 하신다. 2022년 4월 말인 현재... 그 친구는 암과 친구하며 건강을 회복하고 있는 중이다. 나는 폐암에도 나의 암 대처법이 아주 유효하리라 믿어 의심치 않는다.

호흡, 맨발 걷기, 육식하지 않기...

폐암도 충분히 극복할 수 있는 질병이라 생각하니 세상에 뭔가 훤한 느낌이 든다.

공기가 맑고 산소 농도가 충분한 곳에서 따뜻하게 자고, 맨발로 걷고, 복식보다 더 긴 호흡을 하고, 육식을 하지 않으며, 긍정적인 마인드를 가진다면 충분히 폐암을 극복하여 암 덩어리와 함께 90세 이상까지 살 수 있을 것이라 본다.

얼마 전(2022, 4월) 집 앞에 냇가가 여름철 집중 호우가 있으면 범람을 가끔씩 하니, 군청에서 공사를 했다. 냇가를 전 보다 넓고 양쪽에 높이 둑을 만들고 거기에 일하러 왔던 분과 우연히 대화를 하게 되었는데, 자기 부인은 14년 전에 폐암 수술을 무려 7시간에 걸쳐 받았는데, 지금까지 건강하게 잘 지내고 있다고 한다. 그 분의 나이는 60대 후반으로 보였다.

**파킨슨병에 대하여

파킨슨병을 앓고 계시는 82세 된 할머니를 우연히 알게 되었다.

머리와 팔을 계속 흔드시고 말씀도 중간중간에 한 번씩 끊어진다. 머리 떨림이 있은 것은 10년 전쯤이고, 말씀이 어려우신 것은 젊은 날부터라고 하시니 오래전부터 파킨슨병이 발병한 것으로 추측할 수 있다.

이 질병 역시 원인이 밝혀진 게 없으며 치료제나 치료법이 없다. 전 세계에 이런 질병을 앓고 있는 이들이 많다고 한다.

파킨슨병은 뇌신경 중 일부가 침습 당한 것이다. 침습한 원인 물질은 나쁜 혈액과 림프액, 변형된 호르몬이라 추측한다.

그런데 신기한 일이 벌어졌다. 할머니께서 머리 흔드시는 것을 멈추게 해드렸다. 그러려고 한 게 아니고 머리가 자주 아프시고 눈도 아프셔서 영감님이 하도 부탁하시기에 도움이 될 듯하여 코안을 사혈해 드렸다. 신통한 것은 곧바로 머리가 맑아지시며, 머리 떨림을 멈추시게 된 것이다.

전에 두 번인가 손과 머리를 떨고 있는 분들을 만난 적이 있었다. 그분들 역시 수전증이 멈추었다. 그렇다고 내가 수전증이나 파킨슨병을 완벽히 제압할 수 있다고 자랑할 것은 못 된다. 파킨슨병을 앓고 있는 100명 정도를 완치시켰다면 그러해도 되리라~ 그렇지만 다른 분들도 많은 도움이 될 것임을 확신한다.

나만 놀라는 것이 아니라, 할아버지며 지인들도 놀라워하신다. 할머니께서 외국 병원이며 전국의 병원과 한의원을 다녀도 차도가 없던 것이 순간에 좋아지신 것이다. 나도 잘 믿기지 않았다.

또 하나의 불치병을 정복할 수 있을 것으로 생각하면 너무도 흥분된다. 재발을 방지하기 위하여, 허준이나 편작이 모르는 간단하고도 재미나는 처방을 하였다. 도움이 되는 액기스도 있는데, 드리지 못하고 시간이 흘러버렸다.

파킨슨병... 그거 많은 의학이 헛다리 짚은 듯...

**루게릭병에 대하여

질병의 종류는 167,000 정도가 등재되어 있다고 한다. 이 중에 질병의 원인이 제대로 규명된 것이 거의 없다고 한다. 그런데도 병증마다 약들이 처방된다. 원인을 모르는데도 처방받고 복용하고 있으며, 감기나 통증 같은 것은 치료가 된 듯이 효과가 나타난다.

당뇨약을 복용하니 당뇨의 수치가 뚝 떨어지고, 혈압약을 복용하니 혈압이 뚝 떨어지고, 머리가 아프거나 생리통, 치통, 요통…. 진통제를 먹으니 금방 통증이 없어지고 살 것 같다. 그러면 통증을 일으키는 원인이 약을 먹음으로써 제거되었나?

그렇지 않다. 신경이 차단되고 약물로 인해 잠시 숨어 있는 것이다.

루게릭병은 더욱 그러하다. 원인도 모르고 치료법이나 약이 전혀 없다.

나는 루게릭병도 절대 정크 음식을 먹어선 안 된다고 외친다. 인체는 음식과 호흡, 배설, 이 세 가지로 만들어지고 유지해 갈 뿐이기 때문이다.

루게릭이란 질병도 나의 질병 발병 공식이 통하는지 많은 루게릭 환자들에게 질문해 보고 싶다. 유전 7, 운동 부족 10, 환경 및 기타 13, 잘못된 식생활 30, 스트레스 40(%)

운동신경만 선택적으로 서서히 퇴화하여 결국 죽음으로 쫓겨 간다. 그런데 루게릭병 환자에게서 재미나는 사실을 듣게 되었다.

어떤 루게릭병 환자가 증세가 심해져 사지가 마비되어 휠체어를 타다가 어느 날 넘어져 머리를 부딪쳐 심하게 다쳤다는 것이다. 보호자가 늦게 와서 출혈이 다소 많았다고 한다. 병원으로 가서 지혈 치료받고 왔는데, 그 뒤로 루게릭병이 아주 좋아졌다는 것이다. 나는 루게릭병 환자에게서 그 이야기를 듣고 확~ 느껴지는 것이 있었다. 확실히 루게릭병이란 질병도 혈액과 림프액의 문제점이라는 것을….

그리고 혈관과 림프나 신경세포에 루게릭병을 일으키는 나쁜 물질이 숨어 있다 본다. 그것을 제거하는 것은 혈액과 림프액을 맑게 하고 몸속에 독소들을 제거하며 어혈(혈전)을 제거해 주면 충분히 도움이 되지 않을까 추측해 본다. 산에 있는 몇몇 약초는 루게릭병에 아주 좋은 효과를 낼 것이라는 짐작이 가슴을 뛰게 한다.

세계 모든 의학이나 의료계에서 불치병이라 낙인 찍어 놓은 것을 나는 치료의 가능성이 크다 본다.

앞서 서술했듯이 혈액과 림프액을 맑게 하고, 몸속에 독소와 노폐물들을 제거하면서 약초 물을 매일 마시면 좋은 효과가 나타나지 않을까하는 생각이 넘친다.

루게릭병 치료에 도움 되는 것은 첫째는 사혈이라 본다.

둘째는 몸속 청소에 있으며, 셋째는 맨발로 걷기, 넷째는 올바른 식생활, 다섯째는 약재를 복용하는 것.

나는 또 다른 운동을 권한다. 구르기다. 바닥에 누워 두 팔을 위로 올려 얼굴을 보호하며 옆으로 구르고 다시 반대로 구르고, 또 앞뒤로도 구르라고 한다.

하루에 적당히 하며 계속하면 모든 신체 기능이 좋아진다. 특히나 암 환자들에겐 반드시 권한다. 너무 많이 하면 머리가 어지러우니 조심하시길….

어떤 의학이나 의술도 정복하지 못한 질병을 열심히 도전하여 꼭 정복하고 싶다.

**아토피에 대하여

아토피를 앓고 있는 이들이 의외로 많은 듯하다. 특히나 유아들에게 발병하면 어머니들이 몹시 힘들어진다.

나는, 아토피는 식원병(食源病)이라고 20년 전부터 떠들고 다닌다. 즉, 잘못된 음식이 아토피며, 모든 피부병을 일으킨다는 게 나의 지론이다.

유아들에게 발병하는 경우는 임신하기 전이나, 임신한 후에 인스턴트식품이나 패스트푸드 같은 정크 푸드를 먹었기 때문이라 본다. 그리고 어린이들에게 나타나는 경우도 새집증후군보다는 잘못된 식생활 때문으로 간주한다.

유아들에겐 그렇게 할 수 없지만, 어린이들이나 성인이라면 아토피는 좋은 소금물을 자주 마시면 약 5~6개월이면 깨끗이 나을 수 있다는 현명하신 할머니의 경험을 전하고 싶다.

첨부할 사항은 역시, 정크 음식 같은 나쁜 음식들을 피해야 함을 꼭 명심하시길…!

**통풍과 당뇨병으로 발가락이 몹시 아플 때

통풍을 겪고 있는 이들이 의외로 더러 있다. 그분들은 신장의 기능이 떨어져 요산이나 크레아틴, 그 외에 다른 물질들이 몸 밖으로 빠져나가지 못하여 관절로 모여든 현상이라고 나는 주장한다.

통풍이 발병하면 그 부위에 약초를 붙여 진물이 나오게 하는 방법이 아주 뛰어나다. 몇 사람을 해 보았을 때 너무도 좋다. 이 방법은 무릎이 시큰거릴 때 쓰는 방법과 같다.

또, 당뇨병이 심해지면 발가락이 검게 변하고 썩어들어간다. 이런 악한 상황이 벌어지면 현대 의학은 발가락을 절단하는 방법을 취한다. 그리고 더 심해지면 그 위쪽 부분도 절단한다.

당뇨병에 올바르게 대처하지 못하고 합성인슐린을 장기간 복용한 탓이며, 환자 역시 음식을 조절하지 않고 운동도 열심히 하지 않은 탓도 있다. 그리고 여러 가지 양약들을 한꺼번에 복용해도 좋지 않은 상황이 연출된다.

최근에 발가락이 검게 변하면 자연적인 방법으로 치료를 할 수 있는 비방을 얻게 되었다. 그것은 간단하다.

따뜻한 물에 좋은 소금을 풀어 발을 오랫동안 담그고 있으면 피부를 통하여 나쁜 물질들이 빠져나오고 검은 발가락이 좋아진다고 한다. 행여, 그러한 분들이 있다면 행하여 좋은 결과가 있으시길 바란다.

또 하나의 방법은, 육류의 섭취를 줄이며, 정크 푸드를 끊는 것은 당연지사! 올바른 식생활을 하며 맨발로 걸었더니 그렇게 심하던 통풍이 싹 없어졌다고 지인이 알려주신다.

최근에 어떤 지인은 스스로 림프암과 투병을 하고 계신다. 항암 치료를 한 번 받으시더니 이것은 아니다란 확고한 신념으로 병원 치료를 단념하시고 집으로 와서 맨발로 걸으시며 절대 육식하지 않고 자연식으로 바꾸고 잘 생활하고 계신다.

이분이 통풍이 있었는데, 맨발로 걷고 육식하지 않으니 한 달 정도 되니 통풍이 완전히 나았다고 한다. 그리고 림프암이나 다른 모든 부위도 아주 좋아지고 계신다고 했다.

내년에 병원에 가서 암 완치 판정받을 확신을 하고 계신다.

**자연적인 검은 모발

사람들이 언제까지나 검은 모발을 갖고자 한다. 특히나 여성들은 더욱 그러할 것이다. 머리가 희어지면 나이가 더 많아 보이고 늙어 보이기 때문일 것이다.

남성들도 마찬가지다. 그래서 염색약이며 머리를 검게 할 수 있는 방법이나 제품들이 넘쳐 나지만 자연적으로 흰모발을 검은 모발로 자라게 할 기술은 개발되지 않은 듯하다.

그러나 나는 영원히 검은 머리카락을 간직할 수 있는 비방이 있다. 물론 계속 제품을 복용해야 하는 단점이 있지만, 그렇게 많은 비용을 들이지 않아도 되고 인체에도 어떤 영양제 보다 가성비 좋은 자연적인 재료들을 합성한다.

여기에는 여러 가지 곡식과 해산물, 약초도 들어간다.

제품을 만들어 임상복용하니 정말로 흰머리가 모두 검은색으로 자연스레 변함을 경험하였다. 또한 머리카락이 굵어지고 잘 빠지지 않으며 건강한 모발로 변했다. 나 같은 경우엔 약 52일간 복용하니 그렇게 되었다. 그런데 사람마다 바뀌는 시간은 다르다. 어떤 분은 4개월이 지나서야 변하기 시작했고, 어떤 분은 약 6개월이 지난 후에야 조금씩 검어지기 시작한다고 알려 준다. 사람마다 차이는 있겠지만 언젠가는 백발의 사람들도 반드시 검은머리카락으로 자연스러이 변할 수 있다고 믿는다. 빠른 시간에 검은 모발로 바뀌지 않는데도 계속 복용하는 이유는 영양제로나 건강증진 차원에서도 그 효력이 화학적인 영양제와는 다르고 인체에 많은 도움이 되는 자연적인 재료들이기 때문이리라. 덤으로 피부가 탱탱해지는 느낌과 맑아짐도 느낄 수 있으리.

흰모발이 갑자기 검어지는 것이 아니고, 인체 내에 많은 세포나 장기들이 좋아지고 난 뒤에 효력이 나타나는 듯하다. 손상된 DNA가 회복되는 듯한 느낌을 숨길 수가 없다. 90세는 몰라도 100세까지 건강하게 넘으려면 모발이 아니더라도 필요한 영양제가 됨을 확신한다.

지금까지 우리보다 경제력이나 여러 기술적인 것들이 우위에 있는 나라들조차 흰머리를 자연적으로 검게 자랄 수 있도록 하는 제품은 없는 듯하다.

내가 2020년 3월 19일 저녁부터 복용하였는데, 1개월 20일(약 52일)이 지나고부터 흰 머리가 사라지기 시작했다. 머릿밑에 하얀 세치들이 즐비했는데 드문드문 보이고 머리카락이 굵어지고 건강해졌다. 제품을 팔고 난 뒤 복용한 분들 대부분이 머리가 검어졌다고 속속 연락이 온다.

이렇게 대단한 제품이 될 줄 몰랐다. 처음엔 나도 반신반의했기 때문이다.

곡식과 해물, 뿌리채소…. 아무리 먹어도 부작용이 없다는 것이 큰 매력이지 않은가?~~

분명한 것은 사람마다 차이가 있다는 것과 나이와 관계없이 반드시 검은 모발로 바뀐다는 것이다.

1개월부터~ 2개월부터~ 3개월부터~ 4개월~1년~

처음 복용할 때는 하루 3회 복용을 권하며 완전히 검은 모발이 되면 그다음은 하루 1회 정도 복용해도 계속 검은색 모발을 유지할 수 있을 것이다.

죽음이 올 때까지 죽음이 있어도 검은 모발을 유지할 수 있다고 한다.

세상에 이런 일이….~~

**모발을 건강하게

나이가 들면 모발이 가늘어지고 많이 빠지는 것이 보편적이다. 혈액이 탁해지고 몸속에 독소와 노폐물들이 많아진 탓이다.

모발을 건강하게 잘 유지하고 덜 빠지게 하려면, 먼저 인스턴트, 패스트푸드 같은 정크 푸드를 피하고, 운동을 열심히 하면서 아래와 같은 방법들을 사용해 보면, 샴푸를 쓰는 것보다 머릿결이 좋아지고 머릿밑도 깨끗이 할 수 있고, 모발 건강에 많은 도움이 될 듯하다.

나는 여름 동안에는 사용해 보았다. 할머니의 말씀에 고마움을 느낄 수 있을 정도이었다. 그러나 겨울이 되니 시골에서 어렵다. 다시 여름이 오면 실행할 것이다.

사용 방법

세면기에 따뜻한 물을 받고 여기에 밀가루를 2~3스푼 풀어 저어서 충분히 풀리면 뿌연 물에 머리를 감는다. 잠시 머리를 담그고 있어도 되리라.

머리를 헹굴 때는 다시 따뜻한 물을 받아 여기에 식초를 조금 넣어 잘 섞은 다음, 머리를 헹구면 머리가 덜 빠지고 머릿밑이 개운해진다.

어떤 80세가 넘으신 현명한 할머니의 비방을 나도 세상에 전할 수 있어 감사할 따름인져….

화학적인 샴푸…. 그것만 줄여도 세상은 많이 건강해지리라~

최근 인터넷에서 측백잎을 술에 1달간 담그어 그 액을 머리에 분무하면 머리카락이 건강해지고 잘 빠지지 않는다고 한다.

**현대의학이 설치한 폭발물 제거

처음 만나 차를 마시며 대화할 때는 숨 쉬는 것조차 고르지 않았다.

의사의 교본 책 중에는 4가지 이상의 양약을 복용하는 사람은 의학의 영역을 벗어나 위험한 영역에 있다고 적혀 있다고 한다. 누구나 화학적인 양약을 4가지 이상 복용하고 있으면 의학의 영역을 벗어난 위험 단계임을 명시해 두어도 아무도 그런 기본적인 중요사항을 지키지 않는다.

그분이 내게 온 것은 2020년 2월 24일 월요일이다. 전에 강연할 때 참석하였고, 그때 나의 책을 읽어보시다 궁금하여 찾아오신 것이다.

이분이 복용하고 있는 약들은 혈압약, 심장약, 당뇨약, 수면제, 우울증약, 아스피린, 관절약, 무려 7가지나 되었다. 많은 이야기를 나누며 나의 프로그램대로 일체 양약을 끊어 볼 것을 제안했더니 흔쾌히 동의하셨다. 현대 의학이 설치해 놓은 시한폭탄들을 하나하나 제거해 나가는 것이 엄청 어렵다. 잘못하면 위험해진다.

다들 잘 알고 계시지만, 혈압약 중에서 최후 단계인 알파 및 베타 차단제를 복용하시는 분들은 3일 만 중지 해도 사망으로 이어지는 경우가 왕왕 있다.

수면제와 우울증약을 끊으니 2~3일간 잠이 오지 않아 힘들어했지만, 약 4일부터 잠을 잘 잔다고 하신다. 심장약을 끊고, 119를 부를 준비와 주머니엔 항시 응급 심장약을 준비하며 위험한 상황 속에서 무사히 잘 넘어갔다. 대신에 심장병의 위험을 줄이기 위하여 항상 저녁 식사 중에는 와인을 드시게 했다. 물론 금진옥액과 코, 머리, 다리 등에 사혈을 받게 해서 위험을 줄여 놓았다.

저녁엔 절대 육류를 먹지 말 것과 아침이나 점심때 육류를 먹을 때는 반드시 삶은 것으로 드시며, 정크 푸드를 일체 드시지 말 것도 주문했다. 채소와 과일을 많이 드시고 걷기 운동과 구르기 운동을 많이 할 것을 주문했다.

엄청난 약들의 중독에서 벗어나게 할 수 있는 것은 많은 경험과 신뢰와 용기, 환자의 믿음이 없으면 되지 않는다.

고혈압이 발병하면 양약을 복용치 않고 낮추는 방법이 있고, 당뇨가 발병하고 오래되어도 약물 없이 치유할 수 있다. 다른 질병들도 마찬가지다.

그것은 혈액과 림프액을 맑게 하고 몸속에 독소와 노폐물들을 제거하면 인체는 강력한 면역력을 회복하며 모든 질병을 스스로 물리치기 때문이다.

이 자연의 법칙을 잘 활용하면 의학과 의술과 화학적인 약품을 넘어 깨우침을 얻고 건강한 육체와 멘탈을 얻게 된다.

시한폭탄 같은 화학적인 약물 중독의 늪에서 벗어나야 진정한 건강의 기쁨을 만끽하게 되리라~

**건망증과 치매, 뇌 세포 활성화를 위하여

나이가 60대가 되니 점점 건망증이 심하여지는 듯하다. 건망증이 더하는 이유를 살펴보니 아마도 전에 담배와 술을 즐긴 것이 찜찜하다. 그리고 잘못된 식생활도 크게 한몫했다고 본다. 담배, 튀긴 음식, 패스트푸드 인스턴트식품들, 운동 부족, 저녁에 육류로 포식하고, 스트레스 등이 주요 원인이 될 것이다. 개인적인 경험은 치아를 치료받기 위하여 마취한 것도 영향이 있는 듯하고, 축구를 하다 코뼈를 다쳐 전신마취 한 것도 건망증에 영향이 있는 듯하다.

그런데 걷기 운동이 그렇게 중요한데 최근에 못 한 것이 가장 큰 원인이리라.

건망증 회복에 가장 좋은 방법이 걷기 운동이며, 다음은 정크 음식 같은 쓰레기 음식을 먹지 않는 것이 중요하다고 보며, 다음은 몸속 청소와 사혈에 있으며, 다음은 창조적인 생각을 많이 하는 것이 중요하다 본다.

인터넷 검색창에서 뇌 활성화에 대한 글을 올려놓으신 분이 있다. [소나무님]의 글을 옮겨 본다.

거기에는 운동이 뇌의 용량을 줄어듦을 방지하고 나아가 더욱 활성화한다는 미국 과학자들의 연구가 소개되어 있다.

[뇌는 만 25세 정도에 가장 크고 그 후로는 매년 조금씩 작아진

다. 평생 새로운 뇌세포가 만들어지는 것은 사실이지만 만들어지는 세포보다는 죽는 세포가 더 많다. 전체적으로 따져보면 우리는 매일 초당 10만 개 정도의 뇌세포를 잃는다. 이 과정은 1년 내내 계속 이어진다. 뇌에는 1000억 개 정도의 세포가 있으므로 모아서 쓸 만큼은 충분하지만, 시간이 지나면 이 손실의 효과가 눈에 보이기 시작한다. 1년 동안 뇌 부피는 0.5~1% 정도 줄어든다. 엄지손가락 크기의 기억 중추이자 바다에 사는 해마(seahorse)처럼 생긴 뇌 영역인 해마(hippocampus)는 나이가 들면서 수축하는 뇌 영역 중 하나다. 인간은 양쪽 뇌 측두엽의 깊숙한 곳에 각각 하나씩 모두 두 개의 해마를 가지고 있다. 해마의 크기는 매년 1% 정도 줄어든다. 기억력이 해가 갈수록 나빠지는 이유도 바로 해마가 느려도 꾸준히 줄어들기 때문이다.

오랫동안 뇌의 발달 과정은 뇌의 노화를 가속하고 해마의 수축을 촉진하는 알코올이나 마약 같은 것에 악영향만 받을 뿐 긍정적 영향을 받는 일은 절대 있을 수 없다고 생각했다. 그래서 이런 발달을 멈추거나 심지어 반전시키는 일은 불가능하다고 여겼다. 이제 이런 부분을 배경 삼아 운동이 기억력 뿐만 아니라 뇌 전체에 놀라운 영향을 미친다는 설득력 있는 증거들을 살펴보겠다. 미국의 과학자들은 MRI 스캔을 이용해서 121명의 뇌를 검사하고 1년의 시차를 두고 두 번에 걸쳐 해마를 측정했다. 그리고 그동안 실험 참가자들을 무작위로 두 집단으로 나누어 서로 다른 활동에 참여하게 했다. 한 집단은 지구력 운동했고 다른 집단은 심장박동수를 높이지 않는 스트레칭 같은 가벼운 운동을 했다. 1년이 지나자 지구력 운동했던 집단의 참가자들은 그보다 가벼운 활동에 참여했던 집단의 참가자들보다 몸이 더 튼튼해졌다. 여기까지는 당연한 일이었다. 하지만 해마에는 어떤 일이 일어났을까? 가벼운 활동을 한 참가자들의 해마는 1.4% 줄어들었다. 이 역시 놀랄 일이 아니다. 어쨌거나 해마는 1년에 1% 정도 줄어들까 말이다. 정말로 흥미로운 사실은 지구력 훈련에 참여한 집단의 사람들은 해마가 전혀 줄어들지 않았다는 점이었다. 오히려 상장해서 2% 더 커졌다. 해마가 1년 사이에 늙기는커녕 회춘해서 크기로만 따지면 2년 더 젊어진 셈이 되었다. 거기서 끝이 아니다. 참가자가 몸이 더 튼튼해질수록 해마도 더 크게 성장했다. 몸이 제일 많이 튼튼해진 사람의 해마는 2% 이상 자랐다.

어떻게 이런 일이 일어났는지에 관한 아주 중요한 의문이 당연히 뒤따른다. 뇌의 비료인 BDNF(신체활동이 많아질수록 증가한다)가 역할을 강화해서 기억력에 영향을 미친다고 설명했던 것을 기억하는가? 실제로 그랬다. 과학자들이 BDNF 수치를 검사했더니 이것이 증가할수록 해마도 크게 성장했다. 대체 어떤 기적의 프로그램이 1년 만에 이런 중요한 뇌 영역에 활력을 불어넣고 재성장을 촉진할 수 있겠는가? 실험 참가자들이 자전거 페달을 허벅지에 불이 날 정도로 세게 밟기라도 했을까? 아니면 엄격하게 시간을 재면서 숨이 턱까지 차도록 달리기라도 했을까? 전혀 그렇지 않았다.

사실 이들은 실내 자전거도 달리기도 하지 않았다. 그저 일주일에 세 번씩 한 번에 40분 정도 빠르게 걷기(power walk)에 참여했을 뿐이었다. 이것이 의미하는 바는 일주일에 몇 번씩 빠르게 걷거나 달리는 것만으로도 뇌의 노화를 멈추거나 역전 시키고 기억력을 강화할 수 있다는 것이다.

하지만 이런 종류의 실험에서 나온 결과를 판독해서 결론을 끌어낼 때는 항상 신중해야 합니다. 실험은 실험이고 현실은 현실이다. 해마를 노화로부터 보호할 수 있고 심지어 다시 회춘시켜 더 크게 만들 수 있다면 이것이 우리 삶에 주는 의미는 무엇일까? 단순히 열심히 움직이는 것만으로도 기억력을 향상할 수 있다는 말인가? 이 질문에 짧게 대답하자면 절대적으로 그렇다!

오랜 역사를 지낸 과거 연구들도 분명히 같은 방향을 가리킨다. 운동을 통해 단기기억과 장기기억 모두 향상할 수 있고 노화와 함께 찾아오는 해마의 붕괴도 속도를 늦추거나 심지어 역전시킬 수 있다.

인터넷 검색창 : 소나무

뇌세포와 건강을 더욱 활성화하기 위해선 저녁에 육류를 먹지 말 것을 권한다. 평소에도 패스트푸드, 인스턴트식품을 절대 삼가고 올바른 식생활을 해야 하며, 정기적으로 장, 간을 청소하고 또, 신장도 청소하면서 코안을 사혈을 받으며, 운동을 자주 할 것을 권한다.

나는 건망증이나 치매에 도움이 되는 제품을 가지고 있다. 위에 나열한 자연적인 방법들을 행해도 부족할 때 이용해 주시기 바란다.

99세 든, 120세 든, 죽음이 오는 순간까지 똑바른 의식을 가질 수 있는데 일조를 할 수 있었으면 한다.

**더러운 성질 이야기

나도 가끔 짜증을 내지 않아도 될 일에 짜증을 내고 격한 반응을 한다. 이 짜증이나 격한 반응들이 모여 성질머리로 진화되고 더 나아가 성격으로 발전된다.

요즈음, 강력하고 끔찍한 범죄가 자주 발생하고 있다.

세계 곳곳에서 한국이 가장 심하지 않을까 생각된다. 왜 그러할까? 우리는 지금 위험한 사회를 살고 있다. 그리고 좋아질 기미가 보이질 않고 나빠질 조건들이 즐비하다.

차 속에서 가족이 동반 자살하고, 집에 불을 질러 가족이 함께 죽고, 남의 집에 불을 지르고, 차를 막고 시비하고, 모르는 젊은이들이 동반 자살하고, 부인을 찌르고 자살하고, 부모를 죽이는 패륜아, 자식을 죽이는 인간 이하의 사건, 묻지마 폭행, 데이트 폭력, 학교 폭력, 가정 폭력, 너 죽고 나 죽자~ 막가파 사고방식….

나는 이렇게 생각한다. 더러운 성질 뒤에는 반드시 나쁜 음식이 있었다고 본다. 그리고 게임이나 오락도 한몫한다고 본다.

풀만 먹으면 4개월 뒤부터 성질이 풀잎처럼 부드러워질 것이다. 소, 코끼리, 말, 양, 기린 등의 초식 동물들은 비교적 성질이 온순한 편이다. 그들도 화가 나면 무섭다. 그러나 그것은 극히 드물다.

잘못된 식생활, 빨리빨리 외치고, 상대를 인정하지 않는 잘못된 습성…. 치열한 경쟁의 사회 구조와 게임 문화…. 또한 약물의 호남용(好濫用)…. 넓지 않은 마음들….

욱하며 발생하는 범법자들이 너무 많다고 뉴스에도 회자 되었다. 욱~ 성질에 반드시 나쁜 음식이 있었다고 주장한다. 이것을 알지 못하는 이들이 너무 많다.

성격이 형성되는 것은 유전적인 소인이 다분히 많다고 생각한다. 그것은 어릴 적 성격이고, 후천적으로는 음식을 올바르게 섭취하면 성격이 올바르게 바뀌게 된다.

교도소에 왜 콩밥이 나오게 되었는지 꼭 알아보시길 바란다. 즉, 음식이 성격을 좌우하게 된다는 것이다.

가령 밀가루 음식이나 튀긴 음식을 많이 섭취하면 필수 영양소들의 부족과 튀긴 음식에서 고온의 변성 기름 성분들이 트랜스지방을 넘어 엄청난 유해 성분으로 인체를 잠식해 간다. 그리곤 어느 정도 시간이 지나면 튀긴 성질로 변하는 것이다. 라면을 먹어선 안 된다. 그렇게 외쳐도 사람들이 듣지를 않는다. 그리곤 어느 날 나도 라면을 먹었다…. 안타까운 현실이다. 그러나 나는 라면을 요리할 때 채소를 많이 넣는다. 음식에 들어간 각종 화학적인 재료들이 성격 형성에 지대한 영향을 미침은 물론이요, 결국엔 질병으로 돌출될 수밖에 없다. 분노 조절 호르몬이 소실되어 가는 것이다.

좋은 머리가 나쁜 음식들에 의하여 나쁘게 방향을 잡고 그쪽으로 계속 치우치게 되는 것이다. 몸속 코드가 잘못되어 계속 자극적이고 감칠맛이 나는 것들을 끌어당기기 때문이다. 기업은 그러한 맛으로 충성 고객을 확보하는데 혈안이 되어 있다. 넣어서는 좋지 않은 화학적인 재료를 교묘하게 사용한다.

튀긴 음식을 자주 먹으면 성질이 괴팍해지고, 비염이 심해지고, 짜증을 자주 내며, 틱장애를 일으키고 집중력을 상실하며, 변덕쟁이가 되고 변태 인간이 되는 것이다. 여기에 게임이나 오락을 즐기면 신경이 긴장 모드로 변해 시한폭탄이 되는 것이다. 부모님도, 자식도, 가족도 잊고 욱하며 폭발한다.

해로운 성분들의 요소가 많아지면 장기나 신경 세포가 이상 반응한다. 아토피, 피부트러블, 우울증, 조울병, 공황증, 틱장애, 이상한 성격, 뾰루지, 자살 지향적인 마음, 자가면역성 질환, 치아 부식 및 풍치, 대상포진…. 그리고 더러운 성질로 나타나는 것이다.

어린 날에 인스턴트식품을 많이 먹으면, 저혈당증 증세가 나타나 주의력 결핍, 과운동증, 이상한 행동이나 이상한 질병들이 나타난다. 여기에 스트레스가 합쳐지면, 우울증, 공황증, 조울병 등의 정신질환이 나타나고, 그때 나타나지 않으면 10년 주기로 나타난다. 예를 들어 10대에 인스턴트식품을 즐겨 먹으면 20대에 그러한 증상이 나타나기 시작한다. 20대에 그러한 것을 즐겨 먹으면 30대 후반에 그러한 증상이 나타나 가정과 사회를 위험하게 한다. 그것이 남성이든, 여성이든…. 그리고 불임에도 절대적인 영향이 있다고 본다. 운동성이 부족한 난자와 정자…. 정부와 의학이 불임을 치료코자 어마어마한 세금을 투여하며 열성을 올리고 있는데, 효과가 거의 없다. 왜냐하면 문제의 원인을 규명하지 못하고 엉뚱한 곳에

쏟아붓기 때문이다.

불이 어디에서 타고 있는지 어디서 발화했는지 모르고, 연기가 난 곳으로 쫓아가고, 산에서 고래를 찾으려 한다. 너무 간단한 곳에 묘책이 있는데도 알아보는 이들이 없다.

첨가물이 많이 든 빵이나 과자, 초콜릿, 중국 음식…. 청량음료…. 이러한 것이 호르몬을 교란시키고 유전자 손상을 일으키며 위험한 인간으로 몰아 가고 있다. 여기에 잘못된 성 문화로 문제가 더욱 복잡해지고 사건 사고가 늘어나고 있다.

게임을 하면 모든 세포는 극도의 긴장 분위기로 빠져들고, 성호르몬의 파괴, 분노 조절 호르몬의 소멸, 아드레날린(코르티솔) 과다 분비에 의한 과립구의 증가, 활성산소 분포도가 엄청나게 올라간다. 몸속에는 젖산이나 일산화질소 등의 치명적인 독소 물질들이 서서히 퇴적하기 시작한다. 인성이 아니라 위험하고, 무서운 시한폭탄으로 변해가는 것이다. 그래서 어린 중학생이 게임을 말리는 어머니를 살해한 것이다.

좋지 않은 음식을 즐겨 섭취하는데, 어떻게 성격이 바르게 될 수 있는가…? 어떻게 결혼 생활이 유지될 수 있겠는가…? 왜, 이혼했는가…? 이혼의 이유 중 서로 성격이 맞지 않은 사항에 가장 많은 표를 던지고 있다. 이혼 사유도 궁극으로 파헤치면 결국은 대부분 밀가루 음식, 튀긴 음식이 문제가 되었음을 아는 이들이 없다. 그 사람의 젊은 날과 어린 날…. 올바른 음식을 섭취하도록 바르게 지침을 준 부모나 사회적인 매뉴얼이 많이 부족하다. 우리는 전 세계 어디보다 치열한 경쟁의 환경에서 태어난 느낌이다. 태어나자마자, 일등을 상기해야 하는지도 모른다. 그런 것이 바른 인간성, 바른 사회인, 행복의 개념을 잊게 하는 것이다.

약물의 호남용…. 머리가 아프다, 두통약을, 감기에 걸렸다, 감기약을, 마음이 우울하다, 우울증약, 허리가 아프다, 진통제를, 갑상샘에 이상, 갑상샘 약을... 생리불순이다, 호르몬제를... 이러한 것이 치료 약인가? 스트레스와 잘못된 식생활로 인한 독소 물질들을 제거하고 손상된 세포를 복원시키는 것인지 의심도 없이 처방하고 복용한다. 세상의 약품 중에 세포를 온전히 회복하게 하는 약은 아직 없다.

더러운 성질과 범죄자들은 어떤 음식을 선호하고 어떤 약을 복용하고 있었을까?

인체는 올바른 음식과 호흡으로 만들어지고, 암을 비롯한 모든 치료는 혈액을 맑게 하고 독소 물질을 제거해야 하는데….

성격을 바르게 하려고 많은 노력을 해야 한다.

몸이 건강해지면 성격이 바뀐다. 몸이 바르게 건강하기 위해선 음식이 바르게 섭취되어야 하며 그것이 꾸준해지면 성격이 바뀌어 간다. 급한 성격도 풀(채소)을 주식으로 하면 성격이 풀잎처럼 변하게 된다. 육류도 삶아서 먹으면 유해 성분들을 크게 줄일 수 있다.

반대로 튀긴 음식을 즐기면 폭력적, 화학적으로 변할 수 있다. 밀가루 음식을 즐기면 저혈당증 증세를 겪지 않을 수 없다. 또한 성질이 더러운 것은 몸속에 독소와 노폐물들이 많은 경우도 그러하다.

몸속을 청소하고 음식을 바르게 섭취하면 건강한 육체와 건강한 멘탈을 가질 수 있다.

질병이 있어도 예민해지고 짜증이 많아진다.

가끔 강연할 때 늘 하는 멘트 “성질이 더러운 것은 몸속에 독소와 노폐물들이 많고 간이 나빠 그렇습니다.” 이렇게 떠들고 다닌다.

내 몸을 내가 잘 관리하지 않으면 각종 성격이나 질병이 발병하고 서서히 한 인간이 무너져 가는 것이다. 그중에 삐뚤어진 심성이 “너 죽고, 나 죽자….” 아주 나쁜 저질 인간이 된다.

음식을 올바르게 섭취하고, 자연과 친하며, 스트레스 관리를 잘하고, 운동을 자주 해야 할 것이다.

몸속의 독소와 노폐물들을 청소해 주고, 마음속의 화마도 잘 다스려야 무병장수를 할 수 있다.

다시 한번 강조하고 싶다.

평소의 음식이 당신의 성격이 된다. 더러운 성질 뒤에는 반드시 나쁜 음식이 있음을 잊지 마시길….

**영양제를 왜, 챙겨 먹지?

영양제를 왜 챙겨 먹을까?

전에는 그러지 않았는데 기력이 떨어지고, 피곤이 쌓이며, 눈이 피로하고, 아침에 일어나기가 힘들고, 잔병치레를 자주 하고, 치아와 잇몸이 상하고, 피부에 트러블이 생기고, 무릎이 아프고, 눈이 침침해지고, 생리트러블이나 호르몬에도 이상 기류가 있고, 갖가지 좋지 않은 현상들이 어느 날부터 출현하기 때문이다.

위와 같은 황색 경고등으로 건강에 이상 신호를 보내는 것은 무엇 때문일까?

그것은 인체 내에 노폐물과 독소들이 쌓이어 있고 또, 혈액과 림프액이 침습을 당했다는 뜻이다. 혈관 속에 나쁜 물질들이 많아지기 시작했다는 신호이다. 많은 이들이 모르고 있는 사실은 간 내에 노폐물들이 퇴적되어, 젊은 날처럼 영양분을 흡수할 능력과 합성할 능력, 공급할 능력이 떨어졌기 때문임을 모르고 있는 듯하다. 영양이 부족해서가 아니라 영양분이 넘치어 그것들이 몸속에서 흡수 처리되지 않아 변형되어 독소 물질이 되고 혈액 흐름을 방해하고 혈관 벽에 퇴적돼 있음을 암시해 주는 신호이다.

이러한 몸속 상황을 잘못 인지하여 대부분의 사람은 반대로 생각하여 영양소가 부족하여 그러한 줄 착각하는 것이다. 이것이 또한 의학계의 엄청난 착각과 부끄러운 부분(치부)인데도 아직도 의학은 깨우치지 못하고 있다.

비타민C를 비롯하여 종합영양제나 홍삼, 루테인, 공진단, 경옥고, 코큐텐, 오메가 제품, 보약, 동물이 들어간 액기스를 찾게 된다. 나이 많으신 부모님이 기력이 쇠잔한 듯하여 영양제를 사드리는 것이 보편화되었다. 반대로 부모님의 몸속을 청소해 드리고 혈액을 맑게 해드리고자 하는 이들은 보기가 힘들다.

세포와 혈관, 신경세포와 각종 장기에 독소와 노폐물들이 쌓여 기력이 약해진 것은 모르고 매스컴에서 선전하는 제품이 부모님께 딱 맞는 제품이라고 선물해 드린다.

효도의 선물이 궁극적으로도 나쁜 영향이 될 줄이야! 바르게 알고 행해야 한다. 몸속을 청소하고 혈액과 림프액을 맑게 하는 그러한 것을 선물해야 한다.

나이가 많아지면 간과 신장, 혈관, 폐, 눈, 귀…. 인체의 모든 부위에 나쁜 물질들이 침착돼 있을 것이다. 그러한 것을 제거할 수 있는 그러한 제품이나 약초를 찾아 선물해야하며 본인들도 마찬가지다.

영양제를 복용하니 전보다 기력이 좋아졌다는 분들이 많다. 그러나 영양제를 복용하면 몸속의 독소와 노폐물들도 중간에서 채 갈 것이며, 그들의 세력도 커지고 확대되고, 결국엔 명(命)을 재촉당하게 될 것이다.

전 세계 100세 전후로 초장수를 하시는 분들에게 그러한 영양제를 복용하였는지 인터뷰를 하게 되면 그런 제품을 구경도 못 해본

분들이 대부분이리라.

영양제와 명약들이 인체가 필요한 적정한 양(量)은 신(神)이나, 의사나, 자기 자신도 모른다. 오직 몸속의 유기체들만이 알 뿐이다.

예를 들어, 비타민C 500mL를 복용했다고 하자 그중에 450mL는 인체가 흡수하고 나머지 50mL는 인체를 유영하다 결국엔 신장을 통하여 몸 밖으로 배출시켜야 한다. 몸에 축적이 되어도 문제, 몸 밖으로 배출할 때 신장에 엄청난 테러를 가하니 그것도 악영향! 인간 수명을 관장하는 텔로미어를 단축할 수 있다고 본다.

생명 유지의 3대 요소는 호흡, 음식, 배설이다.

올바른 식생활, 올바른 호흡, 그리고 건강한 배설…. 이것이 건강을 지키고 무병장수하는 첩경이다.

몸속에 나쁜 물질들이 축적되고 있고 혈액과 림프액이 침습을 받아 컨디션이 떨어지고 바이오리듬이 깨어지고 있는데, 영양제를 복용하고 있는 안타까운 이들이 너무 많다.

몸속을 청소한 후에,

영양제라면 잡곡밥, 채소나 과일, 해조류, 삶은 육류 등을 오래오래 꼭꼭 씹어 드실 것을 권하며, 맨발로 걷기와 구르기 운동, 바른 호흡을 자주하여 99세까지 88함을 유지하시길.

**백내장과 녹내장 그리고 황반변성

눈에 발병하는 질병 대부분은 눈에 있지 않고, 혈액과 림프액이 탁하고 몸속에 독소와 노폐물들이 많아서 발병한다고 오래전부터 떠들고 있다. 또한, 양약을 장기간 복용하면 백내장이나 녹내장, 황반변성 같은 눈병도 발병할 확률이 높다 본다. 눈에 녹내장이나 백내장, 안구건조증, 눈물샘 박힘, 황반변성 같은 질환이 있는 분들을 살펴보면 대부분 혈압약이나 당뇨약, 그 외에 다른 양약을 오랫동안 복용하고 계셨던 분들이다.

나는 눈병 하면 90%가 간 내에 노폐물들이 많고 혈액과 림프액이 탁해서 그러하다고 주장한다. 그러나 현대의학은 원인이 아직 밝혀진 것이 없으니 나타난 증(症)만 보고 치료에 임하고 있다. 나뭇잎이 왜, 말라지는지 그 원인을 나뭇잎에서만 원인을 찾고자 한다. 뿌리와 줄기는 보지도 않은 채…. 환자도 마찬가지다, 원인과 이유는 덮어두고 무조건 병증을 치료해달라고 아우성친다.

지난날들을 조용히 되짚어 보고 병이 날 수밖에 없었던 원인을 찾지 않은 채…. 눈을 수술한 후, 후회하고 고통을 받는 이들이 많다. 때로는 돌이킬 수 없는 상태로 변한 예도 없지 않다. 노인들에게 흔히 나타나는 백내장과 녹내장…. 그 원인을 깊이 파고들면 결국, 간에 노폐물들이 많고 혈액과 림프액이 탁하기 때문일 것이다.

모든 질병에서도 그러하듯, 녹내장과 황반변성증까지 예방할 수 있다고 본다. 그것의 첫 번째가 몸속의 독소 제거(청소)가 될 것이며, 둘째는 사혈이 될 것이다. 그리고 평소 올바른 식생활과 운동이 될 것을 확신한다. 위와 같이 행한 후에 수술받는다 해도 후유증이 더욱 경감될 것이다.

[나는 전에 눈이 나빴다. 그때 간 수치가 GTP, GOT가 각각 320, 340 정도 되었다. 3~4개월마다 눈의 시력이 떨어지기 시작했고, 안경의 도수가 높아지기 시작했다. 눈이 나빠지고, 허리가 아프고, 간의 기능이 아주 좋지 않아 어쩔 수 없이 서울의 직장 생활을 접고, 첩첩 산골로 낙향해야 했다. 그래도 담배를 끊지 못하고 피웠다. 어머님이 약초를 달여 많이 주셨다. 민간요법이다. 그런데 얼마 지나지 않아 시력이 회복되었다. 안경을 벗었다. 양약을 전혀 복용하지 않았다. 그리고 간 기능도 점점 회복되었다. 어머님이 달려 주신 것은 주로 인진쑥이라는 것이었다.]

백내장

눈의 검은자와 홍채 뒤에는 투명한 안구 조직인 수정체가 존재하여 눈의 주된 굴절기관으로 작용한다. 눈으로 들어온 빛은 수정체를 통과하면서 굴절되어 망막에 상을 맺게 되는데, 백내장은 이러한 수정체가 혼탁해져 빛을 제대로 통과시키지 못하게 되면서 안개가 낀 것처럼 시야가 뿌옇게 보이게 되는 질환을 말한다.

녹내장

녹내장은 안압의 상승으로 인해 시신경이 눌리거나 혈액 공급에 장애가 생겨 시신경의 기능에 이상을 초래하는 질환이다. 시신경은 눈으로 받아들인 빛을 뇌로 전달하여 '보게 하는' 신경이므로 여기에 장애가 생기면 시야 결손이 나타나고, 말기에는 시력을 상실하게 된다.

개방각 녹내장은 전방각이 눌리지 않고 정상적인 형태를 유지한 채 발생하는 녹내장을 말하고, 폐쇄각 녹내장은 갑자기 상승한 후방압력 때문에 홍채가 각막 쪽으로 이동하여 전방각이 눌려 발생하는 녹내장을 말한다. 각막의 후면과 홍채의 전면이 이루는 각을 전방각이라 하며 이것이 눌리면 방수가 배출되는 통로가 막히게 되므로 안압이 빠르게 상승하게 된다.

녹내장의 발병 주요 원인은 안압 상승으로 인한 시신경의 손상이다. 시신경 손상이 진행되는 과정에 대해서는 안압 상승으로 시신경이 눌려 손상된다는 것과 시신경으로의 혈류에 장애가 생겨 시신경의 손상이 진행된다는 두 가지 기전으로 설명하고 있다. 그러나 아직 병을 일으키는 정확한 원인은 밝혀져 있지 않으며, 이에 관한 연구가 지속해서 진행되고 있다.

황반변성

눈의 안쪽 망막의 중심부에 있는 신경조직을 황반이라고 하는데, 시각세포 대부분이 이곳에 모여 있고 물체의 상이 맺히는 곳도 황반의 중심이므로 시력에 대단히 중요한 역할을 담당하고 있다. 여러 가지 원인에 의해 이 황반부에 변성이 일어나 시력장애를 일으키는 질환을 황반변성이라 한다.

원인 : 황반변성을 일으키는 가장 많은 원인으로는 나이 증가(나이 관련 황반변성)를 들 수 있으며, 가족력, 인종, 흡연과 관련이 있다고 알려졌다.

증상 : 황반부는 중심 시력을 담당하는 곳이므로, 이곳에 변성이 생기면 시력 감소, 중심암점, 변시증(사물이 찌그러져 보이는 증상) 등이 나타난다. 비삼출성일 경우 크게 시력에 영향을 주지 않는 때도 있다.

[네이버 지식백과] 백내장, 녹내장, 황반변성 (서울대학교병원 의학 정보, 서울대학교병원)

이러한 눈병이 나타나는 것은 대부분 노인층에서 나타나고 있는데 원인도 없고, 치료법도 없고, 대책이 없다. 수술을 권하고 있으나 수술받은 노인들 대부분은 더 나빠지는 경우가 많다고 한다.

나는 말한다.

백내장, 녹내장, 황반변성, 그 외 다른 눈병들…. 몸속을 청소하고 음식을 바르게 섭취하고 적절한 맨발 운동하면 충분히 예방할 수 있다고 본다.

치료법 또한 같을 수밖에 없으리라.

**췌장암

얼마 전에 췌장암 판정받으신 분이 왔었다.

나이는 77세, 2021년 12월 6일에 그런 검진이 나왔다고 한다. 오래전부터 동생 분은 가끔 나에게 오시곤 했다. 그날은 형님 내외를 태워 팔공산에 드라이브 시켜준다며…. 곧바로 오신 것이다. 형님은 병원에서 췌장암이라는 판명을 듣고는 음식이며, 삶의 끈을 놓고 모든 것을 포기한채 암울하게 지내시고 있었는데, 동생분이 딱하여 형님께 미리 알리지 않고 모시고 온 것이다.

나는 췌장암이든 어떤 암이든 상관이 없으며, 치사율이 높다지만 암은 다 암일 뿐이며, 충분히 90세까지 잘 살 수 있다고 했다. 그리고 암을 대처하는 방법들을 소상히 이야기했다.

췌장암의 초기 증상으로는 소화불량, 신물이 자주 올라온다, 갑자기 체중이 4-5kg이상 빠진다, 황달 증상이나 가려움증이 있고, 등과 허리, 복부 등에 통증이 나타나고, 밥맛이 없고 식사 후에 통증이 있다. 대변에도 이상이 있고, 변비, 구토, 회색변, 소변이 붉거나 노란색이 짙다. 이러한 현상이 복합적으로 나타난다.

췌장암의 원인으로는, 의학적으로 밝혀진 것은 없다. 다만, 고칼로리와 고단백질 섭취, 흡연, 스트레스, 과다한 음주 등으로 추정할 뿐이다.

나는 췌장암이 발병한 원인은 담도와 췌관이 만나 십이지장에 개구(開口) 되어 있는데 여기에 노폐물들이 퇴적되어 있는 현상과 혈액이 탁하기 때문에 발병하는 것으로 추정한다. 전 세계 누구도 나와 같은 생각을 하지 않고 있으며 무조건 췌장암은 치사율이 높다고만 인식하는 이들이 너무 안타까울 뿐이다. 그런고로, 췌장암을 치료하기 위해선 장, 간을 청소하고 혈액을 맑게 하는 방법을 취하면서, 천연의 자연 요법인 3대 요법을 행할 것을 권한다.

암이나 기타 질병들이 발병하면 3대 요법, 호흡, 맨발로 걷기, 육식 금지... 잘 활용하면 90세 이상 까지 건강을 유지 할 수 있다고 본다.

췌장암과 폐암은 쉽게 발견되지 않고 또 발견이 되었을 때 이미 늦은 때가 많으며 치사율이 높은 것은 수술이나 방사선 항암제 때문이 아닐까? 추측해 본다. 어떤 암일지라도 진성암은 수술, 방사선, 항암제는 오히려 해가 된다고 [콘도 마코토 의사]는 주장한다. 그분은 방사선은 약간 인정하는 분위기다. 인체의 생명 근원을 파괴하기에 절대적으로 위험하다고 모든 세계적인 암 권위자들이 인정하고 있는 실태다.

그러나 나는, 현대 의학이나 의술 보다 훨씬 안전하고 암 덩어리와 90세 까지 동행할 수 있는 방법이 앞서 설명한 방법들임을 권한다.

췌장암 말기로 오셨던 분은 지금 건강이 아주 양호졌다고 한다.

나는 나의 방법과 몸속 청소 제품을 전달했고, 나의 암 대처법을 전했을 뿐이다.

호흡, 맨발로 걷기, 육식 하지 않기, 올바른 식생활, 몸속 청소, 사혈… 암 환들이 실천하여 암으로 인하여 죽음을 쫓겨가는 이들이 없었으면 한다.

얼마 전에(2022, 5월) 형님 친구 분이 췌장암으로 돌아가셨다.

나이는 73세… 서울의 유명 병원에서 췌장암을 수술받은지 몇 개월이 조금 지났을 것이다. 그분에게 내가 어떤 이야기를 했더니만, 손사래를 치시며 서울의 유명 병원과 의사말만 따르겠다고 했다. 너무 딱 잘라 말씀하기에 더 이상 입을 열지 않았다.

췌장암도 그냥 암일 뿐인데…

**암 발병 전조 증상

꼭~ 암이 발병하기 전의 증상은 아니지만, 일반 질병이나 면역력이 떨어져도 이러한 증상들이 나타날 수 있으니 참조해 보시기 바랍니다.

1) 피로가 쌓이며, 만사가 귀찮다. 만성 피로 호소.

2) 짜증이 잦고 성질이 예민해졌다.

3) 시력이 급격히 저하되고 눈의 피로가 심하다.

4) 갑자기 체중이 5kg 이상 빠지며 밥맛이 없다.

5) 몸에 멍이 자주 들거나 출혈이 잦다.

6) 감기나 기침이 오래간다.

7) 목, 임파선, 다른 곳에 혹이 만져진다.

8) 자주 체하고 소화 불량이 잦으며 신물도 자주 올라온다.

9) 근육통, 신경통 등의 증상이 잦고, 젖산 분비가 많다.

10) 몸에서 좋지 않은 냄새가 나는 듯하다.

11) 스테미너와 집중력이 떨어진다.

12) 탈모 현상이나 모발이 가늘어진다.

13) 밀가루 음식, 가공식품, 단 것이 많이 당긴다.

14) 배변 습관의 변화가 심하다.

**아스피린의 배신

아스피린은 아세틸살리실산을 주성분으로 하는 소염진통제로 오래전부터 버드나무 껍질에서 추출하여 사용해왔다. 그러나 자연 물질은 특허 대상이 아니므로 분자 구조가 비슷한 물질을 화학적으로 생산한다. 1874년 독일 화학자「헤르만 콜베」가 살리실산을 합성해 내는데 성공하면서 현재는 석유에서 추출하는 벤젠이나 페놀에 이산화탄소를 결합시켜 살리실산을 합성해내고 이를 화학 처리하여 아세틸로 바꿔 아스피린이란 이름으로 대량 생산한다. 그리고 복용했을 때 물에 잘 녹게 하려고 이탄산나트륨을 첨가한다. 영국의「존 베인」은 아스피린이 체내에서 면역 체계를 향상시키는 프로스타글라딘의 합성을 방해한다는 원리를 밝혀내 1982년에 노벨의학상을 수상한다.

자연에서 추출하는 아스피린은 위궤양 등 부작용을 일으키지 않는 훌륭한 약이지만 제약회사에서 대량 생산하는 아스피린은 합성화학물질이어서 심각한 위궤양, 유산, 신장 질환, 뇌졸중, 간질환, 라이증후군, 알레르기 증상뿐만 아니라 중독증 등을 유발시킨다. 그리고 출혈이 멈추지 않아 응급실에서 수술하지 못하는 경우도 많이 발생한다. 주류 의사들은 아스피린을 입속에 넣고 서서히 녹여 먹으면 위궤양을 일으키지 않는다고 하지만 그것은 과학적으로 전혀 근거 없는 말이다. 씹어 먹으나 녹여 먹으나 흡수되는 물질은 같기 때문이다.

전 세계적으로 아스피린은 연간 9조 원이 넘게 팔리는데 그중 미국에서만 8조 원 가량이 팔릴 정도로 미국은 약 중독 국가다. 이 때문에 미국에서만 매년 7,600명이 아스피린 부작용으로 죽어간다.

출처 : 책「병원에 가지 말아야 81가지 이유」中에서

**이혼의 진짜 이유

이혼한 이들의 이유를 찾아보면 1순위가 [성격 차이]라고 한다. 다음은 배우자의 외도, 폭력, 게임과 오락, 과도한 취미생활, 무능력, 과도한 음주, 고부간의 갈등…. 이유가 너무 많다.

그러나 이러한 수많은 이유를 모으고 압축하면 하나로 귀결이 된다. 그것이 무엇인가? 그것을 밝히기 전에, 왜 성격이 맞지 않을까에 대해서 살펴볼 필요가 있다.

남남이든 형제든, 심지어 부모님까지 성격이 맞지 않는 경우가 더 많다. 모든 인체의 형질이나 멘탈이 다르기 때문이다. 먼저 남편이나 아내는 다름을 인정해야 한다. 결혼이라는 보트를 타고 서로 잘 맞추어 노를 저어 삶을 항해해야 한다. 네가 노를 잘못 저어 배가 바르게 안 간다고 서로 탓하고 있으면 배는 산으로 갈 것이다. 누구 하나가 태만을 하면 한 사람은 굉장히 힘들어지고 파트너를 바꾸고 싶어진다.

다르지만, 소통이 잘 되면 서로 코드가 맞고 트러블이 없다. 트러블이 있다는 것은 소통이 되지 않기 때문이다. 소통되지 않는 것은 생각과 추구하고 원하는 것이 다르기 때문이다. 추구하고 원하고 베푸는 것이 서로가 같아야 궁합이 맞다.

세상에 잘 맞는 부부가 있을까?

드물다. 너무 잘 맞으면 신들이 질투하여 때로는 한 사람을 먼저 하늘나라로 불러들이는 예도 없지 않다.

이혼 이유의 1순위 성격 차이…. 성격은 어떻게 형성이 될 것인가? 그것은 부모님의 유전 영향이 크다 본다. 그리고 가정환경을 비롯하여 성장하면서 몸담은 학교생활 및 여러 단체와 친구들에 의해서도 약간의 영향을 받게 된다. 그러나 필자가 보기엔 성격은 음식이 좌우한다는 것이 나의 지론이요. 외침이다.

다시 말해, 이혼의 궁극적인 원인은 잘못된 식생활에서 출발한다는 것이 나의 외침이다. 인체는 호흡과 음식, 이 두 가지로 만들어지고 유지해 간다. 눈과 귀는 기쁨과 슬픔을 인식하여 스트레스와 밀접한 관계가 있다.

성격이 맞지 않아 이혼에 이른 부부가 있다고 하자. 그들에게 육식과 밀가루 음식을 금지하게 하고, 채소와 과일, 잡곡밥과 같은 음식을 먹게 한다면 4개월 뒤 그들은 이혼을 보류하게 될 것이다. 더 지나면 이혼은 없던 일이 된다. 밀가루 음식과 육식을 빼고 식사하면 성격이 온순해질 수밖에 없다. 물론 4개월이 더 지나야 온순해지는 사람들도 많을 것이다. 단지 약간의 시간이 차이 날 뿐이지만, 두 사람은 성격이 좋아지게 되고 트러블의 거품이 서서히 녹아 없어진다.

전에 그러지 않았는데 성질이 날카로워진 것은 나쁜 음식을 먹었기 때문에 몸속에 나쁜 독소와 노폐물들이 쌓였기 때문이다. 몸속을 청소하게 하고 올바른 음식을 먹으면 점차 괜찮은 사람으로 변한다. 이러한 간단하고 소중한 원인을 모른 채 많은 이들이 이혼하고, 또 삶을 바르게 항해하지 못하고 괴로워 한다.

외도…. 외도하는 사람도 호르몬이 과다하게 분비되고 자신의 컨트롤 능력이 떨어진 사람들이다. 풀과 밥만 먹고 있으면 바람을 피울 호르몬이 잘 생성되지 않고 정신이나 영혼이 맑아져 아주 도덕적인 사람으로 변할 것이다.

도박…. 마찬가지다. 채소와 과일, 밥만 먹게 하면 조금 지나 싫증을 내고 바른 생활과 자기 계발과 가정에 충실하게 될 것이다.

고부간의 갈등…. 시어머니와 며느리 두 분 다, 풀만 먹게 하면 갈등은 곧 사그라들 것이다.

과도한 취미생활…. 마찬가지다.

이혼하는 이유들이 많다. 그러나 대부분의 원인은 나쁜 음식에서 시작한다는 것을 누가 가르쳐 주지 않았고 몰랐기 때문이다.

절대로 정크 푸드를 먹지 마시라. 그것이 자기를 망치고, 가정을 망치고, 사회를 망치고, 나라를 망칠 수 있는 망조의 길로 접어드는 길임을 우리는 깨우쳐야 한다.

**체머리와 수전증

몇 년 전에 대전 대덕단지 내의 어떤 연구소에 근무하는 38세의 유능한 박사가 왔었다. 손과 턱을 약간 떨고 있었다. 나는 물었다. "평소에 무엇을 즐겨 먹었습니까?"

그 박사는 "저는 대부분 튀긴 음식을 즐겨 먹습니다." 그렇게 대답했다.

나는 그러한 답변이 나올 줄 미리 짐작했고, 그럴 것 같기에 물은 것이다. 의사 친구들이 여럿 있다고 자랑도 했다. 그러나 현대 의학으론 치료가 불가능하다.

나는 수전증을 호전시킬 가능성이 80%가 넘는다. 물론 그 박사도 나의 말을 잘 실천해 준다면 지금쯤 완전히 벗어나 있으리라.

[떨림은 진동 운동이기 때문에 특징적인 진동수가 존재한다. 대개 소뇌의 질환 등에서 나타나는 의도 떨림(intention tremor)은 낮은 진동수를 가지고, 본태(원인을 모르는) 떨림(수전증)이나 기립(서 있을 때) 떨림은 높은 진동수를 가진다. 손이나 팔 등의 긴장이 제거된 안정 상태에서 떨림 운동이 심해지는 안정 떨림의 경우에는 파킨슨 증후군에 속하는 질병들을 의심할 수 있다. 안정 떨림은 매우 심한 경우를 제외하고는 대부분 미세 운동에 영향을 미치지 않기 때문에 떨림을 유발하는 다른 질환과 구분한다. 기타 비전형파

킨슨병, 심한 본태 떨림, 윌슨병, 약물유발떨림 등에서도 안정 떨림이 나타날 수 있다.

활동-자세 떨림은 해당 부위의 근육을 사용하는 자세(팔을 든 채로 손바닥을 위로 한 자세 등)에서 잘 유발된다. 이 떨림은 감정적 흥분이나 불안 등이 동반될 때 더 두드러진다. 생리적인 떨림(특별한 병이 없는 상태), 독성-대사성 질환, 약물에 의한 떨림 등에서 나타날 수 있다. 의도 떨림은 소뇌나 인접 연결 구조물의 질환으로 인해 나타난다. 활동할 때, 특히 지시된 운동의 마지막 부위에서 심한 떨린 증상이 나타날 수 있다. 대부분 낮은 진동수를 가지고 머리나 팔에서 잘 나타난다.

본태 떨림(essential tremor:수전증)은 가장 흔한 떨림 중 하나이며 가족 구성원 내에 동일한 증상을 가지는 경우가 많다. 상염색체 우성으로 유전된다. 하지만 가족력이 없는 산발성 본태 떨림도 흔히 발견된다. 본태 떨림은 대개 35세 이상에서 잘 발생한다. 떨림. 자체는 나이가 들면서 점차 심해지지만 떨림이 다른 질병을 일으키거나 심각한 다른 질환의 증상으로 나타나지는 않는다. 대개 오른쪽과 왼쪽 모두에서 떨림이 발생하지만 처음 시작 단계에서는 주로 사용하는 손(대부분의 경우 오른손)에서만 나타나기도 한다. 떨림은 대부분 팔 부위에서 발생하며 이후 머리, 목, 턱, 혀, 목소리 등에서도 떨림이 나타날 수 있다.]

[네이버 지식백과] 수전증 [essential tremor] (서울대학교병원 의학정보, 서울대학교병원)

위에서 설명한 것처럼 수전증이나 체머리, 턱 떨림 등은 아직까지 정확한 원인이 밝혀진 것이 없다. 그러기에 치료약도 개발된 것이 없다. 그런데도 사용되는 약들이 있는데 이것은 신경안정제나 호르몬과신경 차단제... 정도이다. 그러나 이러한 화학적인 약들은 증상을 봉합할 수 있을지 모르나 반드시 인체에 악영향을 주며 다른 질병을 불러들이거나, 생명의 단축에 기여할 것이라 본다.

나도 수전증이나 파킨슨병, 체머리, 턱 떨림의 환자들을 만났다. 그런데 현대 의학적으로 치료가 안 된다는 질병들을 거의 해결한 것 같다.

체머리, 수전증, 턱 떨림 등의 파킨슨 증후군도 혈액이 탁하고 림프액이 탁하여 발병한다고 본다. 더 구체적인 원인은 잘못된 식생활과 스트레스, 운동 부족이라 본다.

파킨슨병을 앓고 있는 사람들은 2~3명 정도 만난 듯한데, 한 번 만나곤 연락이 되질 않았으니 실패한 것이라 본다. 그러나 82세 할머니의 20년 된 파킨슨병을 곧바로 완쾌되는 놀라움을 경험하기도 했다.

그러기에 파킨슨 증후군의 질병들도 나는 가능하다고 본다. 채머리, 수전증, 턱 떨림 등도 포괄적으로 보면 파킨슨증후군에 속한다고 보며 뇌의 신경조직이나 뉴런에 문제가 발생한 것이라 본다. 현대 의학은 소뇌에 문제가 있다고 접근하지만, 나는 혈액과 림프액이 잘못되고 그것이 소뇌나 뇌혈관에 침범했다고 본다.

먼저 코안을 터치를 해야 한다. 놀라움은 여기에 있다. 다음은 몸속을 청소하고 올바른 식생활과 맨발로 걸어 볼 것을 적극적으로 추천한다.

체머리와 수전증, 파킨슨 증후군 까지도 충분히 치료될 수 있다 본다.

**맥압과 혈소판

맥압

혈압을 측정한 후 수축기 혈압에서 이완기 혈압을 뺀 수치가 맥압이다. 맥압의 차이가 많을수록 혈관이 딱딱한 것이다. 맥압은 보통 40-50mmHg인데, 50대 이후 맥압이 70-90mmHg 이상이면 심.뇌혈관질환 위험이 크다.

맥압이 50-60mmHg 이상이면 검사를 받을 필요가 있다.

혈소판

혈소판 수치는 간 기능 검사에 포함되어 있지 않다. 그러나 안목이 높은 간 전문의는 혈소판의 변화를 매우 중요하게 생각한다. SGOT, SGPT와 감마 GTP의 검사가 언제나 정상을 보여도 혈소판 수치가 감소한다면, 이는 간 질환의 진행을 의미하는 경우가 많다. 간 섬유화가 진행되면 비장이 커지게 되고 그 결과로 혈소판이 조금씩 줄어들게 되어 혈소판 수치가 10만 이하로 떨어지면 간경화로 진행되었을 확률이 매우 높아진다. 정상인의 경우 혈액 1㎣ 속에 약 30-50만 개가 포함되어 있으며 방사선에 노출되었을 때, 가장 먼저 감소하므로「방사선 장해 지표」로 쓰이기도 한다.

혈소판이 부족하면 점상출혈이 나타나게 되며 멍이 잘 들고, 코피가 잘 나게 된다.

혈액의 응고와 지혈 작용에 중요한 역할을 한다.

**운동선수들에게

운동을 잘하기 위해선 먼저 몸의 컨디션이 좋아야 한다. 그날의 컨디션이나 평소에 항상 잘 준비된 컨디션을 유지해야만 좋은 성적, 좋은 기록을 낼 수 있다.

그러기 위해선 특별한 영양식이 있어 프로그램대로 영양을 섭취하겠지만, 내가 여기서 하고 싶은 것은 반대로 몸속의 독소와 노폐물들을 제거하는 것도 잘 활용하면 더 좋은 기록, 성적, 세계적인 두각을 나타내는 선수들이 즐비해질 수 있다고 본다.

기록의 단축과 자기와 팀의 성적을 향상하기 위하여 선수들은 밤과 낮으로 열심히 운동하여야 좋은 성적을 낼 수 있는 중압감에 시달린다. 이것은 좋은 성적을 내는 것과 비례하여 선수의 생명 또한 단축하게 할 수 있는 양면성이 숨어 있다.

체계적으로 음식과 영양분을 섭취하고 운동하여 피치를 향상하려 노력하지만 그만큼 에너지가 필요하며 그로 인하여, 인체에 젖산이나 활성산소나 노폐물들이 많이 쌓이게 된다. 체계적인 영양 공급의 프로그램은 있으나 몸속을 청소하여 베스트 컨디션을 만들 방법을 모르고 있는 듯하다.

몸속 청소를 일주일 전이나 2주 전에 실시하고 게임이나 시합에 나가면 훨훨 날 수 있다. 가령 비슷한 1~2분대의 마라톤 선수가 있다면 몸속을 청소한 후에 출전하면 1~2분 정도는 충분히 앞당길 수 있다 본다. 1~2분은 엄청난 차이요, 기록이다.

야구나 축구, 배구 등의 구기 종목이나 육상이나 유도나 레슬링…. 모든 스포츠 종목의 선수들이 시합 1~2주 전에 반드시 장, 간을 청소할 것을 권한다.

몇 년 전 베이징 올림픽에 우리나라의 국민 마라토너, 이봉주 선수가 국민의 커다란 기대감 속에 출전하였다. 아시아 게임과 보스턴마라톤 같은 대회에서 좋은 성적을 내었지만, 유독 올림픽에서만큼은 우승한 적이 없어 스스로 엄청난 노력을 기울였지만 역부족이었다. 그때 내가 가장 안타까운 것은 그 선수에게 장과 간을 청소케 하고 출전했다면 우승하지 않았을까 하는 생각을 떨칠 수가 없었다. 우승한 아프리카 선수와 이봉주 선수와의 차이는 종이 한 장 차이다. 그런데 장과 간을 디톡스하고 출전하면 반드시 더 좋은 기록이 나옴은 숨길 수가 없는 진실이다.

실질적으로 일반인들이 가끔 장과 간을 디톡스 한 후에 산행하면 전에는 후미에 뒤처지던 사람들이 선두에서 걷게 된다. 또 운동장을 뛰어 보아도 확실히 전과 다르게 피로나 지치는 정도가 다르다. 그 이유는 무엇인가? 몸 안에 독소와 노폐물들을 제거하니 혈액순환이 잘 되고 혈액순환이 잘 된다고 함은 코로 숨 쉰 산소가 신체의 말단 부위까지 잘 전달이 되기 때문에 피로가 덜 쌓이며 폐와 심장, 간 등등의 신체 전반에 걸친 바이오리듬이 좋아졌다는 뜻이기 때문이다.

이봉주 선수도 그러하지만, 수영의 박태환 선수도 다음 올림픽에 출전할 때는 꼭 장과 간을 디톡스 한 후에 출전하여 좋은 기록을 내고 세계를 제패하여 국민에게 기쁨을 또 안겨 주었으면 좋겠다.

[얼마 전 20세 이하 월드컵이 터키에서 열렸다.

이라크와 4강을 두고 시합이 벌어졌는데, 연장전을 전, 후반 치르고도 3:3으로 비겼고 승부차기에서 우리가 3:5로 아쉽게 분패했다. 축구도 엄청난 체력을 소모해야 하는 운동 중의 하나이다. 전, 후반을 열심히 뛰고 난 뒤 연장전에 들면, 선수들이 다리에 쥐가 나고 경련이 일어나고 체력이 바닥을 드러낸다. 그럴 때 트레이너나 동료 선수들이 지친 선수들의 다리를 들어 올려 근육을 풀어주는 갖가지 방법들을 시행해 주는데, 문득 그때 느낀 것이 발가락에 사혈하면 근육의 경련을 풀어주고 바닥난 체력의 회복에 크게 도움이 되리라 생각이 들었다. 사혈하면 강렬한 운동에서 생성되는 몸속의 피로물질과 독가스(활성산소)를 어느 정도 쉽게 줄여 줄 수 있으니, 연장전에 나서면 거의 90% 이상 이길 확률이 있다고 본다. 연장전 같이 체력이 바닥 난 상태에서 사혈을 받고 나선 선수와 근육을 마사지한 선수와 뛰는 차이가 고등학생과 초등학생이 축구 시합을 하는 것만큼 차이가 날 수 있다.]

운동선수에 대한 다른 이야기들을 살펴보자.

몇 해 전 한 기관에서 각 분야 종사자별 수명통계(남자)를 내었는데 종교계 종사자가 70대 후반, 인문계 종사자가 70대 중반, 이공계 종사자가 70대 초반, 그리고 스포츠계 종사자는 60~70대 초반이었습니다. 그것은 다름 아닌 인간의 평균 수명을 직업적으로 분류해 놓은 것이 있는데, 운동선수들도 참고삼아 볼 수 있길 기대한다.

인간의 평균 수명을 직업적으로 분류해 놓은 것이다.

즉, 인간의 평균 수명이 가장 긴 직업인이 종교인이라고 한다. 그리고 아이러니하게도 운동선수 및 스포츠계 종사자들은 평균 수명이 60~70세 초반으로 다른 직업인들보다 짧다는 것이다.

왜, 그럴까? 어떤 이들은 평생 써야 할 에너지를 너무 일찍 한꺼번에 써버리기 때문이라고 말하는 이들도 있고, 스트레스를 일찍 많이 받기 때문이라는 경우도 있으며 그 외에 다른 이유도 많지만, 스포츠계 종사자들이 일반인들보다 생명이 짧다는 것은 지금까지 통계적으로 사실임을 부정하지 못한다.

신체적 작용 외에도 스포츠맨들은 언제나 경쟁자들과 경쟁해야 하므로 스트레스를 많이 받기도 합니다. 우리가 어릴 적부터 귀 따갑게 들었던 어른들이 운동선수가 되어 성공하는 것보다는 공부해서 성공하는 것이 쉽다, 하는 말도 그런 이유라고 할 수 있겠지요.

우선 개인종목 선수들은 랭킹에 신경을 써야 할 테고, 단체종목에서는 주전 경쟁, 나아가서 연봉을 더 받기 위한 활약을 해야 한다는 중압감이 엄청납니다. 이러한 고난을 뛰어넘은 위대한 선수들을 볼 때마다 저는 그래서 존경심을 넘어 경외감이 생기기도 합니다.

신체적 고통을 이겨내고 자기 신체를 극한까지 끌어올려야 하는 동시에 언제나 경쟁자들에서 벗어날 수 없는 스포츠인... 이런 것에 비록 수명이 다른 직종 종사자들보다 조금 짧다는 게 무슨 상관일까요?

자신의 한계에 대한 도전!

이것이 사람들이 스포츠맨을 꿈꾸고 동경하는 이유라

인터넷 검색창에서

스포츠종사자들의 생명이 다른 직업인들보다 짧은 것이 사실인지 모른다. 그리고 현역 선수로 있을 때도 좋은 기록이나 좋은 실력을 보여야 연봉이며 사회적으로 주목받게 된다.

나는 주장한다.

장, 간, 신장 등을 디톡스 한 뒤에 시합에 임하면 분명히 좋은 성적, 좋은 실력이 나옴은 물론이며 차후에 현역을 은퇴한다고 하더라도 정기적으로 디톡스를 한다면 스포츠종사자들의 평균 수명이 짧다는 그 연구 결과도 바꿀 수 있다고 확신한다.

선수들이여!

인체를 청소하라!

**기력이 떨어질 때

기력이 떨어진 원인은 무엇인가?

나이가 많아진 탓인가? 일을 너무 무리하게 많이 한 탓인가? 스트레스가 많아진 탓인가? 세 가지 원인이 다 맞는다고 본다.

영양소가 부족해진 탓인가 생각하면 틀린 답이다.

나이가 많아지면 혈관 벽과 혈액과 림프액이 건강치 않기 때문이다. 혈관 벽과 혈액과 림프액이 왜 침습을 당해 건강치 아니한가? 그것은 몸속의 독소와 노폐물들이 퇴적돼 있기 때문이다. 기계를 오래 사용하다 보면 자연적인 현상이다. 이것은 평소에 몸속을 청소해 주지 않았고 육류나 영양가가 높은 탁한 음식을 많이 먹었기 때문이다. 육류를 먹을 땐 될 수 있으면 삶은 것으로 먹어야 하는데 구워서 먹었기 때문이고, 저녁에 육류를 먹었기 때문이고, 영양의 과다 섭취로 도리어 해가 되었기 때문이다.

자식들이 주말이나 집안에 경조사가 있거나, 부모님들의 기력이 쇠잔해졌다고 느껴지면 영양제를 선물하거나 저녁에 소고기나 돼지고기, 오리고기 등으로 함께 파티한다. 그것이 치명타라고 본다. 먹은 다음 날 기력이 좋아질지 모르지만, 장기적으로 봤을 때 오히려 독이 되고 건강을 악화하게 하며, 명을 단축하게 할 수 있다고, 나는 주장한다.

또한, 일을 무리하게 많이 하면 몸속에 활성산소나 젖산, 이산화탄소 같은 불순물들이 많이 발생하고 담낭과 신장에도 많은 노폐물이 발생한다. 이러한 것들을 잘 제거해 주어야 하는데, 바쁘고 그러한 메뉴얼을 잘 몰라 그냥 살았기에 독소 물질과 노폐물들이 혈액과 림프액을 침습한 것이다.

스트레스도 마찬가지다. 암의 원인은 거의 스트레스다. 다음은 잘못된 식생활이다. 다음은 환경 및 기타…. 스트레스가 심해지면 몸속에 아드레날린 호르몬 외에도 많은 독소 물질들이 발생한다. 이것을 제거하지 않으면 몸은 쇠잔해질 수밖에 없다.

이럴 때 사람들은 영양가가 높은 공진단, 산삼, 종합영양제, 경옥고, 오메가, 루테인, 글루코사민 비타민C 등을 찾고 육류를 많이 섭취하고자 한다.

반대로 행하자! 몸속의 독소와 노폐물들을 빼내고, 청소하고, 그런 후에 진정으로 몸에 이로운 음식과 영양분들을 먹어야 인체가 새로워지고, 흥겨워지리라!

나는 보약을 만들고 있다.

공진단이나 경옥고, 천삼, 코큐텐, 홍삼, 크릴새우, 오메가 등 제품보다 더 낫지 않을까 생각해 본다.

공진단의 재료는 사향이 주재료고 다음은 녹용, 인삼, 당귀, 산수유, 꿀 등등이며, 경옥고는 인삼, 봉령, 생지황 봉밀 등이다. 이러한 제품을 복용하면 기력이 갑자기 회복된 듯하다. 그래서 하루에 한 번씩 공진단이나 경옥고를 복용하는 사람들이 많다. 그렇지만 그러한 제품들은 먹을 때 그런 효과가 나오지만, 중단하면 싸늘해진다. 그리고 화학적인 재료를 사용한 각종 영양제와 비타민C 라도 순간의 활력에 도움이 될 수 있을지언정, 득보다는 실이 더 많다고 보기에 권하고 싶지 않다.

100세 전후의 초장수자들은 각종 영양제에 취하지 않았을 것이다.

나는 본방에다 내가 사용해 본 약초들을 더 첨가해서 만들었다. 서서히 기운이 회복되고 세포나 뼛속까지 침투하여 몸의 전반적인 기초를 다지면서 체력과 기력을 끌어올릴 수 있게 했다.

본방 10전 대보탕에 내가 경험한 약재 7가지를 더 추가하여 명품으로 만들었다.

보약이다. 모든 재료가 하모니를 이루어 기력을 돋우고 건강한 삶, 건강한 청춘, 건강한 노년을 준비하는데 꼭~ 필요한 제품이 되지 않을까 생각해 본다.

** 뇌경색과 뇌출혈

뇌경색은 뇌의 혈관이 막히어 발병하는 질병이고 뇌출혈은 뇌의 혈관이 터져서 발병하는 질병이다. 옛날에는 대부분 뇌출혈 현상이 뇌경색 현상보다 많았다고 한다. 그런데 현대에는 뇌경색이 비중이 높다고 한다. 이유는 무엇일까?

또한 각종 암을 비롯하여 뇌줄중과 심장 질환의 대부분도 원인은 혈액 때문이며, 특히나 혈전(어혈)이 원인의 중심에 있다.

30세가 넘은 일반인들도 하루에 뇌세포가 0.001% 정도 씩 줄어든다고 한다. 나이 70대가 되면 거의 모든 사람의 뇌가 15% 정도 줄어 있다고 하며 80대가 되면 약 30% 정도 줄어든다고 한다. 뇌경색이나 뇌출혈이 있었던 사람들은 그보다 훨씬 빠른 속도로 뇌가 계속 줄어들고 있다고 [뇌졸증]이라 하지 않고 [뇌졸중]이라고 하는 것이다.

현대 의학적으로 뇌출혈과 뇌경색을 따로 구분하는 것이 현실에 맞는 표현이다.

혈관이 막히는 뇌경색과 혈관이 터지는 뇌출혈…. 뇌졸중의 원인은 혈관 벽과 혈액과 림프액이 탁하기 때문이다. 즉, 혈전(어혈)과 혈관의 협착에 있다. 그러면 어혈은 왜? 생성되며 혈관은 왜? 협착되는지 그 원인을 살펴보자

뇌졸중과 심근경색의 원인은 같다. 그것은 혈관 벽에 불순물들이 쌓이고 혈전이 많아진 상태인데 이유는 운동 부족, 잘못된 식생활, 스트레스…. 때문이다.

혈전이나 콜레스테롤, 고지혈증 높은 상태에서 일을 무리하거나 스트레스가 심하여지면 발병하는 것이 대부분이다. 혈액이 깨어져 서로 연전을 일으키는 상태를 어혈(혈전)이라 부른다. 사실 노화된 혈액은 신장이나 비장, 간에서 잘 정화되어야 하지만, 양이 많거나 커지면 신장으로 흘러들지 못하고 몸속을 유영하게 된다. 이것이 심근경색, 뇌졸중 및 암을 비롯하여 모든 질병의 원인이다.

뇌졸중을 예방하는 가장 좋은 방법은 저녁에는 절대 육식하지 않는 것에 있다고 주장한다. 그리고 아침이나 점심때 육식할 때는 반드시 삶은 고기를 드실 것을 권한다. 이리하면 절대 뇌졸중에 걸리지 않는 것은 아닐지 모르지만, 심근경색과 뇌졸중 예방에 많은 도움이 될 것임을 확신한다.

뇌졸중이 발병하여 병원 치료를 받은 후에 가장 필요한 후속 조치는 첫째 몸속을 청소할 것을 권한다. 다음은 사혈이라 본다. 머

리, 귀, 코안, 혀 밑, 다리…. 등등에 반드시 사혈을 받아야 한다. 치료와 예방 차원에서도….

옛날에는 "중풍을 똥 병"이라 불렀다. 또한 전에 노인들의 이야기나 시골 동네 노인이 재래식 화장실에 갔다 오시다 넘어져 하루 이틀 지나 돌아가신 분도 있었다. 그때는 병원에 갈 교통이 없었다. 그리고 뇌졸중은 스트레스와도 밀접한 관계가 있고, 무리한 운동이나 일과도 관계가 높은 듯하다.

어떤 전쟁에서 죽은 군인들의 혈관을 검사했는데 동양인들은 늙은 병사들조차 혈관이 깨끗하였고, 미국 군인들의 혈관에는 콜레스테롤이며 나쁜 물질들이 가득했다고 한다. 동양인 병사들은 평소에 육류의 섭취가 낮아 혈관이 깨끗하였고, 미국 군인들은 20대라도 혈관에 나쁜 물질들이 많았다고 한다.

다음은 운동이다.

최근 일간지에 맨발로 걸었더니 중풍이 나았다는 기사를 본 듯하다. 상당히 일리가 있고 효과가 있다고 본다. 뇌졸중을 앓고 있는 이들이 의외로 많은 듯하다.

모두가 맨발로 많이 걸어 뇌졸중 치료에 많은 도움을 얻을 수 있기를 바란다.

나는 뇌졸중을 앓고 있는 사람들에게 늘 질문을 한다. "전에 개고기를 먹었습니까?"

특이하게도 내가 질문한 뇌졸중 환자 중에서 80%가 "네"라고 답을 했었다. 그래서 그 후로는 모두에게 될 수 있으면 개고기를 먹지 말 것을 주문하였다. 그리고 심장병을 앓고 있는 이들에게는 "소고기를 많이 먹었습니까?" 묻는다. 그러면 약 80%가 장어를 많이 먹었다고 답을 한다. 물론 소고기도 많이 먹었다고 답을 하는 이들이 약 50%가 넘는 듯하다. 뇌졸중…. 혈액이 탁하고 스트레스를 심하게 받아서 발병한다. 스트레스를 받으면 혈관 속에 갑자기 나쁜 독소 물질들이 많아지게 된다. 혈전(어혈, 적혈구의 연전 현상)과 아드레날린 호르몬이 과다 분비되고 과립구가 많아지고, 활성산소와 젖산, 일산화질소 같은 나쁜 물질들이 높게 생성이 되기 때문일 것이다. 혈액이 탁한 것은 평소에 영양을 과잉 섭취했기 때문이다. 그것이 동물성이었기 때문이다. 채식 위주의 식생활을 많이 한 사람들은 뇌졸중이 쉽게 발병하지 않는다. 웬만한 스트레스가 있어도…. 뇌졸중이 발병하지 않도록 예방하려면, 우리는 먹거리를 바르게 해야 한다. 그리고 장, 간, 신장을 정기적으로 청소하는 것도 잊으면 안 된다.

뇌졸중이 발병하고 나면 좀처럼 전처럼 온전한 회복은 어렵다. 그러나 뇌졸중이란 말의 의미가 그러하듯…. 뇌가 계속 빠르게 졸(卒)하게 놔둬서도 안 된다. 이럴 때 현대 의학은 아스피린, 혈전용해제, 혈액순환개선제…. 등등을 쓰지만, 그것이 또한 인체에 다른 나쁜 영향이 되기에 더욱 안타까운 일이다.

뇌졸중이 발병하고 병원 치료를 마친 후, 재활 치료할 때,

나는 말한다.

반드시 장, 간, 신장…. 등을 청소하고 사혈을 받아 몸속의 독가

스를 한 번쯤 배출시켜 줄 것을 권한다.

그리고 음식을 올바르게 섭취하고, 맨발로 많이 걸어 볼 것을 권한다.

나에게 있는 제품도 뇌졸중 환자들에게 추천하고 싶다.

그리하면 어떤 의학이나 의술보다는 그 효과가 좋을 것이다.

**강직성 척추염

강직성 척추염도 혈액과 림프액이 나빠져 그러하고 특히나 신장의 기능이 약해져 요산, 크레아틴 등의 나쁜 물질들을 원활히 배출하지 못하여 발병한다고 추측한다.

현대의학은 아직 원인이 밝혀지지 않았고, 치료 약도 개발되지 않았다고 한다. 나는 여러 환자와 접촉해 본 결과 현대의학이 잘못 접근했구나 하고 느꼈다.

음식을 올바르게 섭취하고 장, 간을 디톡스하고 필요하면 사혈도 받게 하면 95% 이상 치료 가능성이 있다 본다. 특히나 맨발로 걷는다면 더욱 빨리 벗어날 수 있다고 떠든다.

신우섭이란 분의 "고치지 못할 병은 없다. 다만 고치지 못하는 습관이 있을 뿐이다." 이 말이 절로 생각이 난다.

먼저 강직성 척추염에 대하여 살펴보자.

강직성 척추염은 희소병의 하나이다. 주로 남성들에게서 발병할 확률이 높으며 척추의 인대가 대나무처럼 뼈로 변하면서 척추뼈들이 붙고 굳어지는 염증성 관절염으로 등과 허리가 뻣뻣해지는 병이라고 한다.

강직성 척추염의 원인은 대부분 질병처럼 정확히 밝혀진 것이 없으며 HLA-B27이라는 물질이 보인다고는 하나, 이도 정확한 원인이 아님이 정상적인 사람에게도 가끔 나타나기 때문에 신뢰성이 떨어진다고 보고 있다. 세균 감염, 외상, 과로, 등의 환경적인 요인이 영향을 준다고도 하나 이것 역시 신뢰성을 갖기엔 부족함이 많다고 본다. 그야말로 원인을 아직 밝히지 못한 질병 중의 하나이다. 원인을 모르니 치료 방법이 없다. 우리나라에도 이러한 질병을 앓고 있는 이들이 더러 있으며 환자의 입을 통하여 약 600명 이상이 되지 않을까 하고 얼핏 들은 적이 있다.

나는 지금껏 이런 강직성 척추염의 환자들을 5명 만났다.

두 명은 호전이 되어 잘 생활하고 있는 것으로 안다. 두 명은 왔다 간 뒤로 연락이 곧바로 되지 않았다.

이 희소 질환도, 혈액을 맑게 하고 몸속에 독소들을 제거하면 치료의 가능성이 크다고 본다.

나는 그들에게 장, 간을 여러 차례 청소케 했다. 그리고 다른 질병들처럼 구운 육류, 튀긴 음식, 우유 및 유제품, 밀가루 음식들을 먹지 못하게 했다. 사혈도 반드시 권했다. 그리고 약으로 약간의 술도 권했다. 그랬더니, 얼마 지나지 않아 많이 호전되고 의학의 한계를 넘어선 모습이었다.

강직성 척추염은 내가 볼 때, 불치병이 아닌 듯하다.

내가 의학의 한계를 넘어선 것이 아니라, 혈액을 맑게 하고 몸속에 독소나 노폐물들을 청소하게 하고 나쁜 음식을 먹지 말 것을 주문한 것이 좋은 결과를 얻을 수 있었다고 본다.

현대의학이 헛다리를 짚고 있다 생각될 뿐이다.

**다리가 아픈 이유들

다리가 아픈 이유 중 첫 번째는, 과체중인가, 아닌가, 먼저 살펴야 한다. 상체가 크고 하체가 약하면 반드시 무릎과 다리가 아파진다.

둘째는 디스크를 의심해 봐야 한다.

그런데 디스크의 궁극적 원인은 혈액과 림프액이 탁해졌기 때문이다. 혈액과 림프액에 나쁜 물질들의 침습으로 척추뼈에 영양분 공급에 방해를 입어 물렁뼈가 튀어나온 것이다. 과체중이 되어 혈관이 압박받아도 허리와 다리가 아파진다.

혈관이 눌리거나 혈관 벽에 독소와 노폐물들이 끼여 허리 척추에 영양분을 공급하지 못하고 다리에 내려 갔던 혈액들이 온전히 다시 돌아오지 못하는 경우에 다리와 무릎이 아파진다.

간혹, 하지동, 정맥 경화가 있는 경우도 왕왕 있다. 또, 간과 신장과 폐와 심장의 기능이 떨어지면 다리가 그렇게 무겁고, 저리고, 쥐가 자주 일어난다.

그리고, 또 하나의 중요한 사실은 다리가 아픈 사람 중 대부분은 코안에 비정상적인 혹이 있다는 것이다. 이것은 현대의학이나 한의학이나 세계 속의 다른 의학들도 전혀 모르고 있는 사실이다. 다리가 아픈 사람들의 코안을 들여다보면 95% 이상 그러했다. 원래는 없어야 할 코안에 불룩하게 튀어나와 숨골을 막고 있다. 혹을 없애야 다리와 폐와 심장과 뇌가 맑아질 것이다.

코안의 혹이든, 어떤 이유로든, 다리가 무겁고 아픈 이유는 혈액이 탁한 탓이고, 혈액이 탁한 이유는 몸속에 독소와 노폐물들이 많기 때문이다.

건강은 다리에서 시작하고, 다리에서 끝난다고 주장한다.

소화도 다리, 호르몬의 생성도 다리, 무병장수도 다리, 질병의 치료도 다리가 한다. 많이 걷지 않으면 건강이 무너지고, 늙음이 빨리 오고, 죽음도 일찍 찾아온다.

100세를 넘나드는 초 장수하시는 분들이 지구촌에 많다. 그들의 공통점 중의 공통점은 많이 걷는다는 것이다. 죽음은 다리를 타고 온다고 나는 주장한다.

"세르데냐"섬의 100세 노인들에게 만보기(萬步機)를 허리에 차게 했더니, 하루 약 12km 내외로 걷더라는 것이다.

다리가 아파지는 이유는, 혈액 순환이 되지 않아 다리로 내려왔던 혈액들이 다시 몸으로 올라가야 하는데 쉽게 오르지 못하고 정체하기 때문에 다리와 하체가 자꾸 아파지는 것이다. 그리고 앞서 서술하였지만, 콧속에 혹이 만들어져 있으면 산소 유입이 적어지고 다리가 무거워지고 아파진다는 사실도 잊지 마시길, 다리가 아프면 나는 콧구멍을 먼저 살펴보라고 이야기한다.

머리가 아픈 사람, 다리가 아픈 사람, 뒷골이 당기는 사람, 심장이 나쁜 사람, 혈압이 높은 사람, 당뇨가 있는 사람 등 모든 환자는 거의 90% 콧구멍이 협소해져 있다는 놀라운 사실을 알게 되었다.

노인들은 대부분이 콧속에 혹이 있다. 혹이 있어 노인이 된 것인지, 노인이 되어 혹이 생성되었는지 모호하다.

다리가 자주 아프면 신장의 기능이 약하고 혈액이 탁하여 그러하다. 그러나 다리가 자꾸 무겁다는 것은 몸속에 독소나 노폐물들이 많다는 뜻이다. 몸의 어디가 정상적이지 않다고 사인을 보내는 것과 같다.

또, 류머티스성 관절염도 마찬가지다. 신장의 기능이 떨어지고 요산과 크레아틴 등 나쁜 독소와 산소 부족, 혈전(어혈) 때문에 관절염이 발병한다.

어떤 이들은, 자다가 쥐가 나거나 저리다고 호소하는 이들이 더러 있다. 그들은 간과 신장의 기능이 떨어졌기 때문이다.

순간 순간의 치료법으로는 수지침을 구하여, 다리가 무거운 날마다, 발가락 10지를 찔러 피와 가스를 빼주는 것이 도움되는 대처법이다.

다리가 우주를 지탱하고 있음을 아신다면, 다리를 튼튼하게 하는 것이 모든 건강과 치료의 근본이며, 다리가 아픈 이유는 결국엔 혈액과 림프액이 탁하고 몸속에 독소와 노폐물들이 많다는 것이다.

치료법은 먼저 장, 간, 신장을 청소하여 혈액을 잘 정화할 수 있게 한 후, 올바른 음식을 섭취하는 것에 있고 다리의 사혈도 크게 도움이 되며, 그런후 다리와 무릎, 허리, 어깨가 아픈 것을 호전케 할 수 있는 제품도 추천하고 싶다.

다리가 인체를 받치고, 다리가 우주를 지탱해 주고 있다.

나는 죽음은 다리를 타고 온다고 주장한다.

90세는 몰라도 99세를 넘어 100세 강 건너려면 다리가 튼튼해야 한다.

다리가 아픈 이유는 간단하다. 혈액과 림프액이 탁하기 때문이다.

**건강하고 똑똑한 아이를 얻기 위하여

건강하고 똑똑한 아이를 얻으려면 먼저 부모 될 사람들이 건강해야 한다. 부모가 똑똑하지 않아도 건강만 하다면 건강하고 똑똑한 아이를 낳을 수 있다 본다. 젊은 부부들은 모두가 건강하다고 생각한다. 건강한 예비 신랑 신부가 건강 검진도 확인하고 결혼하지만 막상 불임 부부들이 많다. 외관상이나 신체적으로 큰 문제가 없지만, 호르몬이 건강치 않은 것이다. 이때 여성의 자궁이 차가운 경우 불임의 원인이 될 확률이 높다. 물론 남성의 정자 수가 모자라거나 운동성이 부족하면 불임이 된다.

결혼하고 아이를 가지고자 할 때, 이왕지사 건강하고 똑똑한 아이를 낳는 것이 바람이다. 건강하고 똑똑한 아이를 가지기 위해서는 먼저 음식을 올바르게 섭취해야만 된다고 본다. 즉, 패스트푸드나 인스턴트 식품 같은 정크 푸드를 멀리해야 할 것이다. 아이를 갖기 1년 전부터…. 부부는 이러한 계획을 세워야 한다. 그리고 컴퓨터, 핸드폰, TV 등 전자파에 노출되는 것은 최소한으로 줄여야 할 것이다.

전자파에 많이 노출되고 게임이나 오락을 즐기면, 유전자가 침습당하고 호르몬에 교란이 일어난다. 좋은 환경을 준비하고 찾아야 할 것이다.

다음은 몸속 청소를 반드시 2~4회 정도 실시할 것을 권한다.

몸을 청소하면 몸이 맑아지고 기력이 좋아지고 호르몬의 생성이 더욱 원활해진다. 여성의 자궁도 호전되리라 확신한다. 예비 신랑 신부는 몸속 청소가 무엇보다 중요한 것인데, 모르고 결혼하는 부부들이 많은 것 같아 안타깝다.

다음은 산행이다.

물론 헬스클럽에서나 자전거, 골프, 배드민턴, 축구, 야구 등도 있지만 산행해야 맑은 공기와 자연의 기운을 얻을 수 있기에 자주 산행할 것을 권한다.

정크 푸드를 먹고 컴퓨터 게임을 즐기고 있으면 임신이 어렵다. 임신이 되어도 아이가 건강치 않을 수도 있다. 때로는 아이가 태어나도 아토피를 앓게 되는 예도 없지 않다.

나는 말한다.

신혼부부들은 거의 자연 임신이 가능하다고 본다. 약(70~80%)

올바른 식생활과 걷기 운동을 자주 하면 거의 자연 임신이 될 수 있다.

우유 및 유제품, 구운 육류, 밀가루로 된 음식, 튀긴 음식, 커피, 청량음료 등의 음식들을 끊고 올바른 식생활을 하면서 부부가 장, 간을 청소해 볼 것을 권한다. 그리고 여성이 아랫배가 차가우면 다리에 사혈을 받아 볼 것도 권한다.

자연 임신은 병원의 방법보다 쉽고 확률도 높으며 부모와 아이 모두 전보다 더 건강해질 수 있다.

그리고, 남성이 담배를 즐기면, 여자아이가 태어날 확률이 높아진다. (70%)

여성의 성염색체는 XX며 남성의 성염색체는 XY다, 정자 중 Y염색체를 가진 건강한 정자가 자궁에서 난자(xx)를 만나야 XY의 염색체로 결합하여 남자아이가 태어나는데, 담배 때문에 Y 염색체가 활동성이 부족한 경우가 많다.

남자아이가 태어나게 할 확률 높은 방법은 남성은 운동을 많이 하며 육류를 즐겨 먹고, 여성은 반대로 채소와 보리밥, 밀가루 음식 같은 알칼리성 음식을 먹으면 남자아이가 태어날 확률이 높다.

현대의학과 정부 관련 부처들은 자연 임신 방법들을 메뉴얼화해서 홍보하지 않고 있으며, 또 방법을 모르고 있는 듯하다.

건강하고 똑똑한 아이가 태어나서 성장하여 무엇을 하든지 성공인이 될 수 있도록 하는 방법도 있다.

그것도, 올바른 식생활에 있다. 우리가 평소에 먹는 음식이 얼마나 대단한 것인지 새삼 깨우쳐야 한다.

늘 사용하는 나의 멘트, [당신이 먹은 것이 당신을 말 한다.]

[2014년에 여 조카 둘이서 각각 아들을 순산하였다.

큰 누님댁 막내딸은 올해 나이가 34세인가? 그 친구는 결혼하고 줄곧 직장을 다녔다. 그런데 아침을 거의 거르거나 빵을 먹고 다니는 것이 다반사이었다. 결혼하고 난 뒤에 2~3년이 되어도 임신이 되지 않는다고 큰 누님의 고민이 많았다. 여러 방편을 해 보았지만 별 효험이 없었던 모양이었다. 그래서 우연히 내가 그 조카에게 다리에 사혈해 주었고 보약을 만들어 보냈다. 그리고 아침을 꼭 챙겨 먹고 출근하게 했으며 빵이며 라면, 피자 등 밀가루 음식을 일절 먹지 못하게 했다. 그랬더니 몇 개월이 지나 임신이 되었다고 누님이 아주 좋아하셨다.

그리고 둘째 형님 큰 딸이었는데 올해 나이가 39세쯤 되었나? 그 여조카에게도 다리에 사혈해 주었다. 그리고 보약은 시어머니께서 해 놓으셨다기에 그냥 그걸 복용하게 했다. 그리고 얼마 있지 않아 임신이 되었다고 고마워했다.

두 여조카가 임신하고 아들을 순산하고 무럭무럭 잘 크고 있으니 기쁘며, 곰곰이 생각해 보거나 다른 불임 부부들에게도 나의 방법들이 좋은 결과가 있음에 많은 경험과 공부를 얻고 있다. 다리에 사혈과 음식을 바꾸는 것도 불임치료에 현대 의학을 뛰어 넘는 효력이 있음을 때마다 느낀다.]

**병명(病名)이 없었다.

2021년 9월 초에 어떤 부부가 왔었다. 부인은 60대 후반이시고 남편은 70대 초반 정도…. 경북에서 농사일하다가 지금은 모두 정리했다고 한다.

부인이 몸이 좋지 않아 앞으로 한 5년 정도 밖에 못 사리라 생각되어 끝까지 고생하다 죽느니, 모든 것을 정리하고 평소에 못 해본 여행을 해 보려고 캠핑카를 구입했다고 한다. 집에서는 계속 잠을 못 자던 부인이 여행하다 경산 갓바위 근처에서 잠을 잤는데 평소와 다르게 몇 시간이라도 캠핑카에서 잘 수 있었다고 한다. 여행을 하면서 시간이 있어 우연히 나의 책을 읽었다고 한다.

오래전에 책을 구매해 두었는데 그때는 바쁘고 아프고... 읽지 않고 있다가 몸이 아파 여행을 나와 책을 읽으니 꼭 만나봐야 할 것 같은 느낌이 있어 온 것이다.

얼마 전부터 몸이 아파 서울의 유명 병원을 여러 군데 다니고 또, 한의원에도 여러 곳에 찾아다녔지만, 아무런 효험이 없었다고 했다. 또 3개월 간 거의 잠을 자지 못했다고 한다. 잠이 오지 않아 미칠 지경이었으며 수면제에 의존해 겨우 조금씩 자곤 했다고 한다.

아주머니를 만나니 5년 후에 죽을 건강은 아니었다.

간 내에 노폐물과 독소들이 많고 코안을 살펴보니 많이 막혀 있었다. 그것은 뇌혈관 상태가 좋지 않다는 의미고, 인체 내부에 혈전(어혈)이 많다는 현상임을 다른 의료진들이나 본인들도 몰랐다. 원인도 모른 체 온몸이 아프니 미칠 지경이라...

나는 숨을 잘 쉴 수 있게 했다. 부인이 코가 시원하고 눈이 밝아지니... 남편께 "당신" 오줌 소리가 약하고 건망증이 심해지고 여러 나쁜 증상이 있는데, 반드시 같이 제품을 복용해야 한다고 성화다. 장, 간 청소 제품이며 신장 청소 제품도 갖고 가셨다.

현대 의학이나 한의학이 이 여성분이 왜 잠을 못자고 또 왜 이리 아파하는지 몰랐던 것이다. 고도의 카메라와 혈액 검사에 나타나지 않으니 병이 없다는 것이다. 그래서 수면제, 혈액순환개선제, 아스피린, 신경안정제... 이러한 화학적인 약품만 처방하는 것이다.

많은 이들이 90세를 건강하게 맞지 못하고 돌아가신다. 또 젊은 이들도 잘못된 식생활과 게임이나 오락과 스트레스에 의하여 병들어가고 있다.

암 환자들이 많은데 병원 치료에 의존하다 실패하는 경우가 허다하다. 미국은 수술까지는 하지만, 항암제나 방사선 치료는 권하지 않는 추세인데, 한국은 그렇지 않고 무작정 지지고 볶아대는 듯하다.

나는 두 분의 건강을 쉽게 회복하게 해 드렸다.

두 번째 오셨을 때, 앞으로 20년은 건강하게 잘 지내시겠지요? 물었더니 20년은 문제가 없을 것 같다고 힘차게 답을 해 주셨다.

이럴때, 삶의 희열이 더욱 높아진다.

**골다공증

나는 책의 여기저기와 강연에서 가끔씩 말한다. 죽음은 다리를 타고 온다고...

나이가 들면 뼈가 약해지며 구멍이 많아지거나 커진다. 이것을 「골다공증」이라 칭한다. 특히나 폐경이 지난 여성들에게 주로 발생한다고하지만, 양양의 불균형이 많은 이들은 남녀노소를 불문하고 일어날 수 있다. 특히나 양약을 장복하거나 영양제를 복용해도 골다공증이 발병할 확률이 높다.

적혈구는 뼈의 골수에서 만들어진다고 알려져 있다. 뼈가 약해지면 조혈이 어려워져 혈액 부족 현상이 일어날 수 있다.

몸속의 세포들도 항상 재생과 소멸의 연속이며 뼈도 마찬가지다.

뼈의 생성 속도 보다 유실(흡수)속도가 빨라지면 뼈가 약해지고 구멍이 커진다.

원래 뼈속의 구멍은 벌집처럼 작아야하는데 유전, 음주와 흡연, 스테로이드나 기타 약물 복용, 운동 부족, 잘못된 식생활, 스트레스, 갑상선기능항진증, 호르몬 부족 등에 의하여 골다공증이 발생한다고 의학계는 보고 있다.

뼈가 약해지면 골절이 일어날 확률이 높아지고 움직임이 많이 둔화된다. 20대가 되면 뼈 조직이 왕성해지고 35세 이후 부터 골량이 서서히 감소한다고 의학계는 추산하고 있다.

뼈를 튼튼하게 한다고 칼슘제제의 영양제를 권하거나 비타민D를 권하는 의학자들도 많다. 영양이 부족하여 그러하다고 메스컴이나 의사들도 많이 홍보한다.

그러면 좋은 영양제를 복용하면 뼈의 유실과 골다공증을 막을 수 있을까?

나는 골다공증의 원인을 혈액과 림프액이 탁하여 발생한다고 본다. 혈액과 림프액이 탁하여 뼈에 영양분과 산소를 충분히 공급하지 못하니 뼈가 약해지고 구멍이 커진다고 주장한다.

동물들을 살펴보면 풀만 뜯어 먹는 초식동물들은 뼈와 뿔이 튼튼하고 체지방도 충분하다. 그들은 칼슘과 비타민D를 골라 먹지 않았다. 그들은 죽음이 오는 순간까지 건강하다. 심장의 정지로 죽음을 맞게되는 것은 심장 뛈박수에 의하여 생명 한계점이 정해져 있기 때문에 죽음을 맞이하는 것이다.

나는 골다공증의 구체적인 원인은 유전, 운동 부족,양약 복용, 잘못된 식생활, 스트레스 등으로 본다. 이러한 이유들이 합쳐져 혈관에 노폐물들이 퇴적하고 혈액과 림프액이 탁해져 뼈들이 영양분을 제대로 공급받지 못하여 골다공증이 발병한다고 외친다.

골다공증을 멈추고 느리게하고 호전되게 하려면 어떻게 해야 할까?

그 첫째가 정크 푸드를 먹지 말고 올바른 식생활을 할 것을 권한다.

콩과 팥이 혼합된 잡곡밥을 계속 먹으면 골다공증에 아주 효과가 좋은 것을 여러 통로를 통해 알게 되었다. 올바른 식생활에 대하여 책의 여러 곳에 적시돼 있으니 참조하기 바란다.

둘째는 몸속 청소,

몸속을 청소해야 간에서 영양분들을 흡수하고 대사하여 제대로 공급하게 될 것이다. 몸속을 청소하지 않고 칼슘과 비타민, 각종 영양제를 복용하고 있으면 몸속에 있는 독소나 노폐물들이 먼저 영양분들을 가로채고 그들의 세력은 더욱 왕성해 질 것이며, 그대는 어리석어지고 그 댓가로 몸을 더욱 망치게 되리라.

셋째, 사혈이다.

사혈은 새로운 혈액과 새로운 호르몬을 만들어 주는 역할을 하는 것을 사혈이라 한다. 일반인들이나 모르는 이들은 사혈은 죽은 혈액을 뽑는 것이라 잘못 알고 있다.

나는 사혈을 신봉하는 것이 아니라, 위대한 것이라 본다. 그 행하는 방법, 행하는 부위, 행하는 간극... 그것이 중요할 뿐이다.

넷째, 운동이다.

산소와 영양분이 머리부터 발가락까지 잘 전달되려면 운동이 반드시 있어야 한다. 산소가 가득한 숲길을 걸어야 한다.

나는 골다공증에 도움이 되는 제품을 만들고 있다. 내가 만들면 다르다고 말하고 싶다. 뼈가 튼튼하고 다리가 튼튼해야 건강한 삶을 끝까지 영위케 되리라!

**적혈구

적혈구는 헤모글로빈이 있어 붉게 보이는 혈액을 말한다.

우리가 태어나서 죽음에 이르기까지 이 적혈구에 의하여 좌우된다고 해도 과언이 아니다. 적혈구에 대하여 관심이 많은 분들은 인터넷에서 더 많은 정보를 얻을 수 있어 참조하시면 도움이 될 것이다.

적혈구는 뼈의 골수에서 만들어지며, 약 100-120일 정도 활동을 하다 노화가 되면 비장, 대식세포, 간, 신장... 등등에서 처리된다고 알려져 있다?

적혈구는 둥근 도넛모양으로 그 속에는 산소 분자가 약 10-12억 개 정도 들어있데 그것은 아주 건강한 적혈구일 때이다. 이 산소 분자가 세포의 구석구석까지 전달되어 '미토콘드리아'라는 생산공장에 산소와 영양분을 전달하고 이 에너지 생산 공장에서 분출되는 노폐물인 이산화탄소를 수집하여 폐까지 운반하는 역활을 한다.

적혈구... 이것이 생명 원천의 근원이다.

모든 의학이나 의술은 적혈구를 건강하게 만드는 것이 최종 목표라해도 과언이 아니다.

일본인 [노구치 히데요]라는 분은 [만병은 하나의 원인에서 발병한다. 그것은 산소 부족이다.] 이런 말을 했다고 한다. 너무도 훌륭하며 너무도 정확하고 올바른 연구이었다고 생각한다.

산소 부족이라는 말은 적혈구가 파괴되었거나, 서로 엉겨 붙어 핏떡지를 이루는 적혈구의 연전현상을 말한다. 건강한 적혈구는 각자 따로 떨어져 있어야 하며, 모양이 아주 둥글고 팽팽하고 선홍색의 선명함을 유지하고 있어야하는데, 어떤 이유들에 의하여 파괴되고 사멸되면 이들이 혈액 순환을 방해하고 이산화탄소와 활성산소, 젖산, 코르티솔,... 등등의 나쁜 독소 물질을 분출하게 되며 혈액의 순환을 심하게 방해하게 된다. 이것이 암을 비롯하여 만성 질병의 출발선임을 아는 의학자들이 드물다는 것이다.

암은 산소 부족이다. 이러한 명제가 가슴을 울리는 것은 역시 적혈구가 모자라고 파괴되어 있다는 뜻이며, 암의 발병은 이 적혈구의 파괴때문이라고 나는 주장한다.

노인이 되고 모든 세포가 노화현상을 보이는 이유도 혈관벽에 노폐물들과 독소, 적혈구가 침습을 당했기 때문이다.

심장병, 신장병, 뇌졸중, 뇌출혈, 당뇨, 고혈압, 허리, 다리, 어깨,,, 만성 퇴행성 질병은 모두 이 적혈구 때문일 것이다.

우리는 적혈구가 왕성하게 잘 활동할 수 있도록 모든 역량을 모아 도와야 할 것이다. 그것은 질병 예방법과 치료법 및 백 세 건강과도 동일선상에 있다 본다.

모든 질병은 산소 부족때문이고, 그것은 적혈구의 파괴와 엉김때문이리라.

**저승사자의 메세지

건강이 무너지며 황색 경고등이 들어오는 것은 다양하고 사람마다 다르지만, 이러한 공통점도 있다는 것이다. 정확한 저승사자의 메세지가 아닐지라도 참고하여 건강 회복과 증진에 참고하시기 바란다.

1) 호흡이 거칠어지고 숨쉬는 것이 힘들다.(옆에서 들어도 숨결이 고르지 않고 갑갑하게 들리면 그 사람은 위험한 영역에 있다 본다.)

2) 다리가 자꾸 무거워 진다.

3) 건망증이 심하고, 헛소리를 가끔씩 한다.

4) 눈의 촛점이 흐려져 있다.

5) 음식을 잘 먹지 못하고 밥맛을 모른다.

6) 말하는 것이 힘들다.

7) 종이(paper) 드는 것조차 힘들게 된다.

8) 잠자는 시간이 아주 짧거나, 너무 길다.

9) 목에 가래(담)가 계속 붙어 있는 듯하다.

10) 몸에서 냄새가 자주 난다.

11) 가슴이 자주 답답하고, 가슴에 뭔가 달려 있듯하고 무겁게 느껴진다.

12) 대, 소변이 힘들다.

13) 속이 답답하고, 소화가 안되며, 신물이 자주 올라온다.

14) 대변의 색깔이 검거나 희다.

15) 당뇨병이 없는데도 입안이 마르고 혀가 갈라지고 힘들다.

16) 귀가 탄력이나 윤기가 없고 기(氣)가 빠져 있다.

17) 네 종류 이상의 양약을 복용하고 있는 사람들은 위험한 영역에 들어 있다고 본다.

**만인(萬人)의 주치의

오래 전에 몇 몇 지인의 핸드폰에 나의 닉네임을 "만인의 주치의"로 해 놓았다고 말해 주었다.

한 사람의 주치의도 힘든데, 만인의 주치의란 닉네임을 들었을 때... 묘한 기분이 들었다.

메스컴을 보고 아~ 저분 위험할 것일다. 이러한 것은 일반인들도 직감할 수 있다.

아~ 저 사람 당뇨병이 있을 것이다. 심장병이 있을 것이다. 아니면 다른 병들도 짐작을 할 수 있다. 그런데 어떻게 대처를 해야 바른 길인가?는 알기 힘들다.

그것이 차이일 수 있다.

나는 만인의 주치의를 할 수 있다고 본다. 왜냐하면 나의 지론은 만병은 같다고 주장하기 때문이다. 몸속의 독소와 노폐물들이 퇴적돼 있고, 혈액이 탁하고 깨어져 있는 것이 만병의 근원이라 보기 때문이다.

다시 말해, 몸속을 청소해 주고 혈액을 맑게 하면 만병은 저절로 나을 수 있다고 본다.

만명의 주치의는 약하다. 전 세계인의 주치의가 되어야지!!

어떻게 그것이 가능한가? 책과 인터넷이 대신해 줄 것이라 본다.

만병은 같다!!!

단지 발생 부위가 다를 뿐이다.

이것이 만인의 주치의를 가능하게 할 수 있는 지론이다.

**황달

한 10년쯤 지났을레나?

울산에서 혼자서 작은 식당을 운영하는 누님이 갑자기 황달이 발병했다고 전화가 왔다. 곧바로 대학병원에 입원하여 치료를 받고 있다고 했다. 그래서 대수롭지 않게 여기고 바쁜일이 많아 병문안을 가보지 않고 지냈다. 그런데 한 달이 지나도 차도가 없고 계속 더 심하다는 것이다. 그래서 할 수 없이 내려가 보았다.

누님이 급성 황달에 걸린 이유는 아르바이트로 쓰고 있는 친구가 B형 간염 보균자이며 간경화로 판명된 환자인데, 여름에 주방이 너무 덥고 일이 힘드니 같이 식사며 음료를 마시다 갑자기 전염이 된 것이었다.

병실에서 누님을 보니 눈과 얼굴 온 몸이 전부 노란색으로 변해 있고 주사바늘이 5-6개가 온 몸에 꽂혀있었다. 소변으로는 노란색을 지나 약간 붉은색으로 나온다고 했다. 병원측에서는 차도가 없어 조금 더 지켜보다가 서울로 이송하겠다고 한다고 전해 준다.

나는 어이가 없었고 황당했으며 기가 막혔다.

내일 당장 퇴원하여 집으로 가서 내가 황달을 낫게해 보겠다고 했다. 누나집 가족들이 반신반의하기에 나의 경험을 이야기 했다.

[전에 어떤 분이 공장을 운영하시다가 부도를 맞고 전재산까지 잃고 3개월 간 계속 술만 마시다 급성 황달이 발병하여 병원에 계신 분이 있었는데, 나를 간절히 부르시기에 내가 직접 병원에 가서 그분을 살폈다.

황달... 나는 그분에게 나의 양지환과 몸속 청소 제품을 드렸다. 그리고 녹즙을 만들어 복용할 것을 주문했으며, 그분은 이내 좋아

지고 퇴원을 하였고 감사의 전화를 받은 적이 있다.]

또한 나는 황달이 발병하면 쉽게 대처할 수 있음을 자신할 수 있었다. 나는 간이 나쁜 사람들을 많이 접해 보았으며, 오래 된 지인 몇 몇 사람은 나를 [간 박사] 이렇게 불러주곤 했었다.

환자의 상태가 심각하여 퇴원이 어렵다고 했다. 퇴원의 조건은 다른 커다란 종합병원으로 가는 조건이었다. 일주일만에 퇴원 허락이 났고, 곧바로 집으로 와서는 간청소를 실시케 했다. 이틀이 지나니 놀라운 일이 일어났다. 곧바로 누님은 좋아졌다.

그리고 꾸준히 나의 양지환을 복용하니 일주일이 되지 않아 쾌차했다.

현대 의학은 상상도 하지 못하고 있다.

내가 신통방통한 요술을 부린 것이 아니라, 이치를 잘 이해하고 근본에 충실하고 인체의 메카니즘을 이해하면 어려운 질병들이 별로 없다 본다.

간염 바이러스가 갑자기 증가하고 담도의 협착때문임을 나는 알았기 때문이다.

황달은 간이 많이 나빠지면 나타나는 한 과정이다. 간이 나쁜 사람이 황달이 발병하면 위험한 상태로 진입한 상태임을 알 수 있다.

이럴때는 간 청소를 여러 차례 실시해야 하고 환자는 다른 여러가지 조심하고 특히나 음식을 더욱 조심하게 섭취해야 한다.

황달 다음은 간성혼수다!

황달이 발병하기 전에 간 기능을 회복시켜야 치료가 용이해진다.

**유방암에서 대장암과 간암으로

전에 어떻게 인연이 닿아 잠시 만난 할머니가 계신다.

올해 아마 83-85세가 되었을 것이다. 그 할머니는 52세 때 유방에 암이 발병하여 한 쪽을 적출하는 수술을 받으셨다고, 약 6년이 지나 대장에 또 암이 발병하여 부분 절제 수술을 받았고, 또다시 2년 뒤에 간에 암이 전이되어 부분 절제 수술을 받으셨다고 한다.

지금 연락이 닿지 않지만 아주 건강하게 계실 것이라 믿을 수 있다.

그 할머니는 3번에 걸친 대 수술을 받았지만, 지금껏 건강하게 잘 지내고 계시는 비법을 여쭈었더니, 할머니 왈 "박선생님, 나는 3번의 수술은 받았어도, 일체의 방사선이나 항암치료나 항암제를 먹지 않았다고..." 이야기 하신다.

그렇게 할 수 있는 사람이 극히 드물다. 할머니의 아들은 한국 최고 대학병원의 교수로 근무하시다, 연합 병원을 만들어 그 곳에 근무하고 계신다고 했다.

할머니는 수술이 끝나면 항생제만 복용하고 곧 퇴원하여 민간 요법과 단전 호흡 운동을 꾸준하게 하셨고, 또 족욕을 좋아하신다고 했다.

늘 음용하는 레시피는 생강 효소와 대추 다린 물을 믹싱하여 자주 드신다고 했다.

그래서 나도 암 환자들에게 추천하고 있다.

지금이라면 그 할머니는 유방암도 수술 받지 않으시고 [곤도 마코토]의 요법에 따라 하셨을 것이라 추측해 본다.

**림프암

2020년 겨울에 82세의 할아버지가 가슴쪽에 림프암이 있어 서울에 있는 병원에 자주 왕래를 하시는 중에 만났다. 할아버지는 림프암을 어떻게 대처를 해야할 지 온 체널을 통하여 찾고 있던 중이었다. 서울의 유명 병원에서는 "암 중에서도 착한 암이라며 약한 방사선을 몇 번만 하면 좋아질 것이라고" 했다고 한다. 그런 와중에 나를 만나시게 된 것인데, 할아버지의 물음에 나는 단호히 대답 했다.

저의 의견을 물으시니까 답을 하겠습니다. "연세가 있으시니 절대 방사선치료를 받아선 안된다 봅니다. 운동을 열심히 하시고 호흡, 육식 금지, 몸속 청소, 금진옥액... 등등을 권했다. 몇 날과 몇 주를 고민하시다, 방사선치료를 거부하시며 나의 요법대로 해 주셨다. 그리고 마음도 비우시고 매사를 긍정적으로 잘 대처하시며 운동도 더 많이 하신다고 했다. 지금 그분은 84세가 넘으셨을 것이다. 아주 건강하게 잘 계신다. 전보다 더 건강해지셨다고 자랑하신다.

또 한 분은 전부터 조금 알고 지내는 지인이시다. 지금 한 60대 후반이실 것이다.

허벅지 안쪽에 림프암이 발병하여 서울의 유명 병원에서 한 번 방사선 치료를 받으신 적이 있으며, 딱 한 번 방사선치료를 받으시고는 이것은 아니다!! 하고 크게 깨우치시고 곧 바로 퇴원하여 집에서 맨발 걷기와 일체 육식을 하지 않으며 몸속 청소도 잘 하고 계신다. 그것이 작년이었는데 워낙 열심히 맨발 걷기와 올바른 식생활과 자신감 때문에 올해 초(2022년 봄)에 다시 서울 유명 병원에서 암 완치 판정을 받고자 암 검사를 새로이 했더니 암이 많이 줄었다는 결과를 받고는 실망했었다고 전하신다. 암 완치 판정이 아니라는 것 때문에... 암이 줄었다! 이것만으로도 엄청 대단한 결과인데도 이분은 결과에 만족을 못하고 계시지만, 전 보다 많이 건강해 졌으므로 만족해 하시며 계속 암을 완전히 극복하기 위하여 노력하고 계신다.

발에 있던 통풍은 육식을 금하고 맨발 걷기 시작한 지 딱 한 달 되니 완전히 없어졌다고 자랑하신다.

통풍이 있는 분들이 더러 있다. 그분이 사용하신 방법을 추천해 본다.

**기억력이 갑자기

원래 기억력이 떨어지는 것은 노화 현상의 일종으로 기억을 관장하는 해마세포가 줄어들거나 나쁜 물질들이 침습하여 해마가 쇠퇴할 때 발병한다.

근원적인 대처법은 역시 혈액을 맑게 하는 것이 최고 최선의 방법이다. 몸속을 청소하고, 사혈을 받고, 올바른 식생활과 많이 걸어야 한다. 하버드대 의대인가? 미국 유명 대학 병원의 연구팀이 걷기 운동이 기억력 회복에 최고의 방법이라 발표했고, 얼마 전에는 기억력을 회복할 수 있는 방법이 미국에서 개발되고 있다고 한다. 그러한 약품이 개발된다해도 몸속을 청소하고 사혈을 받고 복용하면 타인들 보다 더 효과나 효력이 배가 될 것임은 자명한 이치다.

[2021년 12월 쯤인가? 갑자기 기억력이 없어지고 조금 전에 했던 일들도 기억이 되지 않고 이상해졌다며 지인이 전화가 왔다. 어제 까지만해도 괜찮았는데 오늘 갑자기 기억력이 휑하니 없어지는 듯한 느낌을 이야기하신다. 나도 갑자기 전화를 받아 당황하다가 대화를 좀 하다 생각을 하니, 희한한 대처법이 얼떨결에 나왔다.

나는 말했다. "전화를 끊고 곧바로 집주위로 등산을 2시간 정도 하시고 와보라고 말씀을 드렸다. 기억력이 갑자기 떨어진 것이랑, 산행과 무슨 관계가 있냐고 물으신다."

묻지도 따지지도 마시고, 그렇게 해 볼 것을 거듭 주장했다. 지인은 곧 바로 산행을 나섰고 3시간 쯤 지난 후에 내가 전화를 걸어 지인께 물었다. "기억력이 돌아왔지요?" 너무 신통한 일이 일어났다는 것이다. 산행을 하고 나니 기억력이 회복한 듯하다는 것이다. 평소 때처럼...]

나는 그분이 겨울에 운동을 하지 않고 작은 방에 계속 머물렀기 때문에 심한 산소 부족때문이라고 직감을 했기에 그런 대처법을 토해 낼 수 있었다. 그리고 다음 부터는 자주 산행을 해야 소화와 기억력, 면역력을 높일 수 있고, 노화를 더디게 할 수 있다고 강조를 했다. 그런 뒤로 아직까지 기억력이 많이 떨어졌다고 이야기하지 않는 것을 보면 나의 대처법이 [신의 한 수]가 되었다고 느껴진다.

오래 전 겨울에 옷 매장의 점장으로 있던 지인 여성 분의 전화를 받았다.

갑자기 무릎과 다리에 힘이 빠지고 주저앉고 싶고, 속도 좋지 않고, 머리도 이상하다고 전화가 왔다. 그때도 그 여성 점장님에게 산행을 하게 했다. 2시간 쯤 걸었을레라, 무릎이며 속과 머리 모두 좋아졌다고 신기해 한다. 왜? 좋아졌는지 물었다. 간단하다. 겨울에 그 매장에는 전기 난로며 온풍기가 가동되고 있었다. 또한 그 점장님은 B형 감염보균자이기 때문에 간 기능이 다른 사람들 보다 약한 편이다.

전화를 받고는 갑자기 대처법을 얻었다. 이것은 산소 부족이다.

나도 내 자신에게 놀라곤 한다. 어떻게 전광석화와 같이 그런 대처법이 나올까?

그 점장님은 그때의 고마움을 가끔씩 이야기하더니만, 지금은 어디에서 잘 살고 계시는지 궁금하다!!!

기억력이 갑자기 뚝 떨어지면, 먼저 몸속을 청소하고 코안을 사혈받아 보시길 추천한다. 그리고 맨발로 산행을 권합니다.

**유방암에서 간암과 척추암으로 전이

오래 전 15년이 넘었을레라, 유방암에서 간암, 척추암으로 전이가 되고 생(生)의 남은 시간이 길어야, 6개월 정도 남았다는 아주머니가 부산에서 왔었다.

동생 분이 누님을 거의 안다시피해서 오셨는데, 얼굴이 너무 검프르고, 눈은 핏줄이 터져있거나 핏줄이 훤히 보이면서도 노랗게 변해 있어 마주 볼 수 없을 정도이었고, 고개를 바르게 들지 못할 만큼 기력이 없고, 내일이라도 금방 죽을 듯한 저승사자 모양을 한 61세의 아주머니가 왔었다.

동생은 나의 소문을 익히 듣고 찾아와서는 환자 몰래 따로 불러

위와 같은 상황을 설명하며 통증없이 잘 돌아가실 수 있도록 도와달라는 것이다. 참으로 황당하고 난감한 상황이었다. 그때는 지금처럼 암에 대한 경험이 부족하였고 확실한 이론과 대처법을 갖고 있지 않은 상태이었다. 다행히 고통을 덜하며 돌아가실 수 있는 방법은 알고 있었다. 그러나 나는 그때도 지금과 비슷한 이론으로 사선(死線)을 넘어선 아주머니에게 말했다. 앉을 힘이 없어서 누워서 반은 눈을 감은채 나의 이야기를 동생과 함께 들었다.

육식을 하지 마시라!, 맨발로 걸으시라!, 녹즙을 하루 3세번 쯤 드시라!, 풍욕을 자주하시라!... 이러한 내용이었다. 몸속 청소와 사혈은 컨디션이며 때에 맞추어서 행해으며,매일 추어탕이나 올갱이 국을 먹을 것도 주문했었다.

처음 유방에 암 덩어리가 있어 치료를 받는 와중에 간과 척추로 금새 전이가 되었고, 척추가 더 심각하여 방사선 8회를 받아야 한다고 의료진들의 소견에 따라 했는데, 5차에 완전히 죽음에 임박해져 의료진도 환자도 포기를 하고 죽음을 기다리던 중에 온 것이다.

나는 얼떨결에 그런 이론을 펼치며 이야기한 듯하다. 그러나 그 아주머니는 나의 이야기를 100% 이상 실천해 주었고, 나름의 방법들도 행하신 것이다.

아주머니가 나에게 온 것은 4월 쯤 이었을 것이다. 많이 살면 10월 이라고 동생분이 분명하게 이야기 했으니까? 우리는 하루에 1-2회씩 거의 매일 통화를 했다. 그리고 때마다 왔었다. 놀라운 것은 그해 10월이 되니까, 아주머니께서 "선생님!!! 암을 이길 수 있겠습니다!!!" 이런 엄청난 자신감을 이야기하신다.

그 후로는 가끔씩 내가 강연이 있으면 참석하시어, 암과 싸우고 있는 생생한 투병 이야기를 발표해 주시곤 했었다. 그러면 사람들은 나를 [천하의 명의]로 인정해 주시곤 했었다.

아주머니는 약 6년을 더 사시다 갑자기 돌아가셨다. 사인은 식중독이었다.

돌아가시기 7일 전에 친척집 돌잔치에 참석하여 아침에 생선회를 드시고 곧바로 식중독 증상이 심하여 응급실로 갔는데, 며칠 후 곳곳마다 혈액이 터져 나왔다고 아드님이 이야기 했다.

나는 그 후로 모든 암 환자들에게 생선회나 날고기를 먹지 말 것을 주문하고 있다.

지금이라면... 더욱 좋은 결과를 이야기할 수 있었을 텐데...

**신장 기능이 30% 정도 남은 사람

한 달전 쯤 이었을 것이다.(2022, 4) 신장의 기능이 30% 정도 남았다는 분이 왔었다.

전에 알고 있던 지인이다. 나이는 60대 중후반 정도 되었을 것이다. 체격이 좋다. 상체가 큰 태양인 체질이며 외관상 아주 건강이 양호한 분이다. 평소에 술이나 담배를 하지 않고 횟집을 운영하시는데, 달달한 음식과 빵이며 과자 종류를 잘 드시고 저녁 늦게 일이 끝나면 항상 통닭을 주문해 먹었다고 한다.

한쪽 무릎이 아픈 것 외에는 아주 건강했는데 검진을 갔더니 콩팥에 이상이 있다는 결과를 받고 사방으로 신장 치료에 도움이 되는 치료법을 찾던 중, 나를 기억하고 전화를 한 것이다. 부인의 큰언니는 전에 자궁선암 수술을 받고 항암 치료를 받던 중에 위험에 처해 있을 때 나에게 와서 우연인지? 좋은 운명인지? 지금은 건강이 넘치고 있다. 그것이 한 15년 전의 일일 것이다.

아무튼 나는 심각한 신장 질환자를 두고 말했다. 약 6개월 지나면 좋아질 것이다.

미국, 일본, 독일, 중국...에서도 신장 기능 회복은 거의 불가능하다. 그런데 나는 자신감이 있고 약간의 경험도 있다.

나의 자신감은 어디서 오는가? 호흡, 맨발 걷기, 육식하지 않기, 올바른 식생활... 사혈, 몸속 청소... 또, 세상 어디에도 뒤지지 않을 신장 청소 제품이 있으며 본인의 노력과 합쳐지면 충분히 가능하다고 장담을 했다.

남자들은 나이가 많아지면 대, 소변이 시원치 않아서 죽음으로 쫓겨 간다. 특히, 소변이 더욱 문제다.

현대 의학적으로 신장이 나빠지면 약물 치료를 계속한다. 신장의 기능 회복과는 다소 거리가 먼 헛발질을 계속하는데 그것이 나중에 부메랑이 되어 신장의 기능을 더욱 악화시키고 혈액 투석으로 가게 된다. 그러다 수술 받지 않을 수 없다. 한 쪽을 적출하고 또 나빠지면, 누군가 신장을 기증해 주면 수술을 받게 된다. 그렇다고 젊은 날처럼 활력이 넘치는 것은 아니다. 혈액을 투석받게 되면 삶은 나락으로 떨어지게 된다. 또한 신장을 기증 받아 건강을 회복한다해도 어떻게 사후 관리를 해야 하는지 의사들도 잘 모른다.

칼륨과 크레아틴... 수치를 바르게 해야 한다며 먹지 말라는 음식이 거의 태반이다.

나는 신장을 근원적으로 회복되게 노력한다. 환자는 더욱 노력하고 또 노력해야 한다.

신장 기능이 좋지 않은 분이 어제 한 달이 지나 다시 왔었다. (2022,5,24)

사람이 아주 달라 보였다. 건강한 모습, 깨끗해진 얼굴, 어디가 좋아졌습니까? 물었더니 몸이 가벼워졌고, 얼굴이나 몸에 있던 작은 혹들이 저절로 작아지고 그렇게 가렵던 피부가 괜찮다고 이야기 한다. 기억력, 정력, 스테미너, 눈... 모든 기능들이 좋아지고 있다. 올(all) 수리를 하고 있는 중이다.

이 놀라운 사실을 세계 속의 의학도들과 일반인들도 알아야 할 텐데...

**양지환에 대하여

약 25년 전부터 양지환을 만들어 판매해 오고 있다.

여기에는 풀잎, 약초 뿌리, 나무껍질… 등을 넣어 하모니를 이루게 했다. 편작, 화타, 허준… 이런 분들이 쓰지 않던 비법 아닌 비법이라 생각한다. 천고의 명의들이 양지환을 보시면 기뻐하시면서도 무척 궁금해 하실 것이라 생각된다.

나는 이 제품을 몸속의 유해 바이러스나 균들을 섬멸하고 또, 혈액 순환이 잘되고 대소변의 원활함에도 도움이 되었으면 하고 만들었다.

이 제품의 부작용을 살펴보면 진성암이나 혈액 순환이 잘 되지 않는 사람들은 3-5일 쯤 지나면 두통과 배가 심하게 아프다고 통증을 호소하게 된다. 그리고 전에 다친 곳이나 혈액 순환이 잘 되지 않는 곳에도 통증을 호소하는 이들이 대부분이다.

복용 후 설사를 하면 장(腸)이 평소에 약했구나? 반대로 변비를 일으키면 장내 균들의 밸런스를 맞추었구나? 체한듯 하고 속이 더 부룩해지면 몸속과 간내에 노폐물들이 많구나? 천식을 일으키면 기관지나 폐(肺)에 이상이 있었구나?… 하고 판단을 한다. 생선회를 잘 못 먹었거나, 해외 여행 중 배탈에도 약간의 도움이 된다.

그 외에 당뇨나 혈압을 비롯, 감기, 간경화, 심장병, 류머티스, 파킨슨병, 알츠하이머, 어린아이들의 칭어리, 갑상선, 신장... 등등, 어떠한 질병에도 권하고 싶다. 어떤 사람이 묻는다. “만병통치약 입니까?” 나는 대답을 머뭇거릴 수 밖에 없다.

그렇지만 세상 어디에도 잘 견줄 수 없는 제품임에 틀림이 없다.

복용법은 50kg 이상의 성인들은 하루 2회 40-50개씩 아침엔 식전에, 저녁엔 식 후 2시간 후에 복용할 것을 권한다.

어린이나 청소년들은 체중에서 반으로 복용할 것을 권 한다. 예를 들어 10kg의 어린이는 5개씩 아침과 저녁에 복용하면 된다.

**신장암에서 폐와 척추로 전이

얼마 전에 44세가 된 젊은 친구가 나의 블로그를 보고 왔었다.

내 책을 읽고 찾아오시는 분들도 더러 계신다. 블로그를 보고 찾아오는 이들은 가끔씩이다. 블로그는 그냥 재미삼아, 참고삼아 보고는 그냥 지나가는 모양이다. 그러나 중병이 있거나 공감대가 형성되면 멀리서 곧바로 찾아오시는 이들도 없지 않다.

블로그를 보고 찾아온 친구는 전에 몸 무게가 120Kg나 되었고,

또 술과 담배도 많이 했다고 한다. 물론 스트레스도 있었다고 한다. 그러한 잘못된 생활이 계속되어 암이 발병했을 것이라고 이야기 한다.

10년 전에 신장에 암이 발생하여 한 쪽 신장을 적출하는 치료를 받았는데 그때는 암 초기라 다른 치료는 받지 않았다고 한다. 그 후 2년 뒤 정기 검진에서 폐에 작은 암이 있어 수술을 하고 다시 2년 뒤에 척추에도 암이 전이되어 1차 방사선을 했다고 한다. 그러던 중에 주위의 암 환자들이 방사선이며 많은 항암 치료를 받고는 죽음으로 쫓겨 가던 사실을 간파하고 병원 치료를 멈추었다고 한다. 병원 치료를 멈춘 뒤에는 자연 치유 공부를 하고 스스로 암에 대처하고 있다고 한다.

외관상의 모습은 현재 건강이 아주 양호한 상태로 보이며, 주위의 사람들도 그렇게 생각한다고 한다. 그런데 나와 마주 앉아 이야기를 하고 있는 동안 허리 통증 때문에 바르게 가만히 앉아 있을 수 없다고 통증을 호소 했었다. 또한, 등이며 어깨 심지어 목에도 통증이 있다고 한다. 얼마 전에는 오른 쪽 다리도 거의 마비가 되어 걷는 것도 힘들어졌는데, 맨발 걷기를 2개월 꾸준히 했더니 다리가 괜찮아 졌다고 했다. 맨발 걷기의 위대함을 또 한 번 실질적인 체험담을 얻을 수 있었다.

나는 그 친구가 90세 까지 지금보다 더 건강하게 지낼 수 있기를 바라고 있다. 의학이나 의술의 한계를 넘어 자연의 위대함을 서로가 공유하고자 한다.

신장암에서 폐와 척추로 전이가 되면 방사선이며 항암제를 사용하면 거의 대부분이 이내 죽음으로 쫓겨가는 것이 다반사다. 그러나 이 친구는 공부를 하고 노력을 하고 현대 의학이 펼치는 잘못된 항암 치료에서 벗어났기에 지금까지 잘 버티어 왔고 앞으로는 더욱 건강해 질 것임을 믿어 의심치 않는다.

암의 가장 문제점은 역시 혈액에 있음을 새삼 실감하였다. 암은 혈전 때문이고 혈전(어혈)때문에 산소가 부족해 진다는 사실을 의학계와 세상의 많은 이들이 깨우쳤으면 한다. 그리고 조금 지나 몸속 청소를 실시했다. 몸이 많이 가벼워지고, 목의 통증도 많이 완화되었다고 전해준다. 그리고 2주 후에 다시 몸속을 청소한 후에 오겠다고 한다.

암... 그것 별것 아니다. 암 치료를 비롯하여 모든 질병 치료는 어떻게 혈액과 림프액을 맑게 할 것인가? 거기에 모든 것을 걸어야 한다는 사실을 환자도 의사도 깨우쳐야 한다.

호흡, 맨발 걷기, 육류와 튀김 음식, 유제품, 정크 푸드를 멀리 하기...몸속 청소와 사혈... 어떤 암환자라도, 암과 함께 90세 이상 까지 충분히 건강하게 잘 살 수 있다 본다.

블로그를 보고 오든, 책을 보고 오든, 아니면 지인의 소개로 오든, 유튜브를 보고 오든... 나에게 오는 모든 이들이 난제의 수학 공식을 서로 함께 풀어 이해하고 가듯이, 암울하던 질병 치료법이나 건강 회복의 수수께기를 서로 토론하며 답을 얻고 총총히 가는 모습들은 나에게 커다란 희망과 흥분과 삶의 기쁨으로 다가 온다.

그 질병이 무엇이든 나의 공식이 거의 대부분 질병과 암 덩어리와 무병장수에 통하는 것은 근본에 충실하기 때문일 것이다. (유전 7, 운동 부족 10, 환경및 기타 13, 잘못된 식생활 30, 스트레스 40 ...(%))

더 이상 암으로 인하여 죽음으로 쫓겨가는 이들이 없어지길 바래본다.

**청춘을 돌려드립니다.

유행가 중에는 [청춘을 돌려다오] 이러한 제목의 노래가 있다.

그런데 그것이 현실화될 수 있다고 본다. 수리가 불가능할 정도의 신체 상황이라면 어려울지 모르지만, 나이와 상관없이 몸속을 청소할 수 있을 정도의 체력이라면 충분히 가능할 것이라는 생각이다.

오랜만에 아파트에서 새벽 일찍 깨여서 구민운동장에 운동하러 갔는데, 나이드신 분들이 많이 운동하고 계셨고, 시간이 더 지나니 사람들이 더욱 많아졌다.

젊은 층에 속하는 이는 별로 없었다. 거기서 착안되어 이런 글을 쓰게 된 것이다. 운동장 주위로 잘 다음어진 트렉코스를 걷고 뛰는 노인들... 저분들이 건강이 좋지 않거나, 건강을 더욱 증진하고 쇠약해지거나 질병에 걸리지 않으려고 운동을 열심히 하고 계시며, 내가 운동기구에 매달렸을 때, 어떤 할머니 왈 [오래 살려고 운동을 매일 나오는 것이 아니라, 더 늙어 병들지 않고, 자식들에게 부담이 되지 않으려 운동을 하게 되었고, 치매나 뇌졸중이 오면 제일 좋지 않다고 하신다.]

제가, 치매나 뇌졸중을 조금 예방할 수 있는 비법을 가르쳐 드릴까요? 하는 마음이 들었지만, 이른 새벽에 용기가 나지 않아 그냥 운동을 하다 돌아왔다.

노인을 수리하여 청춘일 때 만큼은 아닐지라도 현재 보다는 더욱 건강하고 활기차게 만들수는 있으며 나아가 죽음 마저 건강한 웰다잉을 할 수 있게 할 수 있다 본다.

30-40대의 젊음이 시원찮은 사람들도 수리를 하여 활기차고 빛나는 젊은이들로 바꿀수 있다. 자동차나 기계들처럼 수리를 할 수 있다는 이야기다. 자동차를 오래 타고 잘 관리하려면, 먼저 엔진 오일을 제때에 갈아주어야 한다. 그리고 내부와 외부도 항상 청소를 해 주어야 한다. 인체도 그렇게 할 수 있다는 것이 나의 주장이다. 할 수 없는 것이 문제지 이러한 청춘재련소가 세상 어디에 있으랴~

건강을 회복하고 청춘을 돌려 받으려면,

첫째, 몸속을 청소해야 할 것이다.

노쇠해졌다는 것은 혈관, 각종 장기들, 림프액, 세포들... 등등에 노폐물들과 독소들이 퇴적되어 있다는 말과 같은 말이다. 이러한 몸속의 악조건들을 제거하지 않고 운동을 하고 각종 영양제나 건강 보조식품들을 복용하고 있으면 결국 더욱 건강이 나빠지고 명(命)을 재촉당하게 되는 것이다. 현대인들은 대부분 영양이 넘치어 만성 질병들이 발병한다. 기력이 떨어지고, 골다공증이 나타나고, 허리와 다리가 아프고, 기억력이 떨어지고, 눈이 희미해지고, 활력이 둔화되었다고... 병원을 찾고 각종 영양제를 찾으면 몸은 얼마나 황당한 사태를 맞이하게 될 것인가!! 그렇게 된 원인은 혈관 속의 노폐물들과 몸속의 독소와 노폐물들 때문인데, 이것을 청소하거나 제거해 줄 생각은 않고 어떤 영양제나 약을 복용해서 해결하려 하니, 엉뚱하게 불난 곳에 기름을 갖다 붓는 격을 맞게 되는 것이다.

몸속을 청소하고 혈액을 맑게 하는 음식을 섭취하며 걷기 운동을 열심히 하며 통기법과 호흡을 바르게 하면 전과는 전혀 다른 건강을 만나게 될 것이다.

둘째, 사혈을 권한다.

몸속에 독소들을 뽑아내고, 사멸된 적혈구, 백혈구, 혈소판의 시체들을 바르게 제거하는 사혈법이 필요하며, 사혈에 반드시 필요한 것이 조혈을 계산하지 않으면 안된다. 사혈의 효험에 취하여 계속하거나 많이 하면 역효과가 반드시 일어난다. 사혈의 위대함을 함몰시키는 그러한 짓을 하지 말 것을 당부한다.

셋째, 맨발로 걷기

여러 곳에 설명해 두었으니 참조해 보시길...

넷째, 올바른 호흡...

끝까지 내쉬고, 끝까지 들어마시는 것을 하루에 3회 아침, 점심, 저녁에 할 것을 권 한다. 이때 반드시 공기가 맑은 산속이 가장 이상적인 장소라 권한다.

다섯째, 육식은 되도록 삶아서 드시고, 저녁엔 절대 육식을 하지 마시길...

일곱 번 째, 나의 보약도 권한다.

산삼이나 공진단, 오메가3, 비타민이나 각종 영양제, 경옥고, 천삼... 등등 보다는 나을 것이다.

노인들의 인체를 수리하는 것은 어렵지 않은데, 기력이 넘치어 재 취업을 해야 하는데... 엉뚱한 짓을 할까봐? 겁시 난다.

건강한 사고를 가지신 분들은 오시면 청춘을 돌려드리겠습니다.

**곤도 마코토님께

곤도 마코토님의 책을 잘 읽었습니다.

님께서 주장하시는 많은 부분들을 인정하지만, 의심되는 부분들이 몇 개 있어 님에게 글을 남깁니다.

의심되는 부분은 첫째, 암의 원인을 밝히지 않았다는 사실입니다.

현재 세계 모든 의학계의 얼버무림 조류와 같다는 것입니다. 모든 만성 질병의 원인을 밝히지 않고 애매모호한 얼버무림으로 원인을 설(說)하고는 막무가내식으로 치료애 임하는 것과 같은 부류의 현직 의료인임을 먼저 인정해야 하는데 그러한 내용이 없었습니다.

나는 단연코 밝힙니다. 암의 원인은[산소 부족]이다~ 라고... 더 나아가 암이나 만성 질병을 유발하는 원인들을 공식화해 있습니다. 그것은 유전 7, 운동 부족 10, 환경 및 기타 13, 잘못된 식생활 30, 스트레스 40,,,(%)라고 주장하고 외치고 있는지 몇해가 지나고 있지요. 전세계 어떤 의료종사자나 다른 일반인들도 이러한 만성 질병이나 암이 발병하는 구체적인 내용을 밝히지 못하고 있음은 심한 유감이라 봅니다. 질병 발병 원인의 공식에 대한 구체적인 설명은 책의 여러 곳에 서술해 놓았으니 참조하시기 바랍니다.

또한 곤도님은, 암을 방치하는 것이 더 낫다와, 음식을 골고루 잘 먹어야 하며 특히나 육류, 유제품, 달걀... 등 동물성 단백질을 잘 섭취하여 정상 세포를 튼튼하게 만든다는 부분에는 동의를 할 수 없습니다.

암 환자를 4만 명 가까이 접하면서 암과 공생할 수 있는 더 적극적이고 효과적인 방법을 터득하고 깨우치지 못한 님의 안타까움에 애잔한 마음을 전하는 바입니다.

나는 암이든 다른 질병이든 현대 의술이나 님보다 더 나은 대처법이 있기에, 언젠가 한 번 만난다면 님께서 배울 것은 배우며 나의 이론과 경험을 토론할 수 있는 날이 오기를 기대합니다. 또 어떤 질병이든 실전의 시합을 청하고 싶습니다.

육식을 하지 않는 지구촌의 몇 몇 민족들은 암을 비롯 각종 만성 질병에 좀처럼 걸리지 않는다는 사실을 님은 잘 알고 있으리라 사려되는데 왜? 암 환자들에게 육식을 권하고 있을까? 내 주위의 몇몇 채식주의자들... 그 분들은 아주 건강하게 잘 지내시고 계신다. 물론 나는 비건이 아니다. 나는 육식은 반드시 삶아서 아침이나 점심때에만 섭취해야 한다고 주장하고 당연히, 저녁엔 절대 육식을 하지 말 것을 주장하는 사람이며 나의 이론을 암환자들이나 일반인들이 행하고 있는 이들은 아주 고무적인 건강 증진 현상을 경험하고 있으며, 일시적이 아니라 시간이 지나면 지날 수록 더욱 효과적임을 체크하고 있기 때문이다. 특히나 암 환자들에겐 절대, 모든 육식을 하지 말것을 권하고 있는데 이 또한 너무도 올바른 선택이요, 경험이며, 몸속의 산성화 체질에서 알카리성 체질로 바뀌는데 중요한 처방이며, 몸속에 독소 가스의 생성을 줄이는데 절대적이라 봅니다. 또한 혈액을 맑게 하는 지극한 치료법임을 전합니다. 암은 산소 부족이 주요 원인이고, 암 치료와 모든 질병 치료의 핵심은 혈액과 림프액을 맑게 하는 것에 있는데, 암의 항원과 항체가 모두 단백질로 되어 있다지만, 암의 인자들이 단백질을 훨씬 유용하게 사용한다고 생각되기에 육식을 삼가할 것을 주장하는데, 님의 이론은 어디서 그 근원이 있는지 모르나 참으로 중요한 오점이 아닌가 봅니다.

소나 말, 염소, 양... 초식동물들은 풀만 먹어도 뼈가 튼튼하고 체지방도 많고 덩치가 크고 건강한 이유를 잘 헤아려 보시길...

나는 모든 암환자들에게 단백질이 부족한 부분은 추어탕이나 올갱이 국을 권하고 있는데 이 또한 아주 유효한 [신의 한 수]가 되고 있음을 전합니다.

또한 님은 암은 방치하는 것이 낫다고 주장하고 계시는데, 암 덩어리가 몸속에 있음을 알고 방치하며 태연하게 암의 공포와 죽음의 달관자들이 과연 몇 명이나 될 것이며, 그들이 선택할 수 있는 현명하고 올바른 메뉴얼을 제시하지 못하는 것에 대하여 안타깝게 생각되며, 나는 암과 함께 90세 까지 갈 수 있는 방법들을 매뉴얼화해 적극 권하고 있고, 이 또한 매우 효과적인 훌륭한 방법임을 자부하는 바입니다.

그것의 첫째는 호흡, 둘째, 맨발로 걷기 셋째, 육식을 하지 않는 것, 그리고 몸속과 신장과 폐를 청소케 하고 필요하면 사혈도 권하여 새로운 혈액과 호르몬이 만들어질 수 있는 몸속 환경을 만들어주는 것을 잘 활용하고 있지요.

암을 비롯하여 각종 질병의 치료는 혈액과 림프액을 맑게 하는 것에 있을 뿐임을 확신합니다. 여기에는 구체적인 방법들이 또 있지만 너무 장황하기에 만나서 토론할 수 있길 기대 합니다.

암 덩어리와 90세 이상 까지 건강하게 하는 방법은 어렵지 않고 비용도 싸고, 너무도 안정적이고, 이러한 천연의 자연 요법들을 모르고 계신다니 안타까움이 넘침니다.

나의 이러한 방법들을 평소에도 행한다면 면역력이 강해져 좀처럼 쉽게 어떠한 질병들조차 달려들 수 없다는 것이며, 심지어 코로나와 메르스, 사스, 독감, 신종플루와 같은 유행성 질병에서도 남들과 다른 방어력과 회복력이 분명하게 작용한다는 것을 밝힙니다.

암과 함께 90세 이상 까지 건강한 삶을 살 수 있도록 함에 님의 좋은 대처법도 배우고자 합니다.

앞으로 암으로 인하여 인류의 삶을 파괴하는 일이 없도록 함께 노력할 것도 권합니다.

**(책 리뷰) 의사는 수술받지 않는다.

저자 : 김현정 의사

오래 전에 읽었던 책을 다시 소환하여 읽어보니 새롭고, 많은 분들이 읽어 보시길 추천하고 싶다. 그 중에 11p 밑에서 3번째 줄과

12p... 또 131p 내용을 옮겨 본다.

우리들은 어떤 의료적 상황이 닥쳐을 때, 크고 작은 어떤 결정들을 해야 한다.

'고지혈증약을 복용해야 할까, 말까?' '수술을 받아야 하나 마나?' '복강경으로 받아야 할까 아니면 로봇으로 받아야 할까?' '항암치료를 받아야 하나 말아야 하나?' 이 중에는 간단하고 사소한 결정도 있고, 생명이 달린 중대한 결정도 있다. 의사들은 자신이 환자가 되었을때 어떤 선택을 할까?

이상하게도, 아니 어찌 보면 당연한 것인데, 의사들은 의료소비에 있어서 일반인들과 다른 선택을 보인다. 예를 들면, 건강검진 받는 비율이 상대적으로 낮거나, 인공관절이나 척추, 백내장, 스탠트, 임플란트 등등 그 흔한 수술 받는 비율이 현저히 떨어지거나 심지어 항암참여율도 떨어진다. 요컨데 검사도 덜 받고, 수술도 덜 받고, 몸을 사린다.

질병의 전개(131p)

같은 사람에게서도 하루 중에 혈압이 다르고 혈당이 다르다. 코티졸 등 호르몬 레벨도 아침에 다르고 저녁 때 다르다. 식사했을 때 다르고 뛸 때 다르고 화났을 때 다르고 깔깔 웃을 때 다르다. 사람은 살아 있는 생물이기 때문에 이런 모든 측정치 또한 시시각각 살아서 움직이는 아날로그 연속값을 보인다. 바다에서 밀물과 썰물이 반복되듯이, 달이 차오르고 빠지고 하듯이, 우리 몸의 모든 수치도 차오르고 빠지고를 쉴 새 없이 반복한다. 나이, 계절, 하루중의 시간대, 살고 있는 지역의 기후 등등 외적 요인에 따라 또한, 먹는 것, 호흡하는 것, 몸을 움직이고 자세를 취하는 것, 감정을 느끼는 것, 생각하는 것 등 내적 요인에 따라, 우리 몸은 모든 것으로부터 영향을 받아 그 합으로 결과를 내 몸에 나타난다.

병은 갑자기 다가오는 것처럼 느껴지지만 실은, 어느 날 갑자기 생기는 것은 아니다. 병의 발현은 양동이에 물이 차오르는 것에 비유할 수 있다. 물이 가득차서 넘치기 전까지는 밖에서 볼 때 물이 얼마나 차오르고 모르고 있다가, 물이 넘치는 순간 비로소 그 동안 물이 차오르고 있었음을 깨닫게 되는 것과 같다.

우리 몸에는 항상 고장과 보수가 쉴 새 없이 일어나고 있다. 그런데 여기에는 한계가 있다. 몸의 주인이 몸을 돌보지 않은 채 계속 혹사시킨다면, 작은 고장들이 잦아지고 도를 넘게 된다. 눈에 잘 띄지 않는 작은 변화들이 몸 안에서 살금살금 축적되고, 그러다가 눈덩이처럼 점점 커져서 마침내 어느 날 눈에 띄는 질병으로 발현하여 드디어 우리 눈에 드러나게 된다. 이런 변화는 연속된 스펙트럼처럼 진행하기 때문에 어디서부터 질병이라고 부를지 딱 잘라서 말하기 어려운 때도 있다.

▶ 나의 소견

암이나 기타 질병들이 발병하면 의료계는 무조건 수술을 고려한다. 환자들도 세뇌가 되어 있어 중병들은 무조건 수술을 연상한다.

그러나 그토록 난무하는 수술 의료행위가 정작 의사들은 사용하지 않는다는 것이다. 왜???

여러 분들은 그 이유를 어떻게 생각하고 있지요???

**인간 수명의 단축 요인들 (공간에서 죽어 가다.)

인간의 수명은 125세로 보는 것이 여러 연구에 의한 지금까지의 정설인 듯하다.

그러나 그 한계에 도달하지 못하고 대부분 80-90세가 되면 돌아가신다. 물론 전국에 100세를 넘으신 분들이 많이 계신다고 한다. 일본은 더 많다.

인간 자연 수명을 다 누리지 못하고 일찍 단명하는데는 많은 원인들이 있을 것이다.

질병이나 사고로 인하여 돌아가신 분들을 제외하면, 그 이유 중에 가장 첫째의 원인은 공간 속에 있기 때문일 것이다.

나무가 울창하고 공기가 맑은 곳에는 산소가 공기 중에 21%가 분포되어 있다고 한다. 그러나 건물이나 공간내에서는 그러한 충분한 산소가 분포되 있지 않을 것이다. 18-20%라고 보는 연구자들도 있지만, 산림이 울창한 공기 중의 산소만큼 온전치 않을 것이다. 그리고 여러 사람들이 모인 곳에는 몸속의 이산화탄소와 다른 유독가스가 많이 배출되어 엄청 좋지 않는 환경이 될 수 밖에 없다. 공기 청정기를 사용하면 산소가 충분히 만들어질 것인가? 공기 청정기를 통한 것은 공기 중에 미세 먼지나 불순물을 걸러내긴해도 산속의 나무나 풀 자연이 공급하는 건강한 산소와는 차원이 다를 것이다. 추위를 막아주고, 위험을 막아주고, 안락함과 편안함을 선사하고, 나만의 공간, 가족의 공간, 우리들의 공간이 좋은 점과 심각한 단점도 있음을 깨쳐야 할 것이다. 건물이나 공간에 오래 머물면 머물수록 인간의 자연 수명은 크게 손상을 받고 줄어드는 것이며, 환자들은 더욱 그러할 것임은 자명한 이치다. 그러면 산속에서 동물들처럼 살 것인가? 그것도 마땅치 않다. 언젠가 건물 내와 공간에 건강한 산소를 값싸게 공급받을 수 있는 날이 올 것이다.

건물내에서 방안에서 에어컨을 켜 놓고 시원하게 지내면 그대는 1.5배 정도 수명을 빨리 단축시킬 것이라 예측한다. 프레온가스가 인체에 무해하다고 이야기하지만 절대 그렇지 않다고 본다. 산속의 천연의 시원함과 산소 가득한 공기와 비교를 하면 어리석어 지고 수명만 단축되게 될 뿐이다.

또, 현대인들은 자동차를 많이 이용한다. 이 자동차안에도 산소가 늘 부족하며, 차 안이 더워 에어컨을 사용하면 그대는 더욱 빨리 죽음으로 쫓겨가고 있음을 깨우쳐야 할 것이다. 장기적인 운행때에는 틈틈히 휴게소에 들러 스트레칭이나 호흡을 잘 해 주어야 한다.

방 안에 머물지 마라! 건물 내에 오래 머물지 말라! 공간에서 벗어나라! 현실은 전혀 그렇지 못하다. 생업을 위하여, 연구를 위하여, 보다 나은 삶을 위하여, 건물내에서, 어떤 공간에서 열심히 일을 해야 한다. 공간에서 벗어나라고 자신있게 말할 수 없는 현실이다. 그래서 틈틈이라도 주말이라도 공간에서 벗어나 자연의 품으로 돌아가 몸속 깊숙히 산소를 마시고, 이산화탄소와 나쁜 독소들을 나무와 풀잎에게 돌려주어야 한다.

일본인 노구치 히데요는 (만병은 하나의 원인 때문이다. 그것은 산소 부족이다.) 이렇게 이야기 했다고 한다. 지금와서 보니, 참으로 훌륭한 이론이라 생각된다.

환자가 되어 수술을 받던, 치료를 받던, 병실에 여러 명이 누워있으면 참으로 좋지 않은 현상이 벌어짐을 미루어 짐작할 수 있다. 공간에 갇혀 있고, 환자들이 내 뿜는 독소와 이산화탄소는 어디로 갈 것인가? 질병때문에 죽어가는 것이 아니라, 건강한 산소가 부족하여 죽음으로 쫓겨 갈 수도 있다. “수술이 잘 되었습니다.” 하는 것보다는 “얼른 자연으로 돌아가 산소가 많은 곳에서 재활을 하십시요!” 해야 올바른 의사라 생각되지 않는가!

유명 병원, 유명 의사가 치료를 잘 할 까? 자연이 질병을 잘 치료할까? 모두들에게 질문을 던져 본다.

자연인이라는 분들이 암이나 각종 질병에서 잘 벗어날 수 있었던 것은 산소와 먹거리와 스트레스에서 벗어나 의학과 의술을 뛰어넘는 최상의 치료법을 접했기 때문이다.

인간 수명을 단축하는 다음 요인은 스트레스 일 것이다. 스트레스는 몸속의 산소를 파괴하기 때문이다. 스트레스가 만병의 근원이 되는 이유가 여기에 있다.

다음은 잘못된 식생활일 것이다.

휘발유 엔진에 디젤이나 경유를 주유하고 달리면 안된다.

정크푸드를 즐겨 먹고 질병이 발병하지 않으면 그것이 이상한 일이며, 언젠가는 질병이 발병하고야 말 것이다.

잘못된 식생활로 혈액을 탁하게 하고 산소의 공급과 이산화탄소 배출을 줄여 질병을 유발하고 자연 수명과 생명마져 위협받으며 나와 가족, 사회, 나라와 지구마저 위태로워질 수 있다.

잘못된 식생활, 스트레스, 좋지 않은 공기와 환경, 운동 부족, 게임과 오락.. 이러한 나쁜 상황에서 벗어나시라!

공간에 머물지 말라!

열심히 일한 당신!

맑고 신선한 산소가 가득한 자연으로 떠나라!!

**유방암, 자궁경부암은 절제 수술하지 마라

[의사에게 살해당하지 않는 47가지 방법] 책 중에서... 곤도 마코토

26P... 서양에서는 병소(病巣)만을 잘라내는 '유방보존법'이 이미 보편화되어 있었지만, 일본에서는 유방을 전부 떼어내는 시술이 당연시되었다. 너무나 참혹한 일이 아닐수 없다.

나는 혼자서라도 일본에서 유방보존법을 전파해 여성들의 잘려나가는 가슴을 구해 내고 싶었다. 그보다 훨씬 전인 1983년에 누나가 유방암이라는 사실을 알았을 때도, 서양의 치료 성적으로 보여주며 "나라면 유방보존법을 택하겠어" 라고 말했다.

당시 누나는 나의 의견에 동의해 보존법을 선택했고 30년이 지난 지금도 여전히 건강을 유지하고 있다.

[문예춘추]에 실린 나의 논문은 반향을 불러일으켰고 이후 나를 찾아와 보존법을 선택하는 환자가 폭발적으로 늘어났다. 어떤 해는 일본 유방암 환자의 1퍼센트에 달하는 수가 보존요법을 선택한 때도 있었다. 20년이 지난 지금 일본에서는 유방암이 발견된 여성의 60퍼센트 이상이 보존요법을 선택하고 있다.

1996년에 나는 [암과 싸우지 마라] 라는 책을 출간 했다. 이 책을 통해 암에는 진짜 암과 유사 암이 있으며, 어느 쪽이든 수술이나 항암제로 치료하는 것은 90퍼센트 쓸데없는 짓이라는 내용을 발표하

여 학계에 엄청난 논쟁을 일으켰다.

117P도.... 참조하시길!!!

**녹내장, 갑상샘결절, 안구건조, 두통, 역류성 식도염, 양반다리 안됨

지난 주에 서울에서 30대 초반의 젊은 친구가 제목과 같은 종합 병명을 열거하며 왔었다. 젊은 친구들은 병원만 쫓아다니는데, 이 친구는 누님이 나를 적극 추천하고 어머님도 성화이셔 어거지로 내게로 오게 된 것이다.

한 마디로 종합 병증을 안고 있는 상태다.

몸이 산성화되어 있기 때문이고 혈액이 너무 탁하기 때문이며, 이유는 육류의 과다섭취와 운동 부족, 스트레스 때문이다.

이와 같은 이유 때문이라고 이야기하니 100% 공감한다는 것이다.

그런데 문제의 심각성은 대한민국의 많은 젊은이들과 남녀노소를 불문하고 이런 건강 불량 상태의 사람들이 많다는 것이다. 경제적인 수익은 줄고 오히려 약값이나 치료비가 더 많아 경제적 어려움이 반복되고, 외부와 가족과 지인을 멀리하고, 스트레스와 삶이 너무 힘들다고 잘못된 선택을 하는 이들도 없지 않다는 것이다.

질병을 완벽히 치료하는 약은 아직 개발된 것이 없는데, 증상마다 처방되는 약들이 즐비하다. 먹으면 질병이 치료되지 않고 증상이 완화된 듯 하지만, 결국 다른 질병이 유발되고 더욱 많은 복합증상 환자로 전락하고 마는 것이다.

갑상선을 치료하고, 녹내장, 안구건조증 치료, 두통치료, 다리 저림과 양반다리가 안됨을 고치려면 돈도 시간도 문제가 될 뿐 아니라, 한 가지 병도 바르게 치료할 수가 없으며 녹내장을 치료하려고 하다 오히려 실명을 할 경우가 더 높다. 녹내장을 치료 받고 있는 동안 갑상샘의 이상은 가만히 있는 것은 아니다. 다른 곳에도 마찬가지다. 아무 것도 고치지 못하고 돈과 사람을 잃게 된다. 이 모든 원인은 하나의 원인에서 출발한 것인데, 이렇게 판단할 수 있는 국내 의료진은 거의 없다고 보여지며 외국의 의료진들도 마찬가지라 본다. 질병마다 담당하는 의료진이 다르고 약품이 다르다. 그들은 한꺼번에 여러 질병을 치료하는 것은 상상하지 못하고 있다.

여기 저기 몸을 치료 한다는 개념을 떠나, 몸속에 독소와 노폐물들을 제거하고, 혈액을 맑게하면 모든 것이 해결 된다고 자신있게 설명했다. 그리고, 저녁에 절대 육식을 해서는 안 된다고 강조했으면, 육식은 아침이나 점심때만 해야 하고 또 육식을 먹을 땐 반드시 삶은 고기이어야 한다고 언성을 높혔다. 또한 패스트푸드나 인스턴트식품같은 정크푸드를 절대적으로 피할 것을 주문했다. 먹을 것이 없다고....??? 올바른 식생활이 더없이 중요하다.

몸속을 청소하고, 내게 있는 혈액을 맑게 할 수 있는 제품을 추천했다.

나는 젊은 친구에게 현대 의학이 상상하지 못하는 놀라움을 선사할 것이다.

**청혈

모든 질병은 혈액이 탁하기 때문이며, 혈관에도 나쁜 물질들이 퇴적되어 흐름도, 공급도 이산화탄소의 운반과 배출에도 많은 장애를 일으켜 몸속에 나쁜 물질들이 많아져 질병이 발병하는 것이다.

건강한 산소를 호흡하고 강력하게 이산화탄소와 몸속의 독가스를 바르게 배출할 수 있어야 한다.

혈액이 탁하게 된 원인은 무엇인가?

가장 큰 원인은 스트레스, 다음은 잘못된 식생활이다. 다음은 환경 및 기타, 운동 부족, 유전... 등등이 될 것이다.

어떻게 혈액을 맑게 할 것인가?

모든 의학과 의술의 로망이요, 화두며, 정착지다.

나의 바램도 마찬가지다. 며칠 전 갑자기 새벽 4시 가까이 깨었다. 다시 잠을 청하려 해도 되지 않더니만, 혈액을 맑게 하는데 도움이 될 만한 약초들이 생각나는 것이다. 얼른 메모를 하고 또 조합이 될 만한 레시피를 적었다.

아침이 되어 다시 메모지를 점검하고 더 많은 재료들을 선별하였다.

많은 암 환자들과 별별 희귀한 질환자들도 만났는데, 세월이 흐르고 흘렀고, 가시밭길, 모진 풍파도 있었는데, 이제사 깨우친 것은 만병은 혈액이 탁하여 발병한다는 것이다.

유방암과 당뇨병은 같은 원인이다! 이렇게 떠들었더니, 많은 이들이 웃었다. 상식 밖의 이론이라는 것이다. 그러나 그 껍질을 벗겨가면 결국엔 혈액과 몸속의 독소와 노폐물들 때문이라는 결론에 도달할 수 밖에 없다.!!!

만병에는 혈액을 맑게 하는 것, 그 이상으로 치료법이 존재하지 않을 것이다.

적혈구, 백혈구, 메크로파지, 혈소판, 체액(림프액), 혈청... 모든 인체의 기(氣)와 가스 조차 순환이 바르게 될 수 있도록 해야 한다.

암을 비롯하여 만병에 도움되고 평소에도 마시면 몸이 케어된다는 느낌이 넘실거릴, 그런한 천연의 레시피를 만들었고 임상을 했다.

어떤 종류의 암과 각종 만병에 도움이 될 수 있다고 확신한다.

질병을 치료함에 있어서 우리는 의심을 하고 질문을 해야 한다.

지금 받으려는 치료법들이나 약품들은 과연 혈액을 맑게 하는 것에 도움이 될 수 있을까...???

코로나, 신종플루, 메르스, 사스, 독감,... 등등은 물론, 루게릭, 다발성 경화증, 자가면역질환, 파킨슨, 고혈압, 당뇨, 강직성 척추염, 많은 희귀병, 심장병... 만병(萬病)에도 먼저 몸속을 청소하고 혈액을 맑게 하는 것에 집중해야 한다.

혈액을 맑게 하면 질병 치료의 대부분의 수수께끼들은 저절로 풀려지지 않겠는가!!1

나의 레시피가 암과 만병에 시달리는 사람들에게 도움이 되었으면...

**간경화

10년이 넘었을 것이다.

간경화가 있는 아주머니가 왔었다. 대부분 간이 나쁜 사람들은 B

형과 C형의 간염 보균자들이다. 아주머니도 유전적으로 B형 간염을 보균하고 있었고, 간이 좋지 않아 제픽스와 비리어드... 두 가지 양약을 복용하고 있다고 했다. 처음엔 1가지 약품을 복용하다 상태가 더 나빠져 병원에서 1가지를 더 추가하여 복용하고 있었는데, 그래도 증상이 점점 심해져 방황을 하던 중에 오게 되었다고 했다.

현재 개발되어 있는 간 치료에 대한 약들이 간 질환이나 간경화에 도움이 되는 약품은 아직 없고, 간 수치를 떨어뜨리기는 하나 결국 간과 신장을 더욱 나쁘게하여 황달이나 복수가 차는 쪽으로 발전하는 경우가 대부분이다.

나는 간이 나빠져 본적이 있고 또, 간이 나쁜 많은 사람들을 접해 보았다. 얼굴을 보지 않고 오른 손만 보고도 간이 나쁜지 대충 알아낼 수 있고, 때마다는 아니지만 냄새로도 간이 나쁜 사람이 구분될 때가 있고, 전화 목소리 만으로도 간이 나쁜 것을 구별할 때도 없지 않다. 이것은 내가 특별해서가 아니라, 많은 경험의 산물이다.

나는 양약을 당장 멈출 것을 주문했고, 몸속 청소며 나에게 있는 제품을 전해주었고, 또 걷기와 녹즙도 드실 것을 주문했다.

국내 의사들은 녹즙을 먹으면 간을 오히려 해친다고 난리다. 그런데 나는 암 환자나 간이 나쁜 사람들에겐 무조건 녹즙을 권했다. 나의 녹즙은 특별한 것이 아니라, 녹즙에 무엇을 첨가시킬 것인가? 그것이 중요하다.

일반인들도 녹즙을 그렇게 먹으면 놀라운 현상들이 일어난다. 얼굴이 맑아지고 혈액이 깨끗해진다는 느낌을 얻을 수 있다. 웬만한 질병은 저절로 치유가 된다. 그것은 사과, 당근, 고구마이다. 푸른색 채소 3가지와 함께 녹즙을 만들면 된다. 암 환자들에게도 크게 도움이 되며, 함께 갈아서 먹으면 더 나은 시너지 효과를 볼 수 있다.

의학과 의술을 뛰어넘는 자연의 신비로움을 선물한다. 녹즙을 복용하고 설사를 만나면 안된다. 그 외엔 의술과 의학을 뛰어넘는 놀라움을 선사한다.

그리고 반드시 금진옥액을 함께 행하면 시너지 효과가 크다.

나는 이렇게 해서 2명의 아주머니를 현대 의학적으로 검진을 했을때 거의 양호 상태로 더이상 병원에 오지 않아도 된다는 결과를 얻었다.

간염... 끝까지 없어지지 않았다. 그러나 모든 면에서 건강이 양호해졌다.

두 아주머니들은 지금 쯤 바쁘고 건강하게 잘 사시리라~ 믿는다. 소식이 끊어지고 연락처를 잃어버렸지만, 간이 더 나빠졌다면 어떻게든 연락이 왔을 것이다.

**유방암 1.7cm, 림프절까지

오래 전에 유방과 림프절에도 암이 발병한 비구니스님이 오셨다. 그때 나이는 40대 후반이라 추측된다. 어떤 사찰에 교수며 여러 직책을 맡고 계셨다고 했다. 그 스님은 너무도 타이트하고 완벽하고 결벽증이 있지 않았나 하고 털어놓으셨다.

어른 스님들의 눈길도 스트레스에 한 몫 했을것이라 나는 추측했다.

암튼, 스님은 소임을 맡아 열심히 일을 하던 중 갑자기 왼쪽 팔이 위로 잘 올라가지 않고 가슴에 뭔가 만져지는 듯하여 가까운 병원에 가서 검진을 받아보니, 그 병원에서 큰 병원으로 가 보시라고 해서, 다시 서울에 있는 대학 병원에 가서 검진을 해 보니, 유방에 1.7cm의 암 덩어리와 림프절에도 퍼져 있어 당장 수술과 항암치료를 해야 한다는 결과를 받았다고 한다. 그러나 스님은 그 검진 결과를 보시고 듣고는 병원 밖으로 나와서 먼저 핸드폰의 번호를 바꾸고, 사찰로 돌아가 짐을 간단히 챙겨 지인의 펜션이 있는 제주도로 가셨다고 한다.

제주도에서 아무 생각없이 모든 것을 내려놓고 그냥 걸으며 혼자 살으셨다고 한다.

암에 대한 생각까지도 내려놓으시고 삶과 죽음의 생각도 하지 않으시며 편안한 생활을 하셨다고 한다. 그런지 딱 1년 쯤 지나니 팔이 자연스러이 좋아지고 유방에 혹 덩어리도 줄었다는 느낌을 얻어, 다시 서울에 있는 전에 간 대학 병원에서 검진을 받으니 암 덩어리가 0.7cm로 줄어다는 결과를 얻었는데, 그 병원의 의료진들이 "이제는 더 이상 줄어들지 않으니 수술과 항암 치료를 해야 한다"고 했지만, 과감히 뿌리치시고 다른 절로 또 다니시곤 하시다, 저에게 온 것이었다.

나는 그 스님의 이야기를 너무도 흥미롭게 들었다.

차를 마시는 것도, 다른 일들도 잊었다.

유방암 환자 100명 중에 스님처럼 현대 의학을 물리치고 삶과 죽음을 달관하며 모든 것을 자연스러이 받아들일 사람이 몇 명이나 있으랴!!

의료진들이 제시하는 집요한 치료법과 가족들과 지인들의 성화... 환자는 판단력을 잃고 수술, 방사선 몇 회?, 항암치료약으로 빨려들어가고 만다.

만약에 그 여스님께서 수술을 받고 항암치료까지 했다면, 1년을 더 버티시다 거의 돌아가시거나, 돌아가시기 직전에 처해 있었을 것이다.

[곤도 마코토]란 분의 영역을 뛰어넘는 훌륭한 암 방치법을 실행하신게다.

일반인들은 암... 하면 어느 병원 누가 최고 권위자인가? 온 네트워크를 통해 찾고 예약하고, 그리곤 그들의 프로그램대로 하다, 늦어서야 후회를 하게 된다.

스님은 나의 제품 중에 필요하신 몇 개를 주문하시더니 다시 수행의 길을 떠나셨다.

오래 되어 연락을 취할 방법은 없지만, 더욱 건강하시리라는 생각은 확신할 수 있다.

**내 몸 수리

자동차나 기계들도 고장나면 고쳐 쓸 수 있듯이 인체도 그러하다. 수술이나 화학적인 약품을 사용하지 않고 청소하고 수리를 할 수 있다.

내 몸에 이상이 발생하면 병원이나 한의원, 민간 요법자들을 찾아다니며 이상한 점을 고치고자 한다. 그러나 내 몸은 거의 대부분 스스로 치유할 수 있다 본다.

내 몸에 이상이 발병한 것은 내 자신이 가장 잘 알 수 있기 때문이다. 최근에 1개월 밖에 못 산다는 말기 암이었는데 맨발 걷기만으로도 불과 2달 만에 암을 완치한 사례가 보도되면서 전국에 맨발 걷기가 붐을 일으키고 있다고 한다. 의학과 의술을 아우르는 놀라움을 보여주는 하나의 방편인 것이다.

현재 질병이 등재되어 있는 종류로는 16만 7천여 종류가 되는데, 재미나는 사실은 이 중에 단 한 가지도 인류가 질병을 완전히 정복한 것이 없다는 것이 현재 의학계의 팩트라고 한다.

최근에 인터넷에 올려진 젊은 이들의 각종 질병에 대한 문의 내용을 살펴보면 별스러운 증상들을 호소하고 있지만, 그 많은 증상들의 치료법은 거의 동일하며 간단하다고 본다. 그것이 육체적이든 정신질환이든, 올바른 식생활과 산행을 하면 거의 대부분 해결이 되는 것이라 판단되며, 거의 대부분은 잘못된 식생활에서 그 원인이 출발하였음을 모르는 이들이 즐비하다. 그런데 병원을 찾고 양약을 복용하면 다른 질병이 새로이 발병하여 환자로 전락하고 만다. 안타까운 현실이다.

이제 세상이 더욱 투명해 지고 있다.

내 몸도 스스로 치유할 수 있는 시간이 점점 다가 오고 있으며, 또 미리 질병에 걸리지 않으며 건강 증진을 도모할 수 있는 면역력 요법들이 메뉴얼화되고 있다.

자기 자신의 몸을 수리하고 고치기 전에 인체의 입문(나의 책 속 텍스트)을 잘 읽어 숙지하고 또, 필자가 제시하는 [질병 발병 조건]도 참조하여 도움이 되었으면 한다.

40세 기준으로 봤을 때, 몸속을 청소하고 올바른 식생활과 운동만을 해도 거의 대부분의 질병들은 치료가 된다. 물론 중증의 질병이 있는 사람들은 더욱 노력하고 더 많은 시간이 필요할 것이다.

적혈구는 120일을 활동하다 임무를 마치고 사멸되는데, 그 기준에 맞추어야 한다.

보약이나 어떠한 영양제를 먹어도 이 기준에 맞추어야 말초세포에 정확히 착상되고 모든 기능이 회복되는데, 1개월을 복용하고는 멈추는 이들이 흔하다. 적혈구가 한 사이클링이 되기까지 복용하는 것을 잊지 마시라~

물론 인체가 나쁜 상황에 빠져 있으면 적혈구는 120일을 활동하지 못하고 이내 사멸(死滅)되고 백혈구와 메크로파지, 등등도 사멸되어 혈액 순환과 이산화탄소의 배출을 방해하여 만병을 유발한다. 그 질병과 그 질병이 같은 이유는 사멸된 혈액과 혈관벽에 쌓인 노폐물, 이산화탄소의 배출이 용이하지 않기 때문에 통증과 질병들이 나타나며, 그런 현상이 나타난 곳 마다 이름을 붙혀 000질병 이렇게 불려지는 것이다.

이러한 몸속 상황을 모르면 병이 발병하는 곳마다 처방을 받거나 전문의를 쫓아가지만 이러한 상황을 설명하는 곳도 없고 이러한 현상을 한꺼번에 캐어해 줄 병원도 전세계에 없다는 것이 안타까움이고, 화학적인 약품을 복용하면 더욱 환자로 빠져들 수 밖에 없다.

몸속을 청소하는 것을 8회 기준(45세 이상)으로 잡고 혈액을 맑게 하는 것을 4개월 정도 복용, 그리고 혈전과 독가스 배출, 산행이나 맨발 걷기...

이리하면 인체는 놀라움을 보여 준다. 어떤 병원이나 의료기관,

힐링센터도 못할 비법 아닌 비법이 되지 않을까? 생각해 본다.

80대가 넘어도 수리를 하고 살으셔야 하는데 모르고 계시는 분들이 많고, 건강치 않은 젊은 친구들도 절실한 필수 코스인데 모르고 헤매고 있다. 눈병, 두통, 갑상선, 기립성 고혈압, 잇몸 트러블, 우울증, 틱장애, ADHD(주의력결핍, 과운동증), 생리불순, 팔다리저림, 당뇨, 심장이상박동, 이비인후증... 이 모든 것이 혈액과 이산화탄소의 배출이 원활치 않아 발병한 것인데... 양약을 복용하면서 건강한 삶을 잃어가는 사람들이 많다.

얼마나 사는지도 중요하지만 맑고, 밝고, 건강한 삶을 살아야 한다.

만병을 케어할 수 있는 만능 키(key)는 몸속의 독소와 노폐물들을 제거하고 혈액을 맑게 하는 것에 있을 뿐이다.

인체를 수리하여 활발한 생활을 만끽합시다.

그렇다고 나쁜 음식(정크 푸드)을 즐겨 먹거나, 운동을 하지 않으면 인체는 또다시 망가진다.

흐르는 물에 사는 고기가 늘 움직이듯, 심장이 늘 박동하고 있듯이, 인체도 반드시 많이 움직여야 한다. 그리고 올바른 식생활을 해야 하고 산행을 자주하여 건강한 산소를 몸속 깊이 공급해야한다.

인체는 호흡과 음식, 배설 이 세 가지로 만들어지고 유지해 갈 뿐이다.

왜? 건강 검진을 받나?

내 몸을 청소하고 수리를 하면 되는 것이지~!

내 몸을 정확하게 수리할 수 있는 곳이 세상에 어디메 있나?

오버 탱크된 영양분 때문에 많은 질병들이 발병하는데도 모르고 영양분이 부족하여 그러하다고 집요하게 광고하니 그런가? 하고 영양제를 복용하는 어리석은 이들이 많다. 영양이 넘치어 기력이 떨어지고 혈액 순환이 온전치 않은데 또 화학적인 영양제를 쑤셔 넣으면 그대의 몸은 언젠가 폭발할 것이다.

독소와 노폐물들을 청소하고 혈액을 맑게 하는 방법들을 취하여 의학과 의술을 정복하는 건강한 사람들이 많아지길...

내 몸을 수리 합시다~~~

**암 예방법

1) 정크 푸드를 먹지 않는다.

튀긴 음식, 구운 육류, 볶은 음식... 등을 먹지 않는다.

2) 몸속을 정기적으로 청소 한다.

3) 먹을 수 있는 과일껍질을 꼭 챙겨 먹는다.

4) 일 년에 한 번쯤은 사혈을 받아 몸속의 독가스를 배출시킨다.

5) 산 속에서 맨발걷기를 가끔씩 한다.

6) 저녁엔 절대 육식을 하지 않으며 아침이나 점심 때 육식을 해도 반드시 삶은 것 으로 한다.

7) 공기 좋은 곳에서 긴 호흡을 자주 한다.

8) 스트레스를 잘 관리 한다.

9) 억지라도 자주 웃는다.

10) 조기 건강 검진을 받지 않는다.(곤도마코토님의 이론 참조)

**류머티스와 불면증과 두통...

얼마전에 류머티스와 불면증과 두통을 호소하는 70대 중반 쯤 되는 여성분이 왔었다. 나는 그 여성분을 보는 순간!... "간이 나쁩니다". 이런 말이 저절로 나왔다.

여성분은 병원의 검진에서 그런 말을 들어본 적이 없다는 것이다. 나는 그냥 입에서 저절로 튀어나왔다. 왜냐하면 눈의 흰자부분이 파란색에 가깝게 변해 있었기 때문이고, 얼굴빛이 누런 색이고 몸의 자세가 바르지 않으며 아우라가 아주 몸속에 독소가 많다는 것을 직감할 수 있었다.

불면증과 두통, 온 몸이 저리고 쑤셔 병원에서 검진을 했더니 몸에 염증의 수치가 높게 나왔고, 류머티스성 염증이 많아 병원에서 류머티스약을 복용하고 있는지 2달 되어 간다고 했다. 약을 계속 복용하니 불면증과 두통, 온 전신이 저리고 아파온다고 호소하신다.

병원의 검진이 황당했다. 몸속에 독소가 많고, 어혈과 혈전이 많음을 금방알 수 있고, 혈액 순환과 이산화탄소와 산소의 교환이 잘 이루어지지 않는 상태를 류머트즘이 있고 몸에 염증의 수치가 높다고 화학적인 약을 처방하니? 다른 질병들을 유발케하여 그 할머니를 위험한 지경으로 몰고가고 있었다.

현대 의학에서 류머티즘도 치료할 수 있는 질병이 아니라, 불치병에 속한다.

많은 환자들이 양약을 복용하다 다른 합병증이 발병하고 약의 숫자가 더욱 늘어나 위험한 영역으로 가게 된다.

몸속에 독소와 노폐물들을 제거하고 혈액을 맑게 하면 류머트스도 치료될 수 있다. 많은 경험은 아니지만 나는 실패하지 않았다.

나는 병원약을 모두 중단할 것을 주문했다.

병원(病源)의 진원지를 찾아 그 원인을 해결해야 하는데 현대 의학은 엉뚱한 양약을 처방하여 환자를 더욱 나쁘게 몰아가고 있었다. 모든 화학적인 양약은 위장과 간과 뇌와 신장과 각종 세포에 악영향이 되지 않는 것은 전무할 것이다.

인체를 바르게 올 수리를 하지 않으면 안 될 상태이었다.

몸속을 청소하고 혈액을 맑게 하는 음식과 레시피제품, 걷기 운동과 또 풀잎차를 자주 마시면 약 4주가 지나가면서 몸이 맑아지고 가벼워지며, 눈이 맑아지고, 몸이 케어되는 것을 스스로 알게 될 것이다. 그리고 4 개월을 더 진행하여 몸과 멘탈이 바뀌게 될 것이다.

아주머니는 몸속을 청소하고 난 4일 째 부터 몸이 많이 가벼워지고 컨디션이 좋아지셨다고 알려 주셨다. 눈병까지 좋아지셨다고 한다. 2차 몸속 청소를 하신 후에 다신 오시겠다고 한다.

이 기회에 인체를 바르게 수리하여 노년을 준비하지 않으면 안 된다.

류머티스도, 불면증도, 전신이 저리고 쑤시는 증상도, 모든 상태가 바뀌게 될 것이다.

몸속을 청소하고 혈액을 맑게 하는 방법들을 취하면...

**신장을 망치는 중대 요인

인체의 정화조인 신장이 망가지면 각종 질병에 시달리게 되고 결국엔 한 개인의 삶이 무너지게 된다.

신장을 망치는 원인 중 가장 첫째는 양약이라 본다.

어떠한 양약이라도 신장에 악 영향이 되지 않는 약들은 전무할 것이다. 심지어 혈액 순환제나, 혈전 용해제, 아스피린... 등등도 신장에는 엄청난 테러를 가한다고 본다. 약들의 중량(mg)이 정해지는 표본은 간과 신장에 얼마나 악영향이 되는가가 하나의 좌표가 된다. 인간이 만든 화학적인 어떠한 것도 간과 신장 각종 세포에 엄청난 나쁜 짓을 할 수 밖에 없다. 또한 열심히 챙겨 먹는 모든 영양제도 신장에 무리를 가하지 않는 것은 없을 것이다. 많은 이들이 복용하는 영양제의 필요량은 신(神)들도 모른다. 오직 자기 몸속의 장기들만이 알 뿐이다. 나머지는 모두 배출이 되어야 한다. 그때 신장에 엄청난 스트레스를 가하게 된다. 영양소 공급의 이득 보다는 더 많은 해(害)가 존재하여 인체를 서서히 무너뜨리고 망친다. 어느 날부터 컨디션이 떨어지고 눈이 나빠지고 팔다리가 쑤시거나 결리며 상태가 좋지 않은 것은, 영양분의 부족이 아니라 몸속에 독소와 노폐물들이 퇴적되어 영양분 공급과 흡수에 심한 방해가 있고 이산화탄소, 암모니아...등등의 독소물질과 산소 교환이 원활치 않기 때문이다. 또, 영양의 과잉 섭취로 잉여 영양분들이 넘치어 그들이 변형되어 혈관과 혈액, 림프액, 각종 세포에 쌓여 모든 생산과 흐름을 방해하고 있기 때문인데, 집요한 광고와 권유와 본인의 판단 착오로 몸속의 독소와 노폐물들을 청소해야함을 모르고 영양제를 복용하여 잘못된 늪으로 서서히 빠져들게 된 것이다.

인간이 만든 화학적인 약품과 영양제... 전부는 신장에 먼저 엄청난 테러가 됨을 다시 한 번 강조해도 모자라는 부분이 많다고 본다.

다음은 단 음식이다.

콩팥이 망가진 사람들 대부분은 달달한 음식을 좋아함을 알게 되었다.

달달한 음식을 피하는 것이 건강 증진에 첩경이 될 것이다.

그러나 과일의 단 성분은 신장을 오히려 좋게 한다고 본다.

다음은 육류의 과다 섭취라 본다.

육식을 할 때는 반드시 삶아서 드시라!

저녁에는 드시지 마시라!

육식은 아침이나 점심 때 삶아서 드실 것을 권 한다.

다음은 스트레스다.

이것은 새삼 설명할 필요가 없을 것이다.

다음은 오래 앉아 있으면 신장에 반드시 악영향이 된다.

움직여라! 걸으시라!

다음은 올바른 식생활

정크 푸드는 당신의 신장에 엄청난 테러를 가하게 될 것이다.

당신이 먹은 것이 당신이다.!!!

신장의 기능을 회복시키려면, 위와 반대로 하면 될 것이며, 그래도 부족하면 신장을 청소하는 레시피를 주문해 복용하면 많은 도움이 될 것이다.

**고혈압약을 풀잎으로 만들다.

나이가 많아지면 당뇨병이나 고혈압이 많이 발병한다. 최근에 어떤 지인과 통화를 하던 중 초등학교 학생의 14%가 고혈압 위험군에 있다는 충격적인 이야기를 하신다. 물론 그것이 어떤 매스컴에서 발표된 이야기일 것이며, 사실 뚱뚱하고 건강치 않은 아이들이 많이 보이는 것은 사실이다.

무엇이 잘못되어 건강치 않은 아이들이 많아졌단 말인가!! 그것은 잘못된 식생활 때문임을 인지하지 못하는 부모들과 기성인들 탓이리라~

성인이 되어 고혈압이 발병하는 원인은 혈관벽에 노폐물들과 독소들이 퇴적되어 혈관벽이 좁아지고, 또 그 속을 항상 흘러다니는 혈액들도 탁하져 그러하다. 이산환탄소나 암모니아, 활성산소, 젖산, 코티졸...등등의 불순물들 때문이다.

영양분들이 탱크에 넘치어 변형되고 독소 물질로 변형된 것이다.

이러한 원인을 덮어두고 화학적인 혈압약을 복용하는 이들이 즐비하다.

혈압약은 우리가 그렇게 통상적으로 부르니까 혈압약이 하나의 명사나 상징처럼 되어 있지만, 그 사용 기전을 보면 이뇨제다, 더 디테일하게 설명하면 탈수제다. 즉, 몸이나 혈관에서 수분을 뽑아내는 약이라는 뜻이다. 인위적으로 화학적으로 혈관에서 수분을 빼내는 과정에서 엄청난 댓가를 치러야 한다. 그것을 부작용이라 표현한다.

혈압약 부작용을 나열한 것을 살펴보면, 변비, 두통, 심장이상박동, 발진, 하지부종, 불면증, 성기능감퇴, 신장기능저하, 어지럼증,...등등을 곱을 수 있다.

엄청난 부작용은 또다른 약품이 처방되어야하고 화학적인 약품들은 한 인간을 서서히 무너뜨리기 시작하는 것이다.

고혈압에 처방되는 약들 중에는 처음엔 이뇨제, 다음은 칼슘길항제(칼슘차단제), 안지오텐신전환효소억제제, 알파, 베타 차단제, 와파린, 아스피린,... 등등이 있다. 이러한 약품들은 고혈압의 원인은 덮어둔체 화학적인 방법으로 혈압을 조절하며 인체를 속이고 다른 질병들을 유발시키며 한 개인의 삶의 질을 떨어뜨린다.

나는 자연의 풀잎으로 혈압을 정상으로 돌려놓고자 노력하고 있다. 다시 말해 인체에 해가 되지 않는 레시피를 사용하는 것이다. 곧 바로 효과가 나타나지 않는 것이 약점이 있지만, 근본 원인을 제거하고자 중점을 두었다.

혈압이 정상으로 되는 것은 나의 레시피로만은 어렵다. 반드시 많은 걸음 걸이와 정크 푸드를 멀리해야 함이 따른다.

고혈압약을 죽음이 올 때까지 복용해야 한다고 세뇌가 되어 있는 이들이 대부분이다. 사실 고혈압약을 끊으면 위험해지는 것은 사실이다. 고혈압을 일으킨 원인 물질들도 고혈압약을 복용하고 있는 동안 그 세력이 더욱 커져 있고 고혈압약으로 찌든 세포와 혈관들은 이미 그 본성을 잃었기 때문이다. 처음엔 양약과 같이 복용하며 서서히 양약을 줄여가는 것이다. 화학적인 고혈압약이 다른 질병들을 유발시키며 많은 환자들을 생산해 내고 있다.

인체를 바르게 회복시켜야 한다.

고혈압약을 줄여가며 자연적인 레시피와 많은 걸음과 건강한 산소를 흡입하여 인체를 복원시켜야 한다. 약초로 만든 제품을 복용하여 혈압이 130이하로 내려오면 그 다음 부터는 약물 없이 올바른 식생활과 운동으로 혈압을 죽음이 올 때까지 정상으로 유지할 수 있어야 한다. 그것이 한 인간을 바르게 설수 있게 하고 나아가 사회와 세상을 더욱 건강하게 만드는 하나의 주춧돌이 될 수 있다.

**발등이 붓는다.

단순히 발등만 붓는다면 그것은 발의 뼈나 신경에 문제가 있겠지만, 호흡이 곤란하거나 기침을 자주하면서 발등이 부으면 심장의 기능을 체크해 봐야 할 것이다.

자고 일어나면 괜찮은데 오후가 되면 발등이 붓는다는 분이 왔었다.

나이는 75세 정도... 담배를 하루 1갑 이상 피우신다고 한다.

건강검진에서는 이상이 없다고 했다. 그런데 하루 하루 자고 일어나면 몸이 좋지 않는 것이 느껴질 정도라고 한다.

나는, 손을 보고 또 발등을 보고 목소리를 듣고 신장과 심장이 좋지 않다고 했다. 그분은 병원의 진단을 계속 이야기하신다. 나는 그러한 검진보다 더 디테일 하다.

발등이 붓고, 손을 봐야 하고, 숨쉬는 것을 체크하며, 식사할 때 땀을 흘리는 것도 물어야 한다. 이 모든 상황에 맞으면 심장이 나쁜 것이 팩트다.

컴퓨터 화면으로 직접 보거나, 사진으로 나쁜 부위를 정확히 판독을 했다해도 현실은 다른 경우가 허다하다.

나는 나의 경험과 감각으로 판단한다. 나는 나의 판단이 아직 까지는 현대 의학의 판단보다 좀더 정확하고 신뢰할 수 있다고 믿고 있다.

또한 혀의 뒷쪽을 보고 간의 기능을 척도한다. 이때도 나의 판단은 병원의 검진보다 3-5년이 빠르다고 본다.

폐의 상태는 목소리와 숨소리와 눈동자를 보고 판단한다.

심장과 폐는 하나의 셋트다.

기침이 끊어지지 않아 병원 검사를 했더니 심장에 이상이 있었다는 사람들이 많다.

아무튼 그분은 외관상 멀쩡한데, 건강이 좋지 않으시며 “몇 살까지 살 수 있을 지 묻는다?” 옆에 같이 온 분이 한 2-3년 밖에 못 살 것 같다고 농담으로 선수치시며 나의 곤란한 점을 헤아려 주신다.

무조건 담배를 지금은 끊어야 한다고 했더니, 50년 간 중독이 된 마약같은 것을 끊을 수 없다고 이야기 하신다. 그러면 아무것도 약발이 받지 않는다.

75세 쯤에 인체를 올바르게 수리를 해 놓아야 90세 까지 잘 사용할 수 있다. 늦으면 수리할 수 있는 시간과 힘을 잃어버리게 된다.

나는 그분의 폐와 심장, 신장까지 수리를 하고자 한다.

현대 의학이 못하는 경계선을 허물고 의학과 의술의 한계를 벗어나 건강한 기틀을 새로이 만들어드리고자 한다.

잘 따라 해 주신다면 충분히 가능한 일이다.

**뇌종양 10cm

오래 전에 10cm 정도의 커다란 혹덩어리가 뇌에 있는 초등학교 6학년의 남자 어린이가 아버지와 함께 왔었다. 혹덩어리의 MRI 사진도 보여 주었다.

뇌에 종양이 있는데 커다란 혈관과 바로 붙어 있었어 수술이 불가하다는 의학계의 판단이었다. 국내 관련된 모든 병원은 물론 미국의 유명 병원에도 갔었고, 중국에도 갔었는데 혈관을 물고 있어 어떤 의료진들도 수술을 할 수 없다고 했다고 한다.

외쪽 뇌에 혹이 있는데 오른 쪽 눈이 꺼져 있었다. 앉아 있어도 몸이 자꾸 기우뚱거리며 상태가 많이 안 좋아 보였다. 아이가 공부는 잘 하여 반에서 거의 최상위 수준이었다고 한다. 한 쪽 눈이 꺼져 있어도 얼굴도 아주 핸섬했던 것으로 기억하고 있다.

아이와 여러 이야기를 했었다.

대화의 막바지에서 너무도 안타까운 이야기를 들었다. 아이는 채소나 과일 이러한 것은 거의 먹지 않는다고 했다. 심지어 학교에서 급식에 채소나 과일이 나와도 미리 비닐을 준비해 먹지 않고 가져와 어머니에게 주던지 버리던지 한다는 것이 아이의 가장 큰 스트레스라고 했다.

나는 채소와 과일을 먹지 않은 것 때문에 머리에 혹덩어리가 생겼다고 이야기했지만, 아이는 충분히 이해하지 못하는 듯하였다. 나는 아이에게 많은 도움이 되지 못하였다. 나의 설명이 충분하지 못했을 것이라 생각한다. 아이 아빠에게도 마찬가지일 것이다.

지금이면 좀더 구체적이고 쉽게 설명할 수도 있지 않을까? 생각해 보지만 설명보다는 실질적인 치료에 도움이 되는 것이 중요한데 그것도 부족했지 않나 생각한다.

채식이나 과일을 즐기지 않고 육식만을 즐기면 반드시 몸에 혹덩어리가 만들어진다고 나는 늘 떠들고 있다.

암의 원인은 잘못된 식생활(30%)과 스트레스(40%) 때문이다.

결국 그것이 몸속에 혈액의 흐름을 방해하고 혈액을 깨뜨리고, 독소 물질들을 많이 생산하며, 산소 부족현상을 불러 오는 것이다.

뇌종양과 유방암은 같은 것이다.

이것이 나의 주지적 이론이다.

지금이라면, 몸속을 먼저 청소케 하고, 사혈을 해 볼 것을 권하고, 육식을 일체 하지 말것을 권하며, 맨발로 많이 걸을 것을 주문하며, 호흡을 이야기 했을 것이다.

혹덩어리와 함께 날 마다 좋아진다면 결국 혹덩어리는 점점 줄어들 것을...

**암 환자들의 공통점

나도 많은 암 환자들을 만났다.

어떻게 되었느냐고 물으신다면 대부분 돌아가셨다. 그분들은 너무 많은 수술과 방사선, 항암제를 사용한 분들이었다.

하지만 4분은 건강하게 잘 지내시고 계신다.

내가 그 분들에게 지대한 도움이 되어 살아계시는 것이 아니라, 그분들 나름으로 암을 잘 관리하고 계시기 때문이며, 한 분은 항암치료를 전혀 받지 않으신(82세 때 만남) 84세 어른이시며, 한 분은 한 번 방사선 치료를 받은 후 현대 의학적인 항암치료를 거부하며 스스로 자연 치료를 해서 좀더 건강해지셨고, 한 분은 수술과 방사선 몇 차례 받으셨는데 나름으로 건강 관리를 잘 하고 계신다.

올해 84세 쯤 되었을 할머니는 유방암 적출 수술, 대장암 절제 수술, 간암 절제 수술 3 번에 걸쳐 대 수술을 하시고도 건강하게 잘 계실 것이다. 요즈음은 연락이 끊어졌다.

할머니는 수술은 받으셨지만, 방사선이나 항암치료를 일체 거부하시고 스스로 자연치유법을 하셨다고 한다.

나는 암 환자들을 접하면서 나름으로 공통점 몇 가지를 관찰하였다.

내가 경험하고 관심있게 체크 한 공통점을 알려 누군가에게 암을 예방할 수 있는 약간의 팁이 되었으면 한다. 물론 나의 관찰이나 소견이 맞지 않을 수 있으며 유명 의사나 전문가들의 정보나 연구자료는 나와 다를 수 있을 것이다.

이것은 순전히 나 개인의 관찰점임을 다시 한 번 알린다.

내가 만난 암 환자들의 공통점,

1) 암 환자들은 모두가 체온이 낮다는 것이다.

36.5℃가 되지 않고, 36℃가 되거나 그 보다 낮을 수 있다는 생각을 때마다 느낀다. 악수를 하거나 발을 만지면 따뜻한 느낌이 들지 않고 "냉하다" 이런 느낌이 든다. 이럴때 혈액순환 장애와 밀접한 관계가 있으며, 깨어진 혈액이 많다는 뜻이며, 이산화탄소와 다른 가스들의 배출이 원활치 못해 몸속에 정체해 있다는 것을 의미한다고 나는 생각한다.

2) 사과의 껍질이나 먹으면 좋은 과일 껍질을 먹지 않는다는 공통점을 관찰하였다.

그리고 음식이나 반찬도 볶거나 튀긴 것을 선호하는 점도 있었다.

3) 성격이 대부분 착하다는 것이다.

내성적이고 소심한 사람들이 많았다.

4) 육식을 좋아하는 사람들이 대부분 이었다.

육식을 좋아한다고 대부분 암에 걸리는 것은 분명 아닐 것이다. 그러나 내가 만난 암 환자들은 대부분 젊은 날에 구운 육식을 좋아했다는 사실이다.

5) 반드시 암은 강한 스트레스를 받은 적이 있었다는 것이다.

강한 스트레스를 받고 난 뒤에 그때 받은 그 엄청난 마음의 상처를 바르게 풀어놓지 않으면 세월이 흘러 그것이 암으로 발전될 수도 있다고 본다.

스트레스의 상처를 치유하는 가장 현명한 방법은 몸속 청소와 사혈 그리고 산행이라고, 나는 생각 한다.

암 환자들이 많아지고 있다.

위의 4 가지 공통점을 참조하여 잘 활용할 수 있길 바라며, 암이나 만병을 일으키는 조건은== 유전 7, 운동 부족 및 과다 10, 환경 및 기타 13, 잘못된 식생활 30, 스트레스 40,...(%)라고 본다.

만병과 암의 원인은 잘못된 식생활과 스트레스에 방점을 두고 있으며 모두에게 늘 전하고 싶은 유럽 속담을 참조해 보시길...[당신이 먹은 것이 당신을 말 한다.(You are What you eat!)]

먹는 것과 스트레스를 잘 관리하여 항상 건강하고 활기 찬 삶을 영위할 수 있도록 각자가 노력해야 할 것이다.

**109세 어른이 돌아가시다!!!(코로나)

충청도 어느 곳에 건강하게 장수하시며 잘 살고 계시던 어른이 지난 10월 16일에 향년 109세로 코로나 때문에 갑자기 돌아가셨다고 한다.

지난 해 봄에 그 어른을 한 번 뵈려고 갔더니만, 코로나 때문에 아무도 만나시지 않는다하셔 불발이 되었다. 그 분이 코로나에 걸리신 것이 아니라, 연세가 높으시니 행여 외부인들이 코로나를 불러올까봐 아무도 만나시지 않으신다고 했다. 그래서 제자들과 놀다 내려왔다.

그 분이 즐기시는 음식과 운동 특별한 그 무었이 있으면 여쭈어 보고자 했지만 끝내 뵙지 못하고 졸지에 돌아가시니 너무 황망할 따름이다.

코로나에 걸리셨어도 건강하시여 집에서 일을 봐주시는 아주머니가 병원으로 모시려해도 가지 않으신다고 해서 그냥 계셨고 위험한 증상이 보이시지 않으니 그냥 있었던 모양이었는데 아주머니가 빨래를 하고 있는 순간에 그런 황망한 일이 벌어졌다고 전해 준다. 빨래가 세탁기가 하는데 뭔 시간이 얼마나 걸렸길래 그 짧은 찰라에 사탄이나서 병원으로 모셔가니 벌써 돌아가셨다고 한다.

한 제자 분의 이야기로는 그 분은 음식이나 운동 보다 호흡에 중점을 두시며 먹는 것 보다는 호흡을 잘 하라고 자주 말씀하셨다고 한다. 그 호흡법을 가르치셨는데, 단전호흡이며 많은 호흡법을 그 분이 전파하셨다고 한다.

또한 그 분은 여러 증상에 약을 잘 만드시고 특별한 비법들이 있으시다고 하는데, 너무 안타깝다. 뭔가를 많이 배울 수 있었으면 했는데...

우리는 100세는 커녕 90세도 건강하게 맞이하는 것이 로망이다.

그렇지만 우리는 사는 동안 아프지 않고 건강하게 사는 것도 중요하다. 질병에 걸리지 않고 건강하게 사는 법은 젊어서부터 잘 준비를 해야 할 것이다.

나는 그러한 비밀을 내 나름으로 조금은 풀어있다 생각한다. 그러나 삶은 운과 복이 반드시 있어야 천수도 가능한 것임을 때마다 느낀다.

**면역력을 위하여...

약은 아닐지 모른다. 신소재가 아닐지 모른다.

자연에는 엄청난 좋은 재료들이 많다. 인간이 조합하고 새로이 만든 것은 빙산의 일각일 것이다. 누군가 오래 복용한 놀라운 경험의 정보가 도화선이 되어 갑자기 머리에서 새로운 레시피가 떠오른다. 이것을 조합하고 임상하여 암 환자나 모든 인간에게 유익할 수 있는 레시피를 만들었다.

여기에는 곡식과 뿌리, 열매... 등등을 넣어 어린이나 환자는 물론 모든 이들이 복용해도 트러블이나 해가 없고 면역력 향상에 도움이 될 것으로 확신한다.

건강식품도 선진국에서 연구하고 임상하여 자연적이고 효과가 좋은 제품들이 많지만 그러한 제품보다 성능이나 모든 면에서 더 가성비가 높지 않을까? 생각해 본다.

질병이 있거나 건강치 않은 이들은 소화력이 떨어지고 음식이나 먹거리, 영양제 조차 많이 가리고 집착하지만, 이 레시피는 그러한 저항성이 없지 않나 생각해 본다.

복용하면 금방 기운이 솟고 에너지가 넘치는 것은 아니나, 얼마의 시간이 지나면 뼈와 근육을 튼튼하게 하고, 호르몬이 잘 생성되고, 노화를 예방하며, 망가지는 DNA마져 회복하여 질병을 물리칠 수 있는 에너지를 생산해 낼 것으로 생각한다.

여기에는 동물적인 재료들은 전혀 사용하지 않았다.

여기에는 독성이 있는 재료를 사용하지 않았다.

우리가 일상에서 먹고 있는 식재료들이 대부분이다.

세상에 좋은 영양제나 건강 식품들이 넘쳐나지만 그러한 것을 모두 복용하면 만병이 낫고 무병장수할 듯 하지만, 그렇지 않다. 그곳에는 화학적인 재료가 첨가되어 있을 가능성이 없지 않으며 많은 가공 공정은 본질을 해칠 수 있다. 그리고 중요한 것은 세상의 좋은 명약이나 영양제를 복용하기 전에 반드시 몸속을 청소하여 바르게 소화 흡수 할 수 있는 환경을 만든 후에 복용해야 하는데 이러한 근본을 모르며 매일 영양제나 건강 식품들을 복용하는 이들도 즐비하다.

루테인, 공진단, 오메가, 글루코사민, 경옥고, 천삼, 크릴새우, 보약, 각종 비타민제... 이러한 제품들 보다 비교 우위에 있다 본다.

처음엔 암 환자들의 회복에 포커스를 맞추었다. 그러나 다른 질병을 가진 모든 이들과 건강한 이들에게도 질병 예방과 건강 증진에 도움이 될 것이다.

눈이 밝아졌으면 한다.

원기를 회복했으면 한다.

호르몬이 잘 생성되었으면 한다.

좋은 성격으로 바뀔 수 있도록 도움이 되었으면 한다.

얼굴이 건강해졌으면 한다.

어린이들의 성장에도 올바른 영양분을 공급했으면 한다.

머리숱이 많아졌으면 한다.

DnA가 건강해졌으면 한다.

암을 비롯 만병을 물리칠 수 있는 에너지원이 되었으면 한다.

백세 건강에 많은 도움이 되길 바란다.

**히키코모리

히키코모리, 우리 말로 방콕족이라고 한다.

정신적으로나 사회적 스트레스나 어떤 문제들로 인하여 사회 활동을 하지 않고 집에만 6개월 이상 머물러 있는 사람들을 일컫는다고 한다.

그들은 어떤 사람들인가?

그들에게 가장 궁금한 것은 그들은 과연 무엇을 먹었고, 현재는 어떤 음식을 주로 먹고 있을까? 그리고 집에서 과연 어떤 것들을 즐기고 있을까? 이다.

전에 히키코모리 같은 상태의 젊은이를 3명 대면 했었다.

부모님이 억지로 끌고오다시피 해서 내 앞에 앉혀 놓았다. 눈이 굴레굴레 째려보며 금방 어떤 돌발행동이 나올 듯한 몸짓이다. 나는 그냥 가만히 있었다.

한참의 정적이 흐르고 난 후에 물었다. 그대는 무엇을 잘 먹고 계시는가?

툭~~ 튀어나와 불만 투성이의 입에서 나오는 대답은 라면과 빵, 과자, 피자, 우유... 등등을 먹는데... 왜요? 이렇게 답을 한다. 3명이 한꺼번에 온 것은 아니다, 부모님이 다르기 때문이다.

나는 그러한 친구들을 접하고 싶지 않다. 그들의 부모님들은 갖은 방법을 동원하여 마구잡이 식으로 끌고와서 나에게 위험한 폭발물을 던져 놓은 상태다.

그 3명 모두가 사회로 나가거나 다시 공부를 잘 하고 있다.

의학도 실패하고 부모님도 실패하고 선생님도 외면하고 약들도 실패하고, 모두가 실패를 했는데 나는 어떻게 그들을 히키코모리에서 벗어날 수 있게 하였나?

그것은 음식에 있었다.

그대는 지금하고 있는 그대로 하시라~ 그러나 단 한 가지만 들어 주시라~

그게 뭔데요??? 절대 인스턴트나 패스트푸드 같은 정크푸드를 먹지 마시라!!!

살인, 범죄, 패륜, 히키코모리, 폭력, 문제의 아이들... 그들의 공통점은 무엇인가?

바로 음식에 있다. 이 놀라운 사실을 모르면 그들을 되돌리기엔 어렵다.

누가 동반자살을 하였나? 바로 히키코모리의 사람들일 가능성이 높다.

2023년 1월 19일자 신문에 서울에 히키코모리의 젊은이들이 약 13만 명이나 된다고 한다. 위험에 처해 있는 젊은이들이 이토록 많다고 한다.

엄청난 선택과 고난을 뚫고 어렵게 인간으로 태어난 이들이 세계가 좁다고 지구가 좁다고 뛰어다녀야 할 젊은이들이 사회를 등지고 부모와 가족을 멀리하고 방콕에만 있으니 모두가 환장할 노릇이다.

남들이 일할 때 자고, 남들이 자야할 시간에 눈을 초롱거리며 자기만의 시간을 만끽한다. 식사는 따로 챙겨 먹는다. 그 식사가 바로 인스턴트식품이나 패스트푸드 음식들이다. 즉, 정크푸드를 즐겨 먹는다는 것이다. 게임을 하고 오락을 하고 자기만의 어떤 SNS에 접속하여 시간을 허비하게 된다. 책을 보는 이들도 있으리라.

올바른 식생활을 한 사람들이 히키코모리를 하라고 해도 하지 않는다.

갑갑해서 방에서만 못 버틴다. 돌아다니고 싶어서... 그들의 몸은 온전치 않고 호르몬의 교란이 일어나 있다고 추측한다.

생명 유지의 3대 요소는 호흡, 음식, 배설이다.

이 3가지를 잘 다스려 건강한 육체와 건강한 멘탈을 항상 유지하시길...

**건강한 죽음

나이가 많아져 거동이 불편해지면 노인들은 요양병원으로 입소하게 된다.

현실이 어쩔 수 없는 선택을 만들어 냈다.

노인께서 집과 짐을 정리하며 "이제 죽으러 간다." 이런 말씀을 하실 때 너무도 가슴이 메여 온다.

친구 모친은 95세가 되었다. 친구가 늘 모친이 계시는 시골집에

왕래를 해야 한다. 요양병원에 모시지 않느냐고 물었더니, "어머님께서 아직은 그런 곳에 가시지 않겠다고 하신단다." 아직은 정신적으로나 육체적으로 거동을 할 수 있기 때문인데, 좀더 시간이 더하여 거동이 불편해지시면 당연히 요양병원으로 가셔야 할 것이다.

우리는 몇 살 까지 살 수 있을까? 우리는 끝내 요양병원에서 생을 마감해야 하는가?

어떤 지인은 자기 어머님은 자다가 돌아가셨다고 한다. 어머님의 죽음이 너무도 훌륭했다고 회고하고 있다. 또, 어떤 공부를 많이 하신 스님은 앉아서 돌아가셨다고 한다. 그리고, 암이나 중병이 있어 말경이 되면 그렇게 고통스러움을 겪으며 돌아가신다고 전해지고 있다. 그래서 호스피스 병원이란 곳도 있다. 그러나 암 환자들의 죽음의 고통을 덜어드릴 수 있는 방법은 몸속 청소가 더 도움이 됨을 알게 되었고, 그 다음으로는 관장을 해드리는 것이다. 이것을 호스피스병원에서 실행해 주면 되는데 거기서는 어떤 캐어를 행하고 있는지 나도 모를 일이다.

어떤 이들은 말한다. [죽을 복도 타고나야 한다고!!]

죽을 복(福)은 선업이 결정한다고 생각한다.

우리는 건강하게 살다 건강하게 죽음을 맞이할 수는 없을까?

나는 그것이 가능하다고 본다.

그것은 평소에 건강해야만 늙어진 정복한 훗날에도 건강한 죽음을 맞이할 수 있다고 나는 떠들고 있다. 심한 스트레스를 받으면 잘 풀어내고, 음식을 올바르게 섭취하고, 운동을 적절히 하고, 섭생을 잘 하고, 많이 베푸는 삶을 산다면 90세를 가벼이 넘기며 죽음이 가까이 오면 예감을 할 수 있다고 한다. 즉, 심장의 기능이 다 했음을 몸속에서, 하늘에서, 꿈에서도, 신호를 보내 준다고 한다.

노인들은 말한다.

자다가 죽는 것이 가장 좋은 죽음이라고, 많은 일반인들도 그것이 로망이라고 한다.

99세 까지 88하게 살다, 하루 이틀만에 소천(召天)한다. 99, 88, 123~

세상의 모든 의학, 의술, 과학들도 사람들을 그렇게 할 수 있도록 포커스를 맞추어 놓아야 한다.

나는 과연 많은 이들을 90세 까지 건강한 삶이라도 살 수 있게 할 수 있나? 하고 내 자신에게 물어 본다. 그렇게 할 수 있다고 생각한다.

그것은 첫째 음식을 바르게 먹어야만 가능하고 본다.

우리들의 몸은 음식과 호흡으로 만들어져 있다.

둘째, 호흡을 바르게 할 수 있어야 한다.

즉, 산소가 많은 곳에서 산소가 몸속 깊숙히 말초세포에 도달할 수 있도록 가끔씩 호흡해 주어야 한다.

셋째, 평소에 적절한 운동이 있어야 한다.

넷째, 스트레스를 잘 풀어야 한다.

다섯째, 정기적으로 몸속 청소와 때때로 이산화탄소나 다른 독소물질과 혈전들을 청소해 주어야 한다.

인간의 한계 수명은 125세라는 연구를 나는 믿고 있다.

125세까지 팔팔하게 살 수 없다 할지라도, 100세는 가벼이 넘을 수 있는 평범한 메뉴얼을 많은 이들이 공유할 수 있길 바란다.

건강한 죽음은 평소에 건강함이 있어야 함을 다시 한 번 강조하고 싶다.

▶ 참고자료

- 의사에게 살해당하지 않는 47가지 방법 | 곤도 마코토
- 암의 역습 | 곤도 마코토
- KNOCK OUT(암을 고치는 미국 의사들) | 수제인 소머스
- 퍼스트 셀 | 아즈라 라자
- 암. 산소에 답이 있다. | 윤태호
- 의사의 반란 | 신우섭
- 병원에 가지 말아야 할 81가지 이유 | 허현회
- 사랑하지 말자 | 도올 김용옥
- 의사는 수술받지 않는다 | 김현정
- 멈추면 비로소 보이는 것들 | 혜민스님
- 암, 생과 사의 수수께끼에 도전하다 | 다치바나 다카시
- 아프니까 청춘이다 | 김난도
- 의학 오디세이 | 강신익, 신동원, 여인석, 황상익
- 의학의 진실 | 데이비드 우튼
- 초라한 밥상 | 마우쿠치 히데오
- 밥 따로 국 따로 | 이상문
- 가정의학 전집
- 나는 현대의학을 믿지 않는다 | 로버트 S 멘델 존
- 의사가 못 고치는 환자는 어떻게 하나 | 황종국
- 활성산소를 줄이면 난치병도 줄일 수 있다 | 니와 유키에
- 죽은 의사는 거짓말을 하지 않는다 | 닥터 웰렉
- 생로병사의 비밀 | KBS

- 인체 기행 | 권오길
- 인체 해부학 | 현문사
- 누우면 죽고, 걸으면 산다 | 화타 김영길
- 의사를 믿지 말아야 할 72가지 이유 | 허현회
- 암을 고친 사람들 | 국제건강가족동호회
- 암은 정복된다 | 이영숙
- 잘못된 식생활이 성인병을 만든다 | 원태진
- 장이 건강해야 미인이 된다 | 이왕림
- 인체 기생충학 | 고문사
- 조선일보 경제면기사 및 건강 플러스 편
- 위험한 의학 현명한 치료 | 김진목
- 해피 엔딩 | 최철주
- 얼굴을 보면 건강이 보인다 | 야마무라 신이치로
- 인체의 신비 | 원저 찰튼
- 동의학 사전 | 여강 출판사
- 항암제로 살해당하다 | 후나세 순스케
- 약을 끊어야 병이 낫는다 | 아보 도오루
- 도둑맞은 미래 | 테오 콜본, 다이앤 듀마노스키, 존 피터슨 마이어
- 없는 병도 만든다 | 외르크 블레흐
- 과자 내 아이를 해치는 달콤한 유혹 | 안병수
- 인터넷 열람
- 약은 우리 몸에 어떤 작용을 하는가 | 야자와 사이언스오피스

▶ 암을 일으키는 기생충 | 장흡충 (파시올롭시스버스키)

▶ 당신을 죽일 수 있는 세 가지 기생충

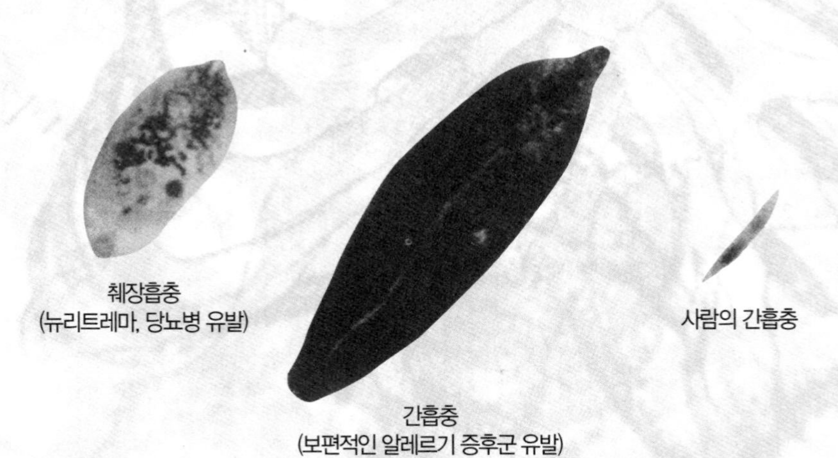

췌장흡충
(뉴리트레마, 당뇨병 유발)

간흡충
(보편적인 알레르기 증후군 유발)

사람의 간흡충

治病必求于本

치병필구우본

반드시 그 원인(근본)을 구한다.
질병을 치료함에 있어서

찾아오시는 길

- 경북 칠곡군 가산면 가산로 1077번지(가산면 응추리 504-2)
- **문의** 010-6336-6869
- **계좌번호** 농협:735056-52-082540 **대구은행**:220-08-190147-001

내 몸 수리

인쇄일 2023. 2. 16
발행일 2023. 2. 26

지은이 박상근 (H·P:010.6336.6869)
편　집 보라인쇄기획
펴낸곳 윤선 출판사
경북 칠곡군 가산면 가산로 1077번지
펴낸이 전상득

ISBN 979-11-966543-6-8
값 17,000원